高职高专“十二五”规划教材
21世纪高职高专土建系列技能型规划教材

建筑工程造价管理

(第2版)

主　编　曾　浩　李茂英

北京大学出版社
PEKING UNIVERSITY PRESS

内 容 简 介

本书主要介绍了建筑工程计价的基本知识、方法和技能，通过对本书的学习学生能具备从事建筑工程计价的初步能力。全书共分 8 章，内容包括：工程造价基础知识、工程造价管理概论、建设工程造价构成、工程造价计价模式、建设项目决策和设计阶段造价的计价与控制、建设项目发承包阶段合同价款的约定、建设项目施工阶段造价的计价与控制、建设项目竣工决算。

本书可作为高等职业院校、高等专科院校、成人高校及民办高校工程管理类相关专业的教学用书，也可作为相关从业人员的业务参考书及培训用书。

图书在版编目(CIP)数据

建筑工程造价管理/曾浩，李茂英主编. —2 版. —北京：北京大学出版社，2017.9
（21 世纪高职高专土建系列技能型规划教材）
ISBN 978-7-301-28269-4

Ⅰ. ①建… Ⅱ. ①曾… ②李… Ⅲ. ①建筑造价管理—高等职业教育—教材 Ⅳ. ①TU723.3

中国版本图书馆 CIP 数据核字（2017）第 098071 号

书　　名 建筑工程造价管理（第 2 版）
JIANZHU GONGCHENG ZAOJIA GUANLI
著作责任者 曾 浩 李茂英 主编
策划编辑 吴 迪
责任编辑 伍大维
标准书号 ISBN 978-7-301-28269-4
出版发行 北京大学出版社
地　　址 北京市海淀区成府路 205 号 100871
网　　址 http://www.pup.cn 新浪微博：@北京大学出版社
电子信箱 pup_6@163.com
电　　话 邮购部 62752015 发行部 62750672 编辑部 62750667
印 刷 者 北京鑫海金澳胶印有限公司
经 销 者 新华书店
787 毫米×1092 毫米 16 开本 17.25 印张 400 千字
2009 年 8 月第 1 版
2017 年 9 月第 2 版 2022 年 1 月第 4 次印刷（总第 13 次印刷）
定　　价 38.00 元

第2版 前言

本教材是应高职高专“工程管理类专业”教学需求，为该类专业“建筑工程计价”这一主干课程教学提供的适用教材。本教材的编写目的是使学生掌握建筑工程计价的基本知识、方法和技能，熟悉建筑工程各阶段造价管理的内容，从而具备造价管理与控制的基本技能。

教材的编写以国家标准《建筑工程工程量清单计价规范》(GB 50500—2013)为基础，以《营业税改征增值税试点实施办法》(财税[2016]36 号)及广东省住房和城乡建设厅《关于营业税改征增值税后调整广东省建设工程计价依据的通知》(粤建市函[2016]1113 号)为指导，以建筑工程计价的内容为核心，将“专业基础知识”“工程造价计价”和“工程造价控制管理”的理论、方法融为一体，力求成为一本完整的、适合高职高专工程造价、工程管理类专业课程体系要求的“建筑工程造价管理”教材。

修订以后的教材主要变化有以下四点。

(1) 创新编写体例。根据建筑工程计价的主要内容，将内容划分为 8 个章节，每个章节结合实际工作过程提炼出对应的能力要求，再根据能力要求划分为若干相关知识点，灵活地体现了职业教育的要求。

(2)“工学结合”特色鲜明。各章前设置“引言”，提出实际工程或工作过程将会用到本章相关知识点构成的能力要素来完成。各章结束时设置“背景知识”，使“实际工程”和“学习”高度融合，形成一个有机整体，促使教学过程中实现基于任务驱动的“教学实践一体化”的教学模式，促进教学过程与生产过程的对接。

(3) 具有很强的学习引导性。每个章节前设置“教学目标”，提示学生通过学习要达到的知识目标和能力目标，通过“引言”引入章节内容；教学内容前设置“教学要求”，让学生带着要求任务进入学习，章节后设置“本章小结”和“思考与练习”，归纳章节内容和学生在学习过程中应注意的问题，最后通过“思考与练习”来巩固模块学习内容。

(4)“思考和练习”内容全面，形式丰富多样，针对性强、可操作性强、趣味性强。

本教材修订由曾浩、李茂英负责。具体编写分工如下：曾浩编写了第 2、4、5、7、8 章，李茂英编写了第 1、3、6 章。在编写过程中，我们还查阅和检索了工程项目管理方面的信息、资料，吸收了国内外许多同行专家的最新研究成果，在此一并表示感谢。

建筑工程计价是一门发展中的学科，需要在实践中不断地丰富和完善。由于编者水平有限，教材中难免存在疏漏和不妥之处，恳请广大读者批评指正。

编　者

2016 年 12 月

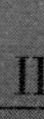

目录

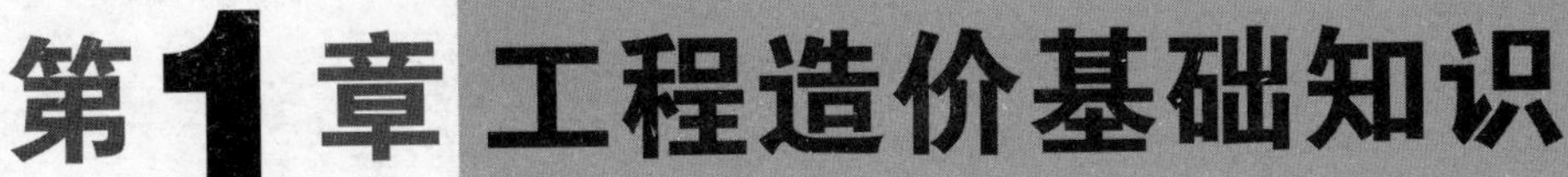

第1章 工程造价基础知识

教学目标

本章主要介绍了投资、固定资产、基本建设等概念，阐述了建设项目的基本建设程序以及与之相对应的各阶段的造价形式。通过对本章的学习，要求学生掌握对建设项目进行分类，对建设项目组成进行单元划分的知识；了解建设的基本程序，固定资产和建设项目建设过程相对应的计价关系。培养学生全过程造价管理能力。

教学要求

知识要点	能力要求	相关知识
基本概念	能够理解投资、基本建设、固定资产等概念	固定资产、基本建设(建设项目)
建设项目	(1) 能够根据给定的案例或施工图纸正确确定该工程是一个建设项目还是单项工程或单位工程 (2) 能够根据工程图纸正确分解各分部工程，熟悉各分部工程由哪些分项工程组成 (3) 熟悉工程建设的基本程序 (4) 能够根据建设过程知道该过程的计价名称	(1) 投资分类 (2) 建设项目分类 (3) 建设项目组成单元 (4) 基本建设程序 (5) 建设过程与计价关系

引言

基本建设(Capital Construction)，是指建设单位利用国家预算拨款、国内外贷款、自筹基金以及其他专项资金进行投资，以扩大生产能力、改善工作和生活条件为主要目标的新建、扩建、改建等建设经济活动，如工厂、矿山、铁路、公路、桥梁、港口、机场、农田、水利、商店、住宅、办公用房、学校、医院、市政基础设施、园林绿化、通信等建造性工程。

1.1 工程投资与基本建设概述

1.1.1 工程投资概述

1. 投资及其分类

1) 投资的含义

所谓的投资是指投资主体为了特定的目的，以达到预期收益价值的垫付行为，一般有广义和狭义之分。

(1) 广泛的投资是指投资主体为了特定的目的，将资源投放到某项目以达到预期效果的一系列经济行为。其资源可以是人力、资金、技术等。既可以是有形资产的投放，也可以是无形资产的投放。

(2) 狭义的投资概念是指投资主体在经济活动中为实现某种预定的生产、经营目标而预先垫付资金的经济行为。

2) 投资的分类

投资从不同角度有不同的分类，具体见图 1.1。

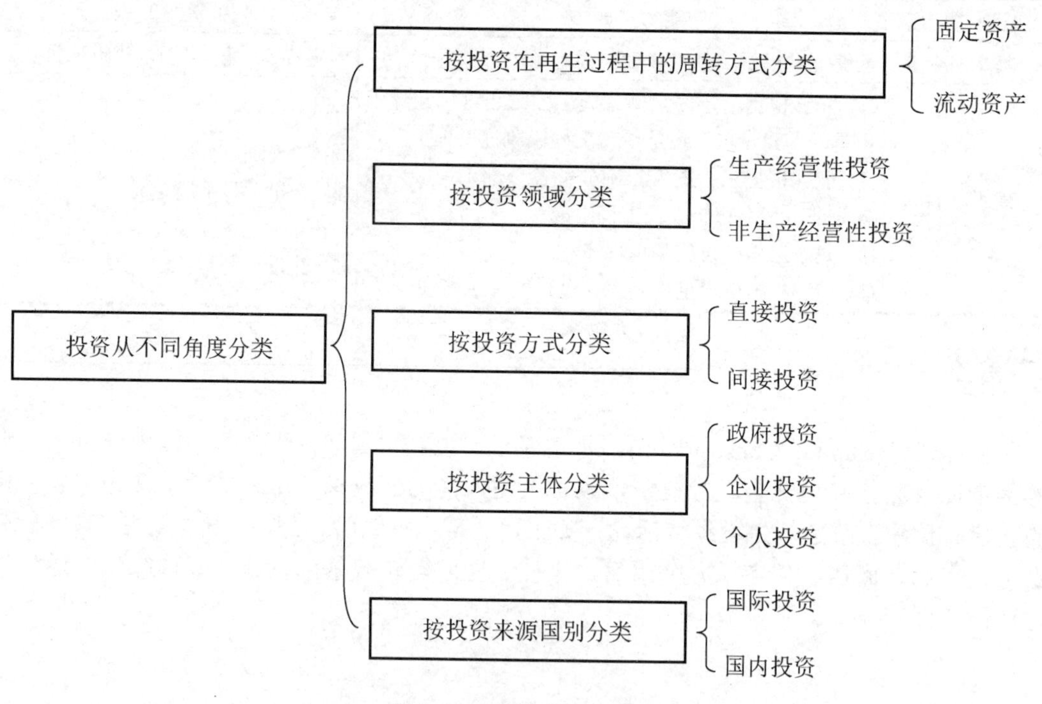

图 1.1 投资分类示意图

在图 1.1 的分类中，由于固定资产投资额度大，管理复杂，在整个投资中处于主导地位，因此我们通常所说的投资主要是指固定资产投资。

2．固定资产

1) 固定资产的含义

固定资产是指在社会再生产过程中可供长时间反复使用(一年以上)，单位价值在规定限额以上，并在使用过程中基本保持原有实物形态的劳动资料和其他物质资料，包括房屋及建筑物、构筑物、机器设备、车辆及工器具等。

确定固定资产的标准是使用时间和价值大小。使用时间超过一年的建筑物、构筑物、机器设备、运输车辆和其他工器具等应当作为固定资产；不属于生产经营主要设备的物品，单位价值在 2000 元以上且使用年限在两年以上的各类资产也属于固定资产。当不符合上述两个条件的劳动资料一般列为低值易耗品，低值易耗品和劳动对象统称为流动资产。

2) 固定资产的特点

固定资产投资作为经济社会活动的重要内容，是国民经济和企业经营的重要组成部分，具有与一般生产、流通领域许多不同的特点，其特点总结如下：

(1) 资金占用多，一次性投入的资金的额度大；

(2) 建设和回收过程长；

(3) 投资形成的产品具有固定性；

(4) 投资的产品具有单件性；

(5) 项目的管理比较复杂。

1.1.2 基本建设概述

1．基本建设含义

基本建设是利用国家预算内资金、自筹资金、国内外基本建设贷款以及其他专项资金进行的，以扩大生产能力或新增工程效益为主要目的新建、扩建、改建、恢复工程以及与之相关的活动均称为基本建设。

2．基本建设内容

基本建设包括 5 个方面内容。

1) 建筑工程

建筑工程是指永久性和临时性的建筑物、构筑物、设备基础的修建，照明、水卫、暖通、煤气等设备的安装、油饰、绿化，以及水利、道路、电力线路、防空设施等的建设。

2) 设备安装工程

设备安装工程包括各种机械设备和电气设备的安装，与设备相关联的工作台、梯子、栏杆等的装设，附属于被安装设备的管道敷设和设备的绝缘，保温、油漆等，以及为测定安装质量对单个设备进行试运转的工作。

3) 设备、工器具及生产用具的购置

设备、工器具及生产用具的购置是指车间、实验室、医院、学校、宾馆、车站等开展生产工作、学习所应配备的各种设备、工具、器具、家具及实验设备的购置。

4) 勘察与设计

勘察与设计包括地质勘察、地形测量及工程设计方面的工作。

5) 其他基本建设工作

其他基本建设工作是指上述各类工作以外的各项基本建设工作，如筹建机构、征用土地、培训工人及其他生产准备工作等。

1.1.3 建设项目概述

1. 建设项目的概念

建设项目又称基本建设项目，是指具有一个设计任务书，按一个总体设计组织施工，独立经济核算，建设和运营中具有独立法人负责的组织机构，建成后具有完整的系统，可以独立发挥生产能力和使用价值的建设工程，如一座工厂、一所学校、一条铁路、一个矿山等。

2. 建设项目的分类

建设项目可以从不同角度进行划分。

(1) 按建设项目规模大小分类，可分为大型、中型和小型建设项目，或限额以上和限额以下建设项目。不同行业划分标准不同。

(2) 按建设性质分类，可分为新建项目、扩建项目、改建项目、恢复项目和迁建项目。

(3) 按建设用途不同分类，可分为生产性建设项目和非生产性建设项目。

① 生产性建设项目，是指直接用于物质生产或为满足物质生产所需要的工程项目，包括工业建设项目、农业建设项目、基础设施建设项目、商业建设项目。

② 非生产性建设项目，一般指用于满足人们物质生活、文化和福利需要的建设和非物质资料生产部门的建设项目。

(4) 按行业性质和特点分类，可分为竞争性项目、基础性项目、公益性项目。

① 竞争性项目，是指投资效益比较高，竞争性比较强的一般性建设项目。

② 基础性项目，是指具有自然垄断性，建设周期长、投资额大而效益低的基础设施和需要政府重点扶持的一部分基础工业项目，以及直接增强国力的符合经济规模的支柱产业项目。

③ 公益性项目，主要包括科技、文教、卫生、体育和环保等设施，公、检、法等政权机关以及政府机关、社会团体办公设施等。

3. 建设项目组成单元的划分

建设项目按基本建设管理和合理确定工程造价的需要分为五个单元层次：建设项目、单项工程、单位工程、分部工程、分项工程。建设项目划分示意图如图1.2所示。

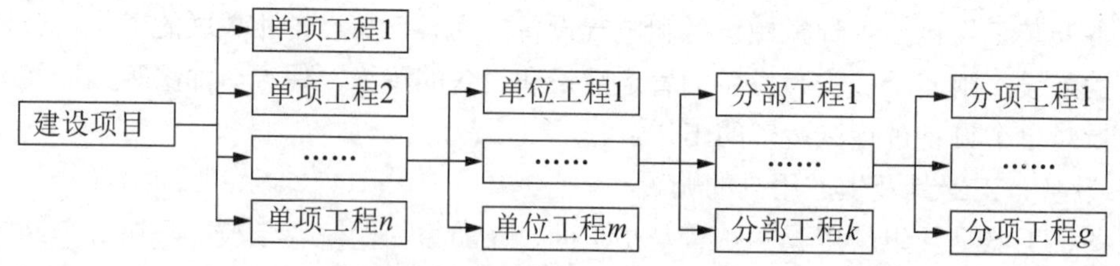

图1.2 建设项目划分示意图

1) 建设项目

建设项目一般是指具有一个设计任务书，按一个总体设计组织施工，经济上独立核算，建设和运营中具有独立法人负责的组织机构，建成后具有完整的系统，可以独立发挥生产能力和使用价值的建设工程，由一个或若干个单项工程组成，如一座工厂、一所学校、一条铁路、一个矿山等。

2) 单项工程

单项工程又叫工程项目，是建设项目的组成部分，是指具有独立设计文件，竣工后能独立发挥生产能力和使用效益的工程，如一所医院的门诊楼、办公楼、化验楼等，一个工厂中的各个车间、办公楼等。

3) 单位工程

单位工程是单项工程的组成部分，是指具有独立设计文件，可以独立施工，但建成后不能独立发挥生产能力和使用效益的工程，如一所医院门诊楼的土建工程、办公楼的电气工程、化验楼的暖通工程等，一个工厂中各个车间、办公楼的土建工程等。

4) 分部工程

分部工程是单位工程的组成部分，是指在一个单位工程中，按工程部位及使用的材料和工种进一步划分的工程，如土石方工程、屋面工程、楼地面工程等。

5) 分项工程

分项工程是分部工程的组成部分，是指在一个分部工程中，按不同的施工方法、不同的材料和规格，对分部工程进一步划分，直到可用较为简单的施工过程就能完成，以适当的计量单位就可以计算其工程量的基本单元，如人工挖土方、砌内墙、砌外墙、钢筋、模板等。

1.2 基本建设程序

基本建设程序是基本建设项目在整个建设过程中各项工作必须遵循的先后顺序。我国基本建设程序一般可分为：项目决策阶段、项目设计阶段、建设准备阶段、建设实施阶段、竣工验收和交付使用阶段、项目后评价阶段六大环节。基本建设程序如图 1.3 所示。

1. 项目决策阶段

项目决策阶段包括项目建议书、可行性研究、项目审批和组建建设单位 4 部分内容。

1) 项目建议书

项目建议书是业主单位根据区域发展或行业发展规划向国家提出要求建设某一建设项目的建议文件，是对建设项目的初步设想。其主要作用是推荐一个拟建项目，论述其建设的必要性、建设条件的可行性和获利的可能性，供国家选择并确定是否进行下一步工作。

2) 可行性研究

可行性研究主要是对项目在技术上是否可行和经济上是否合理进行细致、深入的技术经济论证后，进行多方案比选，提出结论性意见和重大措施建议，为决策部门提供科学依据。

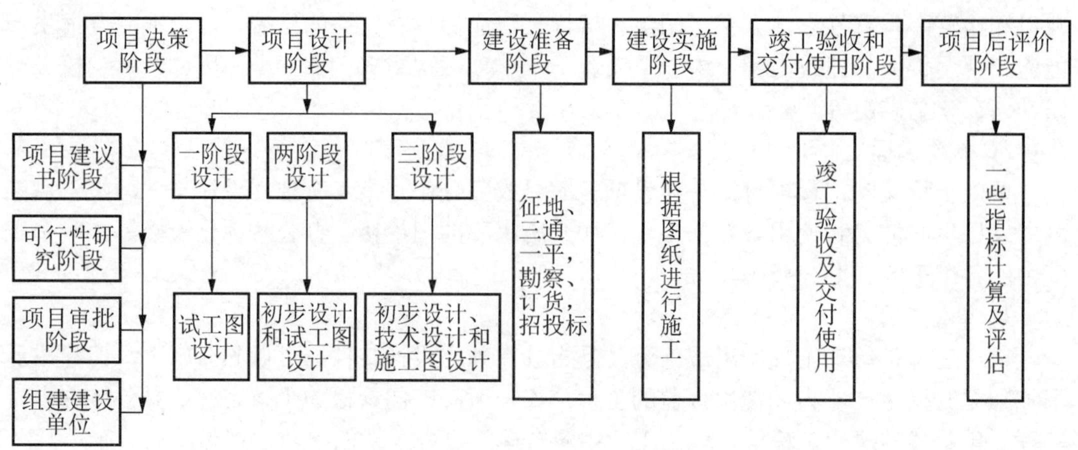

图 1.3　基本建设程序图

3) 项目审批

项目审批管理分两类情况实行不同管理制度，一是政府投资项目，二是非政府投资项目。

在政府投资项目中，对于直接投资和资本金注入方式的政府投资项目，政府需要从投资决策的角度审批项目建议书和可行性研究报告，除特殊情况外，不再审批开工报告，同时还要严格审批其初步设计和概算；对于采用投资补助、转贷和贷款贴息方式的政府投资项目，则只审批资金申请报告。

对于非政府投资项目，项目投资审批区别不同情况有如下两种方式。

(1) 核准制。企业投资建设《政府核准的投资项目目录》中的项目时，仅需向政府提交项目申请报告，不再经过批准项目建议书、可行性研究报告和开工报告的程序。

(2) 备案制。对于《政府核准的投资项目目录》以外的企业投资项目，实行备案制。除国家另有规定外，由企业按照属地原则向地方政府投资主管部门备案。

4) 组建建设单位

按现行规定，大中型和限额以上项目的可行性研究报告经批准后，项目可根据具体情况组建筹建机构，即建设单位。目前建设单位形式很多，有董事会、工程指挥部、原有企业兼办和业主代表等。

此阶段具体内容见表 1-1。

表 1-1　项目决策阶段工作内容

名称	工作阶段	工作内容	备注
项目决策阶段	项目建议书	(1) 建设项目提出的必要性和依据 (2) 拟建规模和建设地点 (3) 资源情况、建设条件、协作关系等初步分析 (4) 投资估算和资金筹措设想 (5) 经济效益和社会效益的估计	项目建议书编制完后，按建设总规模和限额的划分审批权限报批项目建议书

续表

名称	工作阶段	工作内容	备注
项目决策阶段	可行性研究	(1) 提出项目背景、项目概况和问题与建议 (2) 市场预测、资源评价、主要原材料、动力和运输条件等 (3) 建设规模、厂址方案、产品方案、技术方案和工程方案以及建设项目总图布置 (4) 企业组织、劳动定员和管理制度、建设进度 (5) 投资估算和资金筹措，经济效益和社会效益的评估	可行性研究报告是国家发改委或地方发改委根据行业归口主管部门和国家专业投资公司的意见以及有资格的工程咨询公司的评估意见进行的，批准后即是初步设计的依据
	组建建设单位	负责建设项目从设计招投标、设计、施工招投标、施工准备、施工和竣工、后评价等各阶段工作	可行性研究报告批准后即可进行组建

2. 项目设计阶段

项目设计阶段是建设单位通过招投标或直接委托设计单位编制设计文件的阶段。设计文件即工程图纸及其说明书。一般建设项目设计分阶段进行，有三阶段设计、两阶段设计和一阶段设计，具体见表1-2。

表1-2 项目设计阶段工作内容

名称	分类	内容	备注
项目设计阶段	三阶段设计	(1) 初步设计 (2) 技术设计 (3) 施工图设计	对重大项目和技术复杂且缺乏经验的项目按三阶段设计进行
	两阶段设计	(1) 初步设计 (2) 施工图设计	一般项目采用两阶段设计
	一阶段设计	施工图设计	小型项目可直接进行施工图设计

3. 建设准备阶段

建设准备阶段是建设项目在实施之前要做的各项准备工作，主要是征地拆迁和三通一平；工程地质勘察、组织设备、材料订货；准备施工图纸；组织施工招投标、择优选定施工单位。项目建设准备阶段工作内容见表1-3。

表1-3 项目建设准备阶段工作内容

名称	分类	内容	备注
项目建设准备阶段	建设准备的工作内容	(1) 征地、拆迁和场地平整 (2) 完成施工用水、电、通信、道路等接通工作 (3) 组织招标，选择工程监理单位、施工单位及设备、材料供应商 (4) 准备必要的施工图纸 (5) 办理工程质量监督和施工许可手续	

续表

名　称	分　类	内　容	备注
项目建设准备阶段	工程质量监督手续的办理	建设单位在办理施工许可证之前应当到规定的工程质量监督机构办理工程质量监督注册手续。此时需提供下列资料： (1) 施工图设计文件审查报告和批准书 (2) 中标通知书和施工、监理合同 (3) 建设单位、施工单位和监理单位工程项目的负责人和机构组成 (4) 施工组织设计和监理规划(监理实施细则) (5) 其他需要的文件资料	
	施工许可证的办理	从事各类房屋建筑及其附属设施的建造、装修装饰和与其配套的线路、管道、设备的安装，以及城镇市政基础设施工程的施工，建设单位在开工前应当向工程所在地的县级以上人民政府建设行政主管部门申请领取施工许可证。必须申请领取施工许可证的建筑工程未取得施工许可证的，一律不得开工。 工程投资额在 30 万元以下或建筑面积在 300m^2 以下的建筑工程，可以不申请办理施工许可证	

4．项目实施阶段

项目实施阶段就是根据设计图纸进行建筑安装施工。施工前必须取得施工许可，做好图纸会审工作，编制施工预算和施工组织设计；严格按施工规范进行施工，确保按合同规定的要求全面完成施工任务。项目实施阶段工作内容见表 1-4。

表 1-4　项目实施阶段工作内容

名　称	分　类	内　容	备　注
项目实施阶段	施工安装	工程项目经批准新开工建设，项目即进入施工安装阶段。施工安装活动应按照工程设计要求、施工合同及施工组织设计，在保证工程质量、工期、成本及安全、环保目标前提下进行，达到竣工验收标准后，由施工单位移交给建设单位	
	生产准备	对于生产性项目而言，生产准备是项目投产前由建设单位进行的一项重要工作。生产准备工作的内容根据项目或企业的不同，其要求也各不相同，但一般应包括：招收和培训生产人员、组织准备、技术准备、物资准备	

5．竣工验收和交付使用阶段

建设项目按批准设计文件和合同规定的内容建成后，便可组织项目的竣工验收，办理移交手续，交付使用。

验收程序：首先是建设单位或委托监理单位组织设计、施工等单位进行初步验收，然后由建设单位召集主管部门、业主、设计单位、监理和施工单位等组织竣工验收。

项目竣工验收、交付使用阶段工作内容见表 1-5。

表 1-5 项目竣工验收、交付使用阶段工作内容

名　称	分　类	内　容	备注
项目竣工验收、交付使用阶段	竣工验收范围及标准	按照国家规定，工程项目按批准的设计文件所规定的内容建成，符合验收标准，即工业项目经过投料试车(带负荷运转)合格，形成生产能力的，非工业项目符合设计要求，能够正常使用的，都应及时组织验收，办理固定资产移交手续。验收标准参见有关验收标准规范	
	竣工验收准备	竣工验收的准备工作主要包括：整理技术资料；绘制竣工图；编制竣工决算	
	竣工验收的程序和组织	根据国家规定，规模较大、较复杂的工程建设项目应先进行初验，然后进行正式验收。规模较小、较简单的工程项目，可以一次进行全部项目的竣工验收	

6. 项目后评价阶段

项目后评价是工程项目全部建成并投入生产后进行的总结性评价。它主要是对项目的执行过程、项目的效益、作用和影响进行系统的、客观的分析、总结和评价，确定项目目标达到的程度。项目后评价阶段的工作内容见表 1-6。

表 1-6 项目后评价阶段的工作内容

名称	分　类	内　容	备注
项目后评价阶段	基本方法	项目后评价的基本方法是对比法	
	效益评价	项目效益后评价是项目后评价的重要组成部分。它以项目投产后实际取得的效益(经济、社会、环境等)及其隐含在其中的技术影响为基础，重新测算项目的各项经济数据，得到相关投资效果指标，然后将这些指标与项目前期评估时预测的有关经济效果值(如净现值 NPV、内部收益率 IRR 和投资回收期 P_t 等)、社会环境影响值(如环境质量值 IEQ 等)进行对比，评价和分析其偏差情况及其原因，吸取经验教训，从而为提高项目的投资管理水平和投资决策服务	
	过程评价	项目过程后评价是指对工程项目的立项决策、设计施工、竣工投产、生产运营等全过程进行系统分析，找出项目后评价与原预期效益之间的差异及其产生的原因，使后评价结论有根据，同时针对问题提出解决办法	

1.3 建设过程与计价关系

建设项目在实施的各阶段都有与之相对应的计价方式，这些计价方式计算出来的造价又反过来控制管理其过程，现把它们的对应关系简单概括如图 1.4 所示。

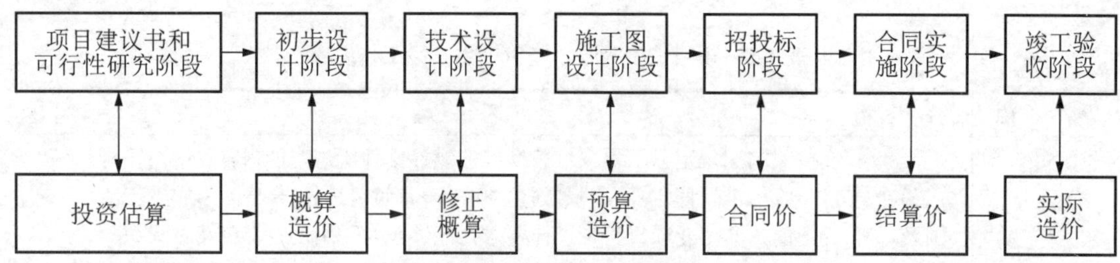

图1.4 建设过程与计价关系示意图

本章小结

本章主要涉及三部分内容：工程投资与基本建设概述，基本建设程序，建设过程与计价关系。

工程投资与基本建设概述，主要介绍投资概念及其分类、固定资产、基本建设的含义和内容、建设项目的概念和分类，建设项目的分类及组成单元划分，建设项目的基本建设程序。重点掌握建设项目的组成单元划分，从而具备工程项目分解能力。熟悉基本建设各阶段内容。

建设过程与计价关系，只简单介绍了它们之间的关系图，目的是埋下伏笔，让学生带着问题学第2章内容。

背景知识

计价的基本原理——工程项目的分解与组合

任何一个项目要算出它的投资(工程造价)，都必须把该项目进行分解，因此任何一个项目总可以分解成一个或几个单项工程。任何一个单项工程都是由一个或几个单位工程所组成，作为单位工程的各类建筑工程和安装工程仍然是一个比较复杂的综合实体，还需要进一步分解。就一栋楼来说，它所包括的单位工程就有一般的土建工程、给排水工程、暖通工程、电气照明工程等。而每一个单位工程又是由若干个分部工程组成，如土建工程可以分成土石方工程、基础工程、砌砖工程、主体框架工程、楼地面工程、屋面工程和装饰工程等。而各分部工程又可以分解成若干个分项工程，根据这些分项工程我们才能按图纸内容算出工程量，然后乘以对应的单价，得出分项工程费用，再将分项工程费用汇总得出直接费，然后算出间接费、利润和税金，进而算出单位工程造价，把各单位工程造价汇总，再算出项目其他费用，最后汇总得出工程总造价。这便是工程造价的计算过程，也就是造价的计价原理。

思考与练习

一、单项选择题

1. 建设项目的(　　)与建设项目的工程造价在量上是相等的。

A. 流动资产投资　　B. 固定资产投资
C. 递延资产投资　　D. 总投资

2. 关于建设项目的总投资与其总造价的关系说法正确的是(　　)。

A. 总投资包括在总造价内　　B. 总投资包括总造价和流动资金
C. 总投资就是总造价　　D. 总投资包括无形资产和总造价

3. 对于实施核准制或登记备案制的项目，为了保证企业投资决策的质量应编制(　　)。

A. 项目建议书　　B. 可行性研究报告
C. 项目评估分析　　D. 咨询评估报告

4. 具备独立施工条件并能形成独立使用功能的工程称为(　　)。

A. 单项工程　　B. 单位(子单位)工程
C. 分部(子分部)工程　　D. 分项工程

二、多项选择题

1. 建设项目总投资由(　　)组成。

A. 工程造价　　B. 总投资　　C. 流动资产投资
D. 税金　　E. 利息

2. 建设实施阶段建设准备的工作内容有(　　)。

A. 场地平整　　B. 施工需用资源的准备工作
C. 组织建设工程各单位　　D. 办理工程需要的手续和证书
E. 工程物资准备

第2章 工程造价管理概论

教学目标

本章主要介绍了工程造价管理的基本理论。通过对本章的学习，要求学生掌握工程造价和投资的概念；了解造价的计价特征、造价管理的基本内容、造价体制改革、造价员及造价工程师执业资格制度。

教学要求

知 识 要 点	能 力 要 求	相 关 知 识
工程造价理论	(1) 能够正确理解工程造价和投资的含义 (2) 能够正确确定工程造价的构成	(1) 工程造价的概念 (2) 工程造价的计价特征 (3) 工程造价管理的内容 (4) 造价工程师执业资格制度

引言

工程造价管理是运用科学、技术原理和方法，在统一目标、各负其责的原则下，为确保建设工程的经济效益和有关各方面的经济权益，对建筑工程造价管理及建安工程价格所进行的全过程、全方位的符合政策和客观规律的全部业务行为和组织活动。建筑工程造价管理是一个项目投资的重要环节。

工程价格管理属于价格管理的范畴。在微观层次上，工程造价管理是生产企业在掌握市场价格信息的基础上，为实现管理目标而进行的成本控制、计价、定价和竞价的系统活动。在宏观层次上，工程造价管理是政府根据社会经济的要求，利用法律手段、经济手段和行政手段对价格进行管理和调控，以及通过市场管理规范市场主体价格行为的系统活动。

2.1 工程造价的含义、相关概念及其作用

2.1.1 工程造价的含义

工程造价通常是指工程建设预计或实际支出的费用。由于所处的角度不同，工程造价有不同的含义。

(1) 从投资者(业主)的角度分析，工程造价是指建设一项工程预期开支或实际开支的全部固定资产投资费用。投资者为了获得投资项目的预期效益，需要对项目进行策划决策及建设实施，直至竣工验收等一系列投资管理活动。在上述活动中所花费的全部费用，就构成了工程造价。从这个意义上讲，建设工程造价就是建设工程项目固定资产总投资。

(2) 从市场交易的角度分析，工程造价是指为建成一项工程，预计或实际在工程发承包交易活动中所形成的建筑安装工程费用或建设工程总费用。显然，工程造价的这种含义是指以建设工程这种特定的商品形式作为交易对象，通过招标投标或其他交易方式，在进行多次预估的基础上，最终由市场形成的价格。这里的工程既可以是涵盖范围很大的一个建设工程项目，也可以是其中的一个单项工程或单位工程，甚至可以是整个建设工程中的某个阶段，如建筑安装工程、装饰装修工程，或者其中的某个组成部分。随着经济发展、技术进步、分工细化和市场的不断完善，工程建设中的中间产品也会越来越多，商品交换会更加频繁，工程价格的种类和形式也会更为丰富。尤其值得注意的是，投资主体的多元格局、资金来源的多种渠道，使相当一部分建设工程的最终产品作为商品进入了流通领域。如技术开发区的工业厂房、仓库、写字楼、公寓、商业设施和住宅开发区的大批住宅、配套公共设施等，都是投资者为实现投资利润最大化而生产的建筑产品，它们的价格是商品交易中现实存在的，是一种有加价的工程价格。

工程承发包价格是工程造价中一种重要的、也较为典型的价格交易形式，是在建筑市场通过招标投标，由需求主体(投资者)和供给主体(承包商)共同认可的价格。

工程造价的两种含义实质上就是从不同角度把握同一事物的本质。对市场经济条件下的投资者来说，工程造价就是项目投资，是“购买”工程项目要付出的价格；同时，工程造价也是投资者作为市场供给主体“出售”工程项目时确定价格和衡量投资经济效益的尺度。

2.1.2 与工程造价相关的概念

我国现行建设工程投资由固定资产投资和流动资产投资构成，其中固定资产投资就是通常所说的工程造价。我国现行工程造价构成主要划分为建设投资、建设期利息、固定资

产投资方向调节税(自 2000 年 1 月 1 日起已暂停征收)等。具体构成内容如图 2.1 所示。

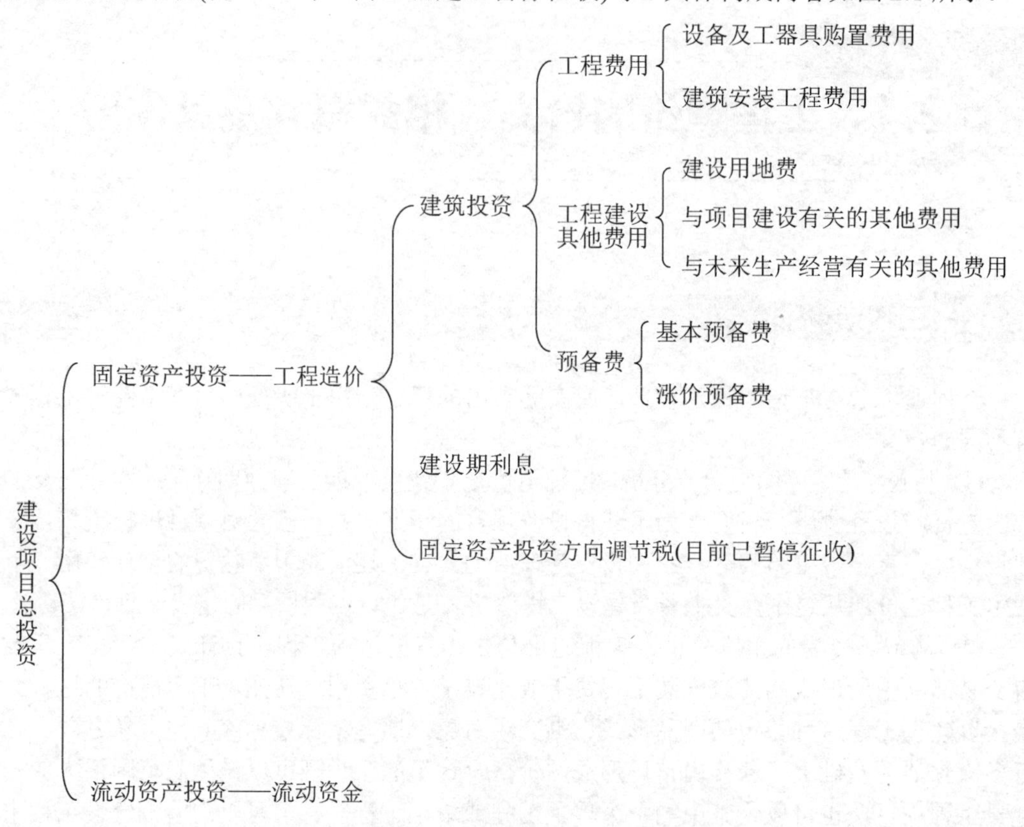

图 2.1　我国现行建设工程投资和工程造价构成

其中，建筑安装工程费、设备及工器具购置费、工程建设其他费用、基本预备费属于静态投资的范畴；涨价预备费、建设期贷款利息、固定资产投资方向调节税、流动资金属于动态投资的范畴。

建筑产品在经济范畴里，虽然与其他工农业产品一样具有商品的属性，但从其产品及生产特点看，也还具有一些与一般产品不同的特性。如建筑产品具有的单件性、固定性和建造周期长等特点，这些特点决定了其计价方式不同于一般的工农业产品，而必须根据计算工程造价的基础资料(即计价依据)，借助于一种特殊的计价程序(即计价模式)，并依据它们各自的功能与特定的条件进行单独计价。工程造价具有以下特点。

1．单件性

每一项建设工程都有其特定的功能和用途，因而也就有不同的结构、造型和装饰，不同的体积和面积，建设时要采用不同的工艺设备和建筑材料。因此，对于建设工程要根据具体情况对其单独计价。

2．多次性

建设工程周期长、规模大、造价高，因此按照建设程序要分阶段进行、相应地也要在不同阶段多次性计价，以确保工程造价计价与控制的科学性。工程造价计价多次性计价流程如图 2.2 所示。

图 2.2 中的整个计价过程从投资估算、设计总概算、修正总概算、施工图预算到合同价，再到各项工程结算价和最后在结算价基础上编制的竣工决算，是一个由粗到细、由浅到深，最后确定工程实际造价的过程，计价过程各环节之间相互衔接，前者控制后者，后者补充前者。

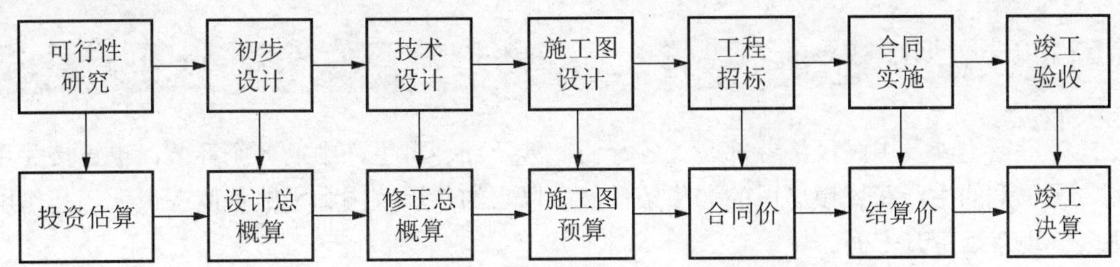

图 2.2 工程造价计价多次性计价流程图

3．组合性

按国家规定，工程建设有大、中、小型项目之分。凡是按照一个总体设计进行建设的各个单项工程总体即是一个建设项目。它一般是一个企业、事业单位或独立的工程项目。在建设项目中，凡是具有独立的设计文件，竣工后可以独立发挥生产能力或工程效益的工程称为单项工程，也可以将它理解为具有独立存在意义的完整的工程项目。各单项工程又可以分解为各个能独立施工的单位工程。考虑到组成单位工程的各部分是由不同人工用不同工具和材料完成的，又可以把单位工程进一步分解为分部工程。然后还可以按照不同的施工方法、构造及规格，把分部工程更细致地分解为分项工程。分项工程是能用较为简单的施工过程生产出来的，可以用适量的计量单位计算，并便于测定或计算的工程基本构造要素，也是假定的建筑安装产品。

与以上工程构成方式相适应，工程造价计价也具有组合性的特点。计价时，首先要对工程项目进行分解，按构成进行分部计算，并逐层汇总。其计价的顺序是：分部分项工程单价—单位工程造价—单项工程造价—建设项目总造价。例如，为确定某建设项目的总概算，要先计算各单位工程的概算，再计算各单项工程的综合概算，最终汇总成总概算。

4．计价方法的多样性

为了适应多次性计价有各种不同的计价依据，以及对造价的不同精度的要求，计价方法有多样性特征。不同的方法利弊不同，适应条件也不同，所以计价时要加以选择。现在我国采用的工程造价计价方法主要是工程定额计价方法和工程量清单计价方法两种。

5．计价依据的复杂性

由于影响造价的因素多，计价依据复杂、种类繁多，主要可分为以下 7 类。

(1) 计算设备和工程量的依据。包括项目建议书、可行性研究报告、设计文件等。

(2) 计算人工、材料、机械等实物消耗量依据。包括投资估算指标、概算定额、预算定额等。

(3) 计算工程单价的价格依据。包括人工单价、材料价格、材料运杂费、机械台班费等。

(4) 计算设备单价依据。包括设备原价、设备运杂费、进口设备关税等。

(5) 计算其他直接费、现场经费、间接费和工程建设其他费用依据，主要是相关的费用定额和指标。

(6) 政府规定的税、费。

(7) 物价指数和工程造价指数。

依据的复杂性不仅使计算过程复杂，而且要求计价人员熟悉各类计价依据，并正确地加以应用。

2.1.3 工程造价的作用

工程造价涉及国民经济各部门、各行业，涉及社会再生产中的各个环节，也直接关系到人民群众的生活和城镇居民的居住条件，所以它的作用范围和影响程度都很大。其作用主要表现在以下几方面。

1．工程造价是项目决策的依据

工程造价决定着项目的一次性投资费用。投资者是否有足够的财务能力支付这笔费用，是否认为值得支付这笔费用，是项目决策中要考虑的主要问题，也是投资者必须首先解决的问题。因此，在项目决策阶段，建设工程造价就成为项目财务分析和经济评价的重要依据。

2．工程造价是制订投资计划和控制投资的依据

投资计划是按照建设工期、工程进度和建设工程价格等逐年分月加以制订的。正确的投资计划有助于合理和有效地使用资金。

工程造价是通过多次预估、最终通过竣工决算确定下来的。每一次预估的过程就是对造价的控制过程，因为每一次估算都不能超过前一次估算的一定幅度。这种控制是在投资者财务能力的限度内为取得既定的投资效益所必需的。此外，投资者利用制定各类定额、标准和参数等控制工程造价的计算依据，也是控制建设工程投资的表现。

3．工程造价是筹集建设资金的依据

投资体制的改革和市场经济的建立，要求项目投资者必须有很强的筹资能力，以保证工程建设有充足的资金供应。工程造价基本决定了建设资金的需要量，从而为筹集资金提供了比较准确的依据。当建设资金来源于金融机构的贷款时，金融机构在对项目偿贷能力进行评估的基础上，也需要依据工程造价来确定给予投资者的贷款数额。

4．工程造价是评价投资效果的重要指标

工程造价是一个包含着多层次工程造价的体系。就一个工程项目而言，它既是建设项目的总造价，又包含单项工程的造价和单位工程的造价，同时也包含单位生产能力的造价或单位建筑面积的造价等。工程造价自身形成一个指标体系，能够为评价投资效果提供多种评价指标，并能够形成新的价格信息，为今后类似项目的投资提供参照。

5．工程造价是利益合理分配和调节产业结构的手段

工程造价的高低涉及国民经济各部门和企业间的利益分配。在市场经济体制下，工程造价会受供求状况的影响，并在围绕价值的波动中实现对建设规模、产业结构和利益分配的调节。加上政府正确的宏观调控和价格政策导向，工程造价在这方面的作用会充分发挥出来。

2.2 工程造价管理的含义及其相关内容

2.2.1 工程造价管理的含义

工程造价管理是指综合运用管理学、经济学和工程技术等方面的知识与技能，对工程造价进行预测、计划、控制、核算等的过程。工程造价管理既涵盖了宏观层次的工程建设投资管理，也涵盖了微观层次的工程项目费用管理。

1. 工程造价的宏观管理

工程造价的宏观管理是指政府部门根据社会经济发展的实际需要，利用法律、经济和行政等手段，规范市场主体的价格行为，监控工程造价的系统活动。

2. 工程造价的微观管理

工程造价的微观管理是指工程参建主体根据工程有关计价依据和市场价格信息等，预测、计划、控制、核算工程造价的系统活动。

2.2.2 工程造价管理的目标、任务及基本内容

1. 工程造价管理的目标

工程造价管理的目标是按照经济规律的要求，根据社会主义市场经济的发展形势，利用科学管理方法和先进管理手段，合理地确定造价和有效地控制造价，以提高投资效益和建筑安装企业经营效果。

2. 工程造价管理的任务

工程造价管理的任务是：加强工程造价的全过程动态管理，强化工程造价的约束机制，维护有关各方的经济利益，规范价格行为，促进微观效益和宏观效益的统一。

3. 工程造价管理的基本内容

工程造价管理的基本内容就是合理地确定和有效地控制工程造价。

1) 工程造价的合理确定

所谓工程造价的合理确定，就是在建设程序的各个阶段，合理地确定投资估算、概算造价、预算造价、承包合同价、结算价、竣工决算价。

(1) 在项目建议书阶段，按照有关规定编制的初步投资估算，经有关部门批准，作为拟建项目列入国家中长期计划和开展前期工作的控制造价。

(2) 在项目可行性研究阶段，按照有关规定编制的投资估算，经有关部门批准，作为该项目的控制造价。

(3) 在初步设计阶段，按照有关规定编制的初步设计总概算，经有关部门批准，即作为拟建项目工程造价的最高限额。

(4) 在施工图设计阶段，按规定编制施工图预算，用以核实施工图阶段预算造价是否超过批准的初步设计概算。

(5) 对以施工图预算为基础实施招标的工程，承包合同价也是以经济合同形式确定的建筑安装工程造价。

(6) 在工程实施阶段要按照承包方实际完成的工程量，以合同价为基础，同时考虑因物价变动所引起的造价变更，以及设计中难以预计的而在实施阶段实际发生的工程和费用，合理确定结算价。

(7) 在竣工验收阶段，全面汇集在工程建设过程中实际花费的全部费用，编制竣工决算，如实体现建设工程的实际造价。

2) 工程造价的有效控制

所谓工程造价的有效控制，就是在优化建设方案、设计方案的基础上，在建设程序的各个阶段，采用一定的方法和措施将工程造价的发生控制在合理的范围和核定的造价限额以内。具体来说，要用投资估算价控制设计方案的选择和初步设计概算造价，用概算造价控制技术设计和修正概算造价，用概算造价或修正概算造价控制施工图设计和预算造价，以求合理地使用人力、物力和财力，取得较好的投资效益。

有效地控制工程造价应体现以下三项原则。

(1) 以设计阶段为重点的建设全过程造价控制。

(2) 实施主动控制，以取得令人满意的结果。

(3) 技术与经济相结合是控制工程造价最有效的手段。

4．工程造价管理的组织系统

工程造价管理的组织系统，是指为了实现工程造价管理目标而进行的有效组织活动，以及与造价管理功能相关的有机群体。它是工程造价动态的组织活动过程和相对静态的造价管理部门的统一。

为了实现工程造价管理目标而开展有效的组织活动，我国设置了多部门、多层次的工程造价管理机构，并规定了各自的管理权限和职责范围。

工程造价管理组织有三个系统。

1) 政府行政管理系统

政府在工程造价管理中既是宏观管理主体，也是政府投资项目的微观管理主体。从宏观管理的角度，政府对工程造价管理有一个严密的组织系统，设置了多层管理机构，规定了管理权限和职责范围。

(1) 国务院建设主管部门的造价管理机构，其主要职责如下。

① 组织制定工程造价管理有关法规、制度并组织贯彻实施。

② 组织制定全国统一经济定额和制定、修订本部门经济定额。

③ 监督指导全国统一经济定额和本部门经济定额的实施。

④ 制定和负责全国工程造价咨询企业的资质标准及其资质管理工作。

⑤ 制定全国工程造价管理专业人员执业资格准入标准，并监督执行。

(2) 国务院其他部门的工程造价管理机构。包括水利、水电、电力、石油、石化、机械、冶金、铁路、煤炭、建材、林业、有色、核工业、公路等行业和军队的造价管理机构。主要是修订、编制和解释相应的工程建设标准定额，有的还担负本行业大型或重点建设项目的概算审批、概算调整等职责。

(3) 省、自治区、直辖市工程造价管理部门。主要职责是修编、解释当地定额、收费标准和计价制度等。此外，还有审核国家投资工程的标底、结算，处理合同纠纷等职责。

2) 企事业单位管理系统

企事业单位对工程造价的管理，属微观管理的范畴。设计单位、工程造价咨询企业等按照业主或委托方的意图，在可行性研究和规划设计阶段合理确定和有效控制建设工程造价，通过限额设计等手段实现设定的造价管理目标；在招投标工作中编制招标文件、标底，参加评标、合同谈判等工作；在项目实施阶段，通过工程计量与支付、工程变更与索赔管理等控制工程造价。设计单位、工程造价咨询机构通过在全过程造价管理中的业绩，为自己赢得信誉，提高市场竞争力。

工程承包企业的造价管理是企业自身管理的重要内容。工程承包企业设有自己专门的职能机构参与企业的投标决策，并通过对市场的调查研究，利用过去积累的经验，研究报价策略，提出报价；在施工过程中，进行工程造价的动态管理，注意各种调价因素的发生和工程价款的结算，避免收益的流失，以促进企业盈利目标的实现。

3) 行业协会管理系统

在全国各省、自治区、直辖市及一些大中城市，先后成立了工程造价管理协会，对工程造价咨询工作和造价工程师实行行业管理。中国建设工程造价管理协会的业务范围包括：

(1) 研究工程造价管理体制改革、行业发展、行业政策、市场准入制度及行为规范等理论与实践问题。

(2) 探讨提高政府和业主项目投资效益，科学预测和控制工程造价，促进现代化管理技术在工程造价咨询行业的运用，向国务院建设行政主管部门提出建议。

(3) 接受国务院建设行政主管部门委托，承担工程造价咨询行业和造价工程师执业资格及职业教育等具体工作，研究提出与工程造价有关的规章制度及工程造价咨询行业的资质标准、合同范本、职业道德规范等行业标准，并推动实施。

(4) 对外代表我国造价工程师组织和工程造价咨询行业与国际组织及各国同行组织建立联系与交往，签订有关协议，为会员开展国际交流与合作等对外业务服务。

(5) 建立工程造价信息服务系统，编辑、出版有关工程造价方面的刊物和参考资料，组织交流和推广工程造价咨询先进经验，举办有关职业培训和国际工程造价咨询业务研讨活动。

(6) 在国内外工程造价咨询活动中，维护和增进会员的合法权益，协调解决会员和行业间的有关问题，受理关于工程造价咨询执业违规的投诉，配合国务院建设行政主管部门进行处理，并向政府部门和有关方面反映会员单位和工程造价咨询人员的建议和意见。

(7) 指导各专业委员会和地方造价管理协会的业务工作。

(8) 组织完成政府有关部门和社会各界委托的其他业务。

2.2.3 工程造价管理的体制及改革

工程造价管理体制改革的目标是通过市场竞争形成工程价格。鉴于目前建设市场公平竞争的环境尚未形成，加上各种不正之风特别是腐败现象的存在，工程造价管理的改革暂不具备完全开放、由市场形成价格的条件，只能是调放结合、循序渐进，其基本思路如下。

(1) 区别政府投资和非政府投资工程，采取不同的管理方式。对于政府投资工程，应以建设行政主管部门发布的指导性的消耗量标准为依据，按市场价格编制标底，并以此为基础，实行在合理幅度内确定中标价的定价方式。非政府投资工程，承发包双方在遵守国家有关法律、法规的基础上，由双方在合同中确定。

(2) 积极推进适合社会主义市场经济体制、建立适应国际市场竞争的工程计价依据，制定统一的项目划分、计量单位、工程量计算规则；在制度上明确推行工程量清单报价的有关计价办法；鼓励施工企业在国家定额指导下制定本企业报价定额，以适应投标报价的需要，增强自身的市场竞争能力。

(3) 建立工程造价管理信息网络，使工程造价计价依据的管理和监督逐步走向现代化、科学化的轨道。

2.3 造价员及造价工程师执业资格制度

2.3.1 造价员

造价员资格已被取消，目前不再执行造价员考试。

2.3.2 造价工程师

1. 造价工程师执业资格考试

国家在工程造价领域实施造价工程师执业资格制度。凡从事工程建设活动的建设、设计、施工、工程造价咨询、工程造价管理等单位和部门，必须在计价、评估、审查(核)、控制及管理等岗位配备有造价工程师执业资格的专业技术人员。造价工程师执业资格考试实行全国统一大纲、统一命题、统一组织的办法。原则上每年举行一次。

获得造价工程师资格证书的人员，表明已具备造价工程师的水平和能力，该证书作为依法从事建设工程造价业务的依据。

1) 报考条件

凡中华人民共和国公民，遵纪守法并具备以下条件之一者，均可申请参加造价工程师执业资格考试。

(1) 工程造价专业大专毕业后，从事工程造价业务工作满 5 年；工程或工程经济类大专毕业后，从事工程造价业务工作满 6 年。

(2) 工程造价专业本科毕业后，从事工程造价业务工作满 4 年；工程或工程经济类本科毕业后，从事工程造价业务工作满 5 年。

(3) 获得上述专业第二学士学位或研究生班毕业和获硕士学位后从事工程造价业务工作满 3 年。

(4) 获得上述专业博士学位后，从事工程造价业务工作满 2 年。

2) 考试科目

造价工程师执业资格考试分为 4 个科目：工程造价管理基础理论与相关知识、工程造价计价与控制、建设工程技术与计量(分土建和安装两个专业)和工程造价案例分析。对于长期从事工程造价业务工作的专业技术人员具备下列条件之一者可免试工程造价管理基础理论与相关知识、建设工程技术与计量两个科目。

(1) 符合 1970 年(含 1970 年，下同)以前工程或工程经济类本科毕业从事工程造价工作满 15 年。

(2) 1970 年以前工程或工程经济类大专毕业，从事工程造价工作满 20 年。

(3) 1970 年以前工程或工程经济类中专毕业，从事工程造价工作满 25 年。

造价工程师 4 个科目分别单独考试、单独计分。参加全部科目考试的人员，需在连续的两个考试年度内通过应试科目；参加免试部分考试科目的人员，需在一个考试年度内通过应试科目。

3) 证书取得

通过造价工程师执业资格考试的合格者，由省、自治区、直辖市人事(职改)部门颁发国家人事部统一印制、国家人事部和住房和城乡建设部共同用印的造价工程师执业资格证书，该证书全国范围内有效，并作为造价工程师注册的凭证。

2．注册

1) 注册管理部门

国务院建设主管部门作为造价工程师注册机关，负责全国注册造价工程师的注册和执业活动，实施统一的监督管理工作。

各省、自治区、直辖市人民政府建设主管部门对本行政区域内作为造价工程师的省级注册、执业活动初审机关，对其行政区域内造价工程师的注册、执业活动实施监督管理。

国务院铁道、交通、水利、信息产业等相关专业部门作为造价工程师的注册初审机关，负责对其管辖范围内造价工程师的注册、执业活动实施监督管理。

2) 初始注册

取得造价工程师执业资格证书的人员，可自资格证书签发之日起 1 年内申请初始注册。逾期未申请者，须符合继续教育的要求后方可申请初始注册。初始注册的有效期为 4 年。

(1) 申请初始注册的，应当提交下列材料：

① 初始注册申请表；

② 执业资格证件和身份证件复印件；

③ 与聘用单位签订的劳动合同复印件；

④ 工程造价岗位工作证明；

⑤ 取得造价工程师执业资格证书的人员，自资格证书签发之日起 1 年后申请初始注册的，应当提供继续教育合格证明；

⑥ 受聘于具有工程造价咨询企业资质的中介机构的，应当提供聘用单位为其交纳的社会基本养老保险凭证、人事代理合同复印件，或者按劳动、人事部门颁发的离退休证复印件；

⑦ 外国人、台港澳人员应当提供外国人就业许可证书、台港澳人员就业证书复印件。

(2) 有下列情形之一的，不予注册：

① 丧失民事行为能力的；

② 受过刑事处罚，且自刑事处罚执行完毕之日起至申请注册之日不满 5 年的；

③ 在工程造价业务中有重大过失，受过行政处罚或者撤职以上行政处分，且处罚、处分决定之日至申请注册之日不满 2 年的；

④ 在申请注册过程中有弄虚作假行为的。

(3) 有下列情形之一的，不予注册：

① 不具有完全民事行为能力的；

② 申请在两个或者两个以上单位注册的；

③ 未达到造价工程师继续教育合格标准的；

④ 前一个注册期内造价工作业绩达不到规定标准或未办理暂停执业手续而脱离工程造价业务岗位的；

⑤ 受刑事处罚，刑事处罚尚未执行完毕的；

⑥ 因工程造价业务活动受刑事处罚，自刑事处罚执行完毕之日起至申请注册之日止不满 5 年的；

⑦ 因工程造价业务活动以外的原因受刑事处罚，自处罚决定之日起至申请注册之日止不满 3 年的；

⑧ 被吊销注册证书，自被处罚决定之日起至申请之日止不满 3 年的；

⑨ 以欺骗、贿赂等不正当手段获准注册被撤销，自被撤销注册之日起至申请注册之日止不满 3 年的；

⑩ 法律、法规规定不予注册的其他情形。

(4) 申请造价工程师初始注册，按照下列程序办理：

① 申请人向聘用单位提出申请；

② 聘用单位审核同意后，连同上述造价工程师申请初始注册规定的材料一并上报省级注册机构或者部门注册机构；

③ 省级注册机构或者部门注册机构对申请注册的有关材料进行初审，签署初审意见，报国务院建设行政主管部门；

④ 国务院建设行政主管部门对初审意见进行审核，对符合注册条件的，准予注册，并颁发《造价工程师注册证》和造价工程师执业专用章。

造价工程师初始注册的有效期限为 2 年，自核准注册之日起计算。

3) 续期注册

注册造价工程师注册有效期满需继续执业的，应当在注册有效期满30日前，按照规定的程序申请延续注册。延续注册的有效期为4年。

(1) 申请续期注册的，应当提交下列材料：

① 延续注册申请表；

② 造价工程师注册证书；

③ 与聘用单位签订的劳动合同复印件；

④ 前一个注册期内的工作业绩证明；

⑤ 继续教育合格证明。

(2) 造价工程师有下列情形之一的，不予续期注册：

① 无业绩证明和工作总结的；

② 同时在两个以上单位执业的；

③ 未按照规定参加造价工程师继续教育或者继续教育未达到标准的；

④ 允许他人以本人名义执业的；

⑤ 在工程造价活动中有弄虚作假行为的；

⑥ 在工程造价活动中有过失，造成重大损失的。

(3) 申请续期注册，按照下列程序办理：

① 申请人向聘用单位提出申请；

② 聘用单位审核同意后，连同上述造价工程师申请续期注册规定的材料一并上报省级注册机构或者部门注册机构；

③ 省级注册机构或者部门注册机构对有关材料进行审核，对无上述不予续期注册规定情形的，准予续期注册；

④ 省级注册机构或者部门注册机构应当在准予续期注册后30日内，将准予续期注册的人员名单，报国务院建设行政主管部门备案。

续期注册的有效期限为2年，自准予续期注册之日起计算。

4) 变更注册

在注册有效期内，注册造价工程师变更执业单位的，应当与原聘用单位解除劳动合同，并按照规定的程序办理变更注册手续。变更注册后延续原注册有效期。

申请变更注册，按照下列程序办理：

(1) 申请人向聘用单位提出申请；

(2) 聘用单位审核同意后，连同申请人与原聘用单位的解聘证明，一并上报省级注册机构或者部门注册机构；

(3) 省级注册机构或者部门注册机构对有关情况进行审核，情况属实的，准予变更注册；

(4) 省级注册机构或者部门注册机构应当在准予变更注册之日起30日内，将变更注册人员情况报国务院建设行政主管部门备案。

造价工程师办理变更注册后1年内再次申请变更的，不予办理。

3．继续教育

继续教育应贯穿于造价工程师的整个执业过程，是注册造价工程师持续执业资格的必备条件之一。注册造价工程师有义务接受并按要求完成继续教育。

注册造价工程师在每一注册有效期内应接受必修课和选修课各 60 学时的继续教育。继续教育达到合格标准的，颁发继续教育合格证明。注册造价工程师继续教育由中国建设工程造价管理协会负责组织、管理、监督和检查。

1) 继续教育的内容

根据中国建设工程造价管理协会 2007 年颁布的《注册造价工程师继续教育实施暂行办法》，注册造价工程师继续教育学习内容主要包括：与工程造价有关的方针政策、法律法规和标准规范，工程造价管理的新理论、新方法、新技术等。

2) 继续教育的形式

(1) 参加中国建设工程造价管理协会或各省级和部门管理机构组织的注册造价工程师网络继续教育学习和集中面授培训。

(2) 参加中国建设工程造价管理协会或各省级和部门管理机构举办的各种类型的注册造价工程师培训班、研讨会。

(3) 中国建设工程造价管理协会认可的其他形式。

3) 继续教育学时的计算方法

(1) 参加中国建设工程造价管理协会或各省级和部门管理机构组织的注册造价工程师网络继续教育学习，按在线学习课件记录的时间计算学时。

(2) 参加中国建设工程造价管理协会或各省级和部门管理机构组织的注册造价工程师集中面授培训及各种类型的培训班、研讨会等，每半天可认定为 4 个学时。

(3) 其他由中国建设工程造价管理协会认定的学时。

4．违规处罚

1) 对擅自从事工程造价业务的处罚

未经注册，以注册造价工程师的名义从事工程造价业务活动的，所签署的工程造价成果文件无效，由县级以上地方人民政府建设行政主管部门或者其他有关专业部门给予警告，责令停止违法活动，并可处以 1 万元以上、3 万元以下的罚款。

2) 对注册违规的处罚

(1) 隐瞒有关情况或者提供虚假材料申请造价工程师注册的，不予受理或者不予注册，并给予警告，申请人在 1 年内不得再次申请造价工程师注册。

(2) 聘用单位为申请人提供虚假注册材料的，由县级以上地方人民政府建设行政主管部门或者其他有关专业部门给予警告，并可处以 1 万元以上、3 万元以下的罚款。

(3) 以欺骗、贿赂等不正当手段取得造价工程师注册的，由注册机关撤销其注册，3 年内不得再次申请注册，并由县级以上地方人民政府建设主管部门处以罚款。其中，没有违法所得的，处以 1 万元以下罚款；有违法所得的，处以违法所得 3 倍以下且不超过 3 万元的罚款。

(4) 未按照规定办理变更注册仍继续执业的，由县级以上地方人民政府建设主管部门或者有关专业部门责令限期改正；逾期不改的，可处以 5000 元以下的罚款。

3) 对执业活动违规的处罚

注册造价工程师有下列行为之一的，由县级以上地方人民政府建设主管部门或者有关专业部门给予警告，责令改正。没有违法所得的，处以 1 万元以下罚款；有违法所得的，处以违法所得 3 倍以下且不超过 3 万元的罚款：

(1) 不履行注册造价工程师的义务；

(2) 在执业过程中索贿、受贿或者谋取合同约定费用外的其他利益；

(3) 在执业过程中实施商业贿赂；

(4) 签署有虚假记载、误导性陈述的工程造价成果文件；

(5) 以个人名义承接工程造价业务；

(6) 允许他人以自己名义从事工程造价业务；

(7) 同时在两个或者两个以上的单位执业；

(8) 涂改、倒卖、出租、出借或以其他形式非法转让注册证书或执业印章；

(9) 法律、法规、规章禁止的其他行为。

4) 对未提供信用档案信息的处罚

注册造价工程师或者其聘用单位未按照要求提供造价工程师信用档案信息的，由县级以上地方人民政府建设主管部门或者其他有关专业部门责令限期改正；逾期不改的，可处以 1000 元以上、1 万元以下的罚款。

本章小结

本章主要涉及三部分内容：工程造价的含义、相关概念及其作用，工程造价管理的含义及其相关内容，造价员及造价工程师执业资格制度。

工程造价部分主要介绍工程造价的含义、相关概念和作用。

工程造价管理部分主要介绍工程造价管理的含义、目标、任务、基本内容和体制及改革。

造价员及造价工程师执业资格制度部分主要介绍造价员的报考条件，造价工程师执业资格考试、注册、继续教育及违规处罚。

背景知识

工程造价管理的发展方向——全面造价管理

全面造价管理就是有效地使用专业知识和专门技术去计划和控制资源、造价、盈利和风险，这是工程造价管理的发展方向。全面造价管理包括全寿命期造价管理、全过程造价管理、全要素造价管理和全方位造价管理。

1. 全寿命期造价管理

建设工程全寿命期造价是指建设工程初始建造成本和建成后的日常使用成本之和，它包括建设前期、建设期、使用期及拆除期各个阶段的成本。由于在工程建设及使用的不同阶段，工程造价存在诸多不确定性，使得工程造价管理者管理建设工程全寿命期造价比较困难。因此，全寿命期造价管理至今只能作为一种实现建设工程全寿命期造价最小化的指导思想，指导建设工程的投资决策及设计方案的选择。

2. 全过程造价管理

建设工程全过程是指建设工程前期决策、设计、招投标、施工、竣工验收等各个阶段，工程造价管理覆盖建设工程前期决策及实施的各个阶段，包括前期决策阶段的项目策划、投资估算、项目经济评价、项目融资方案分析；设计阶段的限额设计、方案比选、概预算编制；招投标阶段的标段划分、承发包模式及合同形式的选择、招标控制价编制；施工阶段的工程计量与结算、工程变更控制、索赔管理；竣工验收阶段的竣工结算与决算；等等。

3. 全要素造价管理

建设工程造价管理不能单就工程造价本身谈造价管理，因为除工程本身造价之外，工期、质量、安全及环境等因素均会对工程造价产生影响。为此，控制建设工程造价不仅仅是控制建设工程本身的成本，还应同时考虑工期成本、质量成本、安全与环境成本的控制，从而实现工程造价、工期、质量、安全、环境的集成管理。

4. 全方位造价管理

建设工程造价管理不仅仅是业主或承包单位的任务，而应该是政府建设行政主管部门、行业协会、业主方、设计方、承包方以及有关咨询机构的共同任务。尽管各方的地位、利益、角度等有所不同，但必须建立完善的协同工作机制，才能实现建设工程造价的有效控制。

思考与练习

一、单项选择题

1. 建设工程项目总造价是指项目总投资中的(　　)。

A. 建筑安装工程费用　　B. 固定资产投资与流动资产投资总和

C. 静态投资总额　　D. 固定资产投资总额

2. 建设工程造价的计价特征不包括(　　)。

A. 单件性　　B. 按类似工程

C. 按构成部分组合　　D. 多次性

3. 工程造价具有多次性计价特征，其中各阶段与造价对应关系正确的是(　　)。

A. 招投标阶段：投资估算　　B. 施工图设计阶段：修正概算

C. 竣工验收阶段：结算价　　D. 初步设计阶段：设计概算

4. 根据《注册造价工程师管理办法》的规定，不予注册造价工程师的情形有(　　)。

A. 办理暂停执业手续后脱离工程造价业务岗位的

B. 因工程造价业务活动受刑事处罚，自刑事处罚执行完毕之日起至申请注册之日止不满3年的

C. 申请在两个或者两个以上单位注册的

D. 以欺骗手段获准注册被撤销，自被撤销注册之日起至申请注册之日止不满1年的

5. 根据我国现行规定，经全国造价工程师执业资格统一考试合格的人员，应当在取得造价工程师执业资格考试合格证书后的(　　)内申请初始注册。

A. 30日　　B. 2个月　　C. 3个月　　D. 6个月

二、多项选择题

1. 下列各项中，属于工程项目建设投资的有(　　)。

A. 建设期利息　　B. 设备及工器具购置费

C. 预备费　　D. 流动资产投资

E. 工程建设其他费用

2. 下列关于工程造价的有效控制的讨论中，正确的是(　　)。

A. 以设计阶段为重点的建设全过程造价控制

B. 实施主动控制，以取得令人满意的结果

C. 技术与经济相结合是控制工程造价最有效的手段

D. 实施被动控制，以取得降低成本的效果

E. 以施工阶段为重点的全方位造价控制

第3章 建设工程造价构成

教学目标

本章主要介绍了我国现行建设项目的总投资构成和工程造价的构成。通过对本章的学习，要求学生掌握设备及工器具购置费的构成与计算、CIF 价、FOB 价、C&F 价的定义，建筑安装工程费的构成与计算，工程建设其他费用的构成内容与有关规定，预备费、固有资产投资方向调节费、建设期贷款利息的构成内容和计算；熟悉铺底流动资金的内容及有关规定；了解世界银行建设项目费用的构成。

教学要求

知识要点	能力要求	相关知识
工程造价(固有资产投资)的构成与计算	(1) 能够根据已知工程条件选择合理的国产设备、进口设备，并能正确计算出设备的原价和运杂费 (2) 能够根据工程已知条件，快速计算单位工程的直接费、间接费、利润和税金 (3) 能够根据工程已知条件，正确计算建设项目的其他费用 (4) 能够根据工程已知条件，正确计算建设项目的预备费、银行贷款利息和固定资产投资方向调节税	(1) 设备及工器具的构成与计算 (2) 建筑安装工程费构成与计算 (3) 工程建设其他费用的构成与计算 (4) 预备构成与计算 (5) 建设期银行贷款利息计算 (6) 固定资产投资方向调节税的构成与计算 (7) 世界银行建设项目费用构成

引言

工程项目建设的中心任务就是实现项目目标。从根本意义上讲，投资目标的实现才是建设单位经济效益的真正体现。从客观意义上讲，投资目标的实现才是社会效益的真正体现；而工程造价的确定与投资的有效控制是工程建设管理不可缺少的重要组成部分，是实现投资目标的重要手段，在项目建设管理中有着特殊的地位。

3.1 建设项目投资构成和工程造价构成

1. 相关概念

(1) 建设项目总投资：是指为完成工程项目建设并使其达到使用要求或生产条件，在建设期内预计或实际投入的全部费用总和。其中生产性建设项目总投资包括建设投资、建设期利息和流动资金三部分；非生产性建设项目总投资包括建设投资和建设期利息两部分，见表3-1。

表3-1 建设项目总投资构成表

项目名称	组成部分	资产类别
生产性项目总投资	(1) 建设投资	固定资产
	(2) 建设期银行利息	
	(3) 流动资金	流动资产
非生产性项目总投资	(1) 建设投资	固定资产
	(2) 建设期银行利息	

(2) 建设投资：是指为完成工程项目建设，在建设期内投入且形成现金流出的全部费用。根据国家发改委和原建设部发布的《建设项目经济评价方法与参数(第三版)》(发改投资[2006]1325号)的规定，建设投资包括工程费用、工程建设其他费用和预备费3部分。其中工程费用包括设备及工器具购置费、建筑工程费用和安装工程费用；工程建设其他费用是指建设期发生的与土地使用权取得、整个工程项目建设以及与未来生产经营有关的构成建设投资但不包括在工程费用中的费用；预备费是在建设期内为各种不可预见因素变化而预留的可能增加的费用，包括基本预备费和涨价预备费。

(3) 工程造价：是按照确定的建设内容、建设规模、建设标准、功能要求和使用要求等将工程全部建成，在建设期预计或实际支出的建设费用。固定资产投资在量上与工程造价相等。工程造价基本构成包括用于购买工程项目所含各种设备的费用，用于建筑施工和安装施工所需支出的费用，用于委托工程勘察设计应支付的费用，用于购置土地所需的费用，也包括用于建设单位自身进行项目筹建和项目管理所花费的费用等。

2. 我国现行建设项目总投资构成

我国现行建设项目总投资构成的具体内容如图2.1所示。

3.2 设备及工器具购置费

设备及工器具购置费是由设备购置费和工具、器具及生产家具购置费组成的，它是固定资产投资中的积极部分。在生产性工程建设中，设备及工器具购置费占工程造价比重的增大，意味着生产技术进步和资本有机构成的提高。

3.2.1 设备购置费的构成及计算

1. 设备购置费的定义

设备购置费是指为建设项目购置或自制的达到固定资产标准的各种国产或进口设备、工具、器具的购置费用。其计算公式如下：

设备购置费=设备原价+设备运杂费 (3-1)

2. 设备原价的构成及计算

1) 国产标准设备

国产标准设备是指按照主管部门颁布的标准图纸和技术要求，由我国设备生产厂批量生产的，符合国家质量检测标准的设备。

国产标准设备原价等于出厂价或订货价。设备原价有两种，一种为带备件的原价，另一种为不带备件的原价。一般为带备件的原价。

2) 国产非标准设备

国产非标准设备是指国家尚无定型标准，各设备厂不能批量生产，只能按一次订货，并具体设计、单个制造的设备。

国产非标准设备原价通过计算确定。其中计算方法有成本计算法、系列设备插入估价法、分部组合估价法、定额估价法等。现介绍成本计算估价法，其原价构成包括以下几项。

(1) 材料费。其计算公式如下：

材料费=材料净重×(1+加工损耗系数)×每吨材料综合价 (3-2)

(2) 加工费：包括生产工人工资和工资附加费、燃料动力费、设备折旧费、车间经费等。其计算公式如下：

加工费=设备总重量(t)×设备每吨加工费 (3-3)

(3) 辅助材料费：包括电焊条、焊丝、氧气、氩气、油漆、电石等费用。其计算公式如下：

辅助材料费=设备总重量(t)×辅助材料指标 (3-4)

(4) 专用工具费：按(1)～(3)项之和乘以一定百分比计算。

(5) 废品损失费：按(1)～(4)项之和乘以一定百分比计算。

(6) 外购配套件费：按设备设计图纸所列的外购配套件的名称、型号、规格、数量、重量，根据相应的价格加运杂费计算。

(7) 包装费：按(1)～(6)项之和乘以一定百分比计算。

(8) 利润：按(1)～(5)项加(7)项之和乘以一定利润率计算。

(9) 税金：主要指增值税。其计算公式如下：

$$增值税=当期销项税额-进项税额 \tag{3-5}$$

$$当期销项税额=销售额\times适用增值税率 \tag{3-6}$$

式(3-6)中销售额为(1)～(8)项之和。

(10) 非标准设备设计费：按国家规定的设计费收费标准计算。

综上所述，单台非标准设备原价计算公式如下：

$$\begin{aligned}单台非标准设备原价=&\{[(材料费+加工费+辅助材料费)\times(1+专用工具费率)\times\\&(1+废品损失率)+外购配套件费]\times(1+包装费率)-\\&外购配套件费\}\times(1+利润率)+税金+非标准设备设计费+\\&外购配套件费\end{aligned} \tag{3-7}$$

【例 3-1】 某工程采购一台国产非标准设备，制造厂生产该台设备所用材料费为 20 万元，辅助材料费为 4000 元，加工费为 2 万元，专用工具费率为 1.5%，废品损失率为 10%，外购配套件费为 5 万元，包装费率为 1%，利润率为 7%，增值税率为 17%，非标设备设计费为 2 万元，试求该国产非标准设备的原价。

【解】 专用工具费=(20+2+0.4)×1.5%=0.336(万元)

废品损失费=(20+2+0.4+0.336)×10%=2.274(万元)

包装费=(22.4+0.336+2.274+5)×1%=0.3(万元)

利润=(22.4+0.336+2.274+0.3)×7%=1.772(万元)

销项税金=(22.4+0.336+2.274+5+0.3+1.772)×17%=5.454(万元)

该台非标准设备原价=22.4+0.336+2.274+0.3+1.772+5.454+2+5=39.53(万元)

3) 进口设备

进口设备的原价是指进口设备的抵岸价，即抵达买方边境港口或边境车站，且交完关税等费后形成的价格。它的构成与进口设备的交货类别有关。

(1) 进口设备的交货类别。

进口设备的交货类别可分为内陆交货、目的地交货类、装运港交货类，具体见表 3-2。

表 3-2 进口设备交货类别

交货类别	交货地点及内容
内陆交货类	即卖方在出口国内陆的某个地点交货。 特点：买方承担风险大
目的地交货类	即卖方在进口国的港口或内地交货，又分为目的港船上交货价、目的港船边交货价和目的港码头交货价(关税已付)及完税后交货价(进口国的指定地点)等几种交货价。 特点：卖方承担风险大

续表

交货类别	交货地点及内容
装运港交货类	即卖方在出口国装运港交货，主要有装运港船上交货价(FOB)，习惯称离岸价格；运费在内价(C&F)和运费、保险费在内价(CIF)，习惯称到岸价格。 特点：卖方按照约定的时间在装运港交货，只要卖方把合同规定的货物装船后提供货运单据便完成交货任务，可凭单据收回货款

装运港船上交货价(FOB)是我国进口设备采用最多的一种货价，也称离岸价。采用装运港船上交货价时卖方的责任是：在规定的期限内，负责在合同规定的装运港口将货物装上买方指定的船只，并及时通知买方；负担货物装船前的一切费用和风险，负责办理出口手续；提供出口国政府或有关方面签发的证件；负责提供有关装运单据。买方责任是：负责租船或订舱，支付运费，并将船期、船名通知卖方；负担货物装船后的一切费用和风险；负责办理保险及支付保险费，办理在目的港的进口收货手续；接受卖方提供的有关装运单据，并按合同规定支付货款。

(2) 进口设备原价(抵岸价)的构成及计算。

进口设备原价(抵岸价)=FOB 价+国际运费+运输保险费+银行财务费+外贸手续费+关税+增值税+消费税+车辆购置附加税 (3-8)

各项具体计算见表3-3。

表3-3 进口设备原价(抵岸价)构成与计算表

序号	设备原价组成	计算方法	费率
1	FOB 价	FOB 价=原币货价×外汇牌价	外汇牌价按合同生效，第一次付款日期的兑汇牌价
2	国际运费	国际运费=FOB 价×国际运费率 或=运量×单位运价	海运费率取6%，空运费率取8.5%，铁路运费率取1%
3	运输保险费	$运输保险费=\dfrac{FOB+国际运费}{1-保险费率}\times 保险费率$	海运保险费率取 0.35%，空运保险费率取0.455%，陆运保险费率取0.266%
4	银行财务费	银行财务费=人民币货价(FOB 价)×银行财务费率	一般取0.4%～0.5%
5	外贸手续费	外贸手续费=(FOB 价+国际运费+运输保险费)×外贸手续费率	一般取1.5%
6	关税	关税=(FOB 价+国际运费+运输保险费) ×进口关税税率	一般取1.5%
7	消费税	$应纳消费税额=\dfrac{到岸价(CIF)+关税}{1-消费税税率}\times 消费税税率$	税率为:越野车、小汽车取5%，小轿车取8%，轮胎取10%
8	增值税	增值税=(FOB 价+国际运费+运输保险费+关税+消费税) ×增值税税率	设备增值税率一般为17%
9	车辆购置税	车辆购置税=(FOB 价+国际运费+运输保险费+关税+消费税+增值税)×进口车辆购置税率	

注：表中4～9项属于从属费用。

其中：

① FOB价(又称离岸价)：是指装运港船上交货价。FOB价分为原币货价和人民币货价，原币一律折算为美元表示，人民币货价按原币货价乘以外汇市场美元兑换人民币中间价确定。FOB价按厂商询价、报价或合同价计算。

② 国际运费：是指从出口国装运港(站)到达进口国港(站)的运费。我国进口设备主要采用海洋运输，少数用铁路运输，个别用空运。

③ 运输保险费：对外贸易货物运输保险是由保险人(公司)与被保险人(出口人或进口人)订立保险契约，在被保险人交付议定的保险费后，保险人根据保险契约的规定对货物在运输过程中发生的承保责任范围内的损失给予经济上的补偿，是一种财产保险。

注：以上①、②合起来便是运费在内价(C&F)，而以上①、②、③合起来便是到岸价(CIF)。到岸价作为关税的计征基数时，通常又可称为关税完税价格。进口关税税率分为优惠和普通两种。优惠税率适用于与我国签订关税互惠条约或协定的国家的进口设备；普通税率适用于与我国未签订关税互惠条约或协定的国家的进口设备。进口关税税率按我国海关总署发布的进口关税税率计算。

④ 银行财务费：一般是指中国银行手续费。

⑤ 外贸手续费：指按对外经济贸易部规定的外贸手续费率计取的费用，该项手续费率一般取1.5%。

⑥ 关税：由海关对进出国境或关境的货物或物品征收的一种税。

⑦ 消费税：仅对部分进口设备(如轿车、摩托车等)征收。

⑧ 增值税：是对从事进口贸易的单位和个人，在进口商品报关进口后征收的税种。我国增值税条例规定，进口应税产品均按组成计税价格和增值税税率直接计算应纳税额。

⑨ 车辆购置税：进口车辆需缴纳进口车辆购置税。

3. 设备运杂费的构成及计算

1) 设备运杂费的构成(表3-4)

表3-4 设备运杂费的构成

序号	设备运杂费构成	内　容
1	运费和装卸费	国产设备：由设备交货点到工地仓库止所发生的运费和装卸费
		进口设备：由我国港口或边境车站到工地仓库止所发生的运费和装卸费
2	包装费	原价没有包括的，为运输而进行的包装支出的各种费用
3	供销部手续费	按有关部门规定统一费率计算
4	采购与仓库保管费	指采购、验收、保管和收发设备所发生的各种费用，包括设备采购人员、保管人员和管理人员工资、工资附加、办公费、差旅费，设备供应部门办公和仓库所占固定资产使用费、工具使用费、劳动保护费、检验试验费等。这些费用可按主管部门规定的采购与保管费率计算

2) 设备运杂费的计算

设备运杂费按设备原价乘以设备运杂费率计算，其公式如下：

$$设备运杂费=设备原价\times设备运杂费率 \tag{3-9}$$

其中，费率按各部门及省、市等的规定计取。

【例 3-2】 某项目进口一批工艺设备，其银行财务费为 4.25 万元，外贸手续费为 18.9 万元，关税率为 20%，增值税率为 17%，抵岸价为 1792.19 万元。这批设备无消费税、海关手续费，求这批设备的到岸价(CIF)。

【解】 进口设抵岸价=FOB 价+国际运费+运输保险费+银行财务费+外贸手续费+关税+增值税+消费税+海关监管手续费+车辆购置附加税

到岸价(CIF)=FOB+国际运费+运输保险费

$$1792.19= \text{CIF}+4.25+18.9+ \text{CIF}\times 20\%+(\text{CIF}+ \text{CIF}\times 20\%+0)\times 17\%$$

$$\text{CIF}=\frac{1792.19-4.25-18.9}{(1+17\%)\times(1+20\%)}=1260(\text{万元})$$

3.2.2 工具、器具及生产家具购置费的构成及计算

工具、器具及生产家具购置费，是指新建或扩建项目初步设计规定的，保证初期正常生产必须购置的没有达到固定资产标准的设备、仪器、工卡模具、器具、生产家具和备品备件等的购置费用。一般以设备购置费为计算基数，按照部门或行业规定的工具、器具及生产家具费率计算。其计算公式如下：

工具、器具及生产家具购置费=设备购置费×定额费率 (3-10)

3.3 建筑安装工程费用构成

3.3.1 建筑安装工程费用内容

建筑安装工程费用是指为完成工程项目建造、生产性设备及配套工程安装所需的费用。

1. 建筑工程费用的内容

(1) 各类房屋建筑工程和列入房屋建筑工程预算的供水、供暖、卫生、通风、煤气等设备费用及其装饰、油饰工程的费用，列入建筑工程预算的各种管道、电力、电信和电缆导线敷设工程的费用。

(2) 设备基础、支柱、工作台、烟囱、水塔、水池等建筑工程以及各种炉窑的砌筑工程和金属结构工程的费用。

(3) 为施工而进行的场地平整，工程和水文地质勘察，原有建筑物和障碍物的拆除以及施工临时用水、电、气、路和完工后的场地清理，环境绿化、美化等工作的费用。

(4) 矿井开凿、井巷延伸、露天矿剥离，石油、天然气钻井，修建铁路、公路、桥梁、水库、堤坝、灌渠及防洪等工程的费用。

2. 安装工程费用的内容

(1) 因生产、动力、起重、运输、传动和医疗、实验等各种需要安装的机械设备的装配费用，与设备相连的工作台、梯子、栏杆等设施的工程费用，附属于被安装设备的管线敷设工程费用，以及被安装设备的绝缘、防腐、保温、油漆等工作的材料费和安装费。

(2) 为测定安装工程质量，对单台设备进行单机试运转、对系统设备进行系统联动无负荷试运转工作的调试费。

3.3.2 我国现行建筑安装工程费用的主要组成

住房和城乡建设部、财政部于2013年3月21日联合发布了《关于印发〈建筑安装工程费用项目组成〉的通知》(建标[2013]44号)，规定我国现行建筑安装工程费用项目构成可按两种不同的方式进行划分，一是按费用构成要素划分，二是按造价形成划分。建筑安装工程费用的具体构成如图3.1所示。《建筑安装工程费用项目组成》自2013年7月1日起施行，原建设部、财政部《关于印发〈建筑安装工程费用项目组成〉的通知》(建标[2003]206号)同时废止。

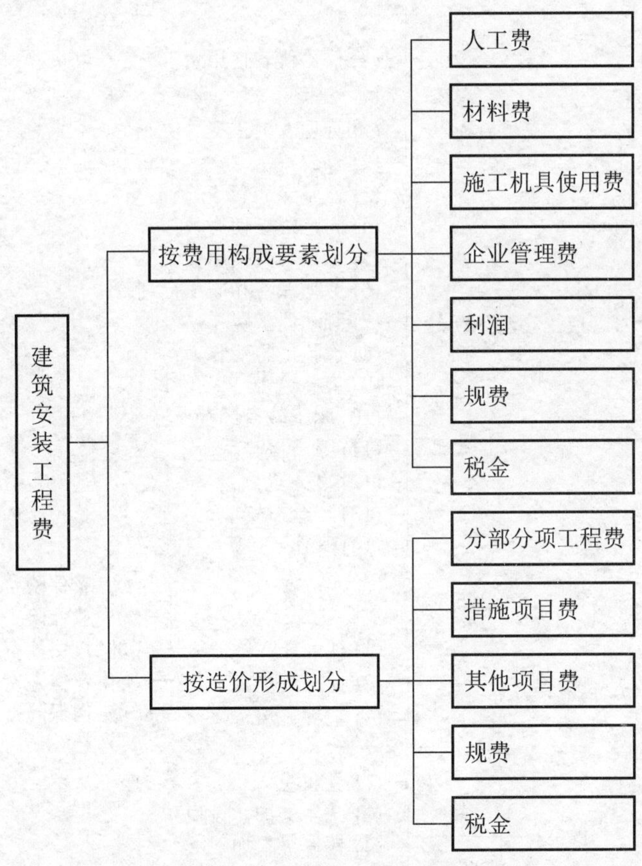

图3.1 建筑安装工程费用组成(按两种分类划分)

3.3.3 按费用构成要素划分建筑安装工程费用项目构成与计算

按照费用构成要素划分，建筑安装工程费由人工费、材料费(包含工程设备，下同)、施工机具使用费、企业管理费、利润、规费和税金组成，具体如图 3.2 所示。

建筑安装工程费

- 1．人工费
  - (1) 计时工资或计件工资
  - (2) 奖金
  - (3) 津贴、补贴
  - (4) 加班加点工资
  - (5) 特殊情况下支付的工资
- 2．材料费
  - (1) 材料原价
  - (2) 运杂费
  - (3) 运输损耗费
  - (4) 采购及保管费
- 3．施工机具使用费
  - (1) 施工机械使用费
    - ①折旧费
    - ②大修理费
    - ③经常修理费
    - ④安拆费及场外运费
    - ⑤人工费
    - ⑥燃料动力费
    - ⑦税费
  - (2) 仪器仪表使用费
- 4．企业管理费
  - (1) 管理人员工资
  - (2) 办公费
  - (3) 差旅交通费
  - (4) 固定资产使用费
  - (5) 工具用具使用费
  - (6) 劳动保险和职工福利费
  - (7) 劳动保护费
  - (8) 检验试验费
  - (9) 工会经费
  - (10) 职工教育经费
  - (11) 财产保险费
  - (12) 财务费
  - (13) 税金
  - (14) 其他
- 5．利润
- 6．规费
  - (1) 社会保险费
    - ①养老保险费
    - ②失业保险费
    - ③医疗保险费
    - ④生育保险费
    - ⑤工伤保险费
  - (2) 住房公积金
  - (3) 工程排污费
- 7．税金
  - (1) 营业税
  - (2) 城乡维护建设税
  - (3) 教育费附加
  - (4) 地方教育附加

图 3.2　建筑安装工程费用构成图(按费用构成要素分类)

1．人工费

人工费是指按工资总额构成规定，支付给从事建筑安装工程施工的生产工人和附属生产单位工人的各项费用，内容包括如下几部分。

(1) 计时工资或计件工资：是指按计时工资标准和工作时间或对已做工作按计件单价支付给个人的劳动报酬。

(2) 奖金：是指对超额劳动和增收节支支付给个人的劳动报酬，如节约奖、劳动竞赛奖等。

(3) 津贴、补贴：是指为了补偿职工特殊或额外的劳动消耗和因其他特殊原因支付给个人的津贴，以及为了保证职工工资水平不受物价影响支付给个人的物价补贴，如流动施工津贴、特殊地区施工津贴、高温(寒)作业临时津贴、高空津贴等。

(4) 加班加点工资：是指按规定支付的在法定节假日工作的加班工资和在法定日工作时间外延时工作的加点工资。

(5) 特殊情况下支付的工资：是指根据国家法律、法规和政策规定，因病、工伤、产假、计划生育假、婚丧假、事假、探亲假、定期休假、停工学习、执行国家或社会义务等原因按计时工资标准或计时工资标准的一定比例支付的工资。

计算人工费的基本要素有两项，即人工工日消耗量和人工工日工资单价。

(1) 人工工日消耗量：是指在正常施工生产条件下，生产单位假定建筑安装产品(分项工程或结构构件)必须消耗的某种技术等级的人工工日数量。它由两部分组成：基本用工和其他用工。

(2) 人工工日工资单价：是指施工企业平均技术熟练程度的生产工人在每工作日(国家法定工作时间内)按规定从事施工作业应得的日工资总额。合理确定人工工日单价是正确计算人工费和工程造价的前提和基础。

人工费的基本计算公式为：

$$\text{人工费}=\text{人工工日消耗总量}\times\text{人工工日工资单价} \tag{3-11}$$

$$\text{人工工日消耗总量}=\text{工程量}\times\text{人工工日消耗量} \tag{3-12}$$

2．材料费

材料费是指施工过程中耗费的原材料、辅助材料、构配件、零件、半成品或成品、工程设备的费用。构成材料费的基本要素是材料消耗量和材料单价。

(1) 材料消耗量：是指在合理和节约使用材料的条件下，生产建筑安装产品(分项工程或结构构件)必须消耗的一定品种规格的原材料、辅助材料、构配件、零件、半成品或成品等的数量。它包括材料的净用量和不可避免的损耗量。

(2) 材料单价：是指材料从来源地购买并运到施工工地仓库直至出库形成的综合平均单价，其内容包括材料原价(或供应价)、材料运杂费、运输损耗费、采购及保管费等。具体内容包括以下几方面。

① 材料原价：是指材料、工程设备的出厂价格或商家供应价格。

② 运杂费：是指材料、工程设备自来源地运至工地仓库或指定堆放地点所发生的全部费用。

③ 运输损耗费：是指材料在运输装卸过程中不可避免的损耗。

④ 采购及保管费：是指为组织采购、供应和保管材料、工程设备的过程中所需要的各项费用，包括采购费、仓储费、工地保管费、仓储损耗。

材料费=材料消耗量总量×材料单价　　(3-13)

材料单价=[(供应价+运杂费)×(1+运输损耗率)]×(1+采购保管费率)　　(3-14)

(3) 工程设备：是指构成或计划构成永久工程一部分的机电设备、金属结构设备、仪器装置及其他类似的设备和装置。

3．施工机具使用费

施工机具使用费：是指施工作业所发生的施工机械、仪器仪表使用费或其租赁费。

(1) 施工机械使用费：以施工机械台班耗用量乘以施工机械台班单价表示。构成施工机械使用费的基本要素有两项，即施工机械台班消耗量和机械台班单价。

① 施工机械台班消耗量：是指在正常施工条件下，生产单位假定建筑安装产品(分项工程或结构构件)必须消耗的某类某种型号施工机械的台班数量。

② 机械台班单价：由七部分组成，如图 3.3 所示。

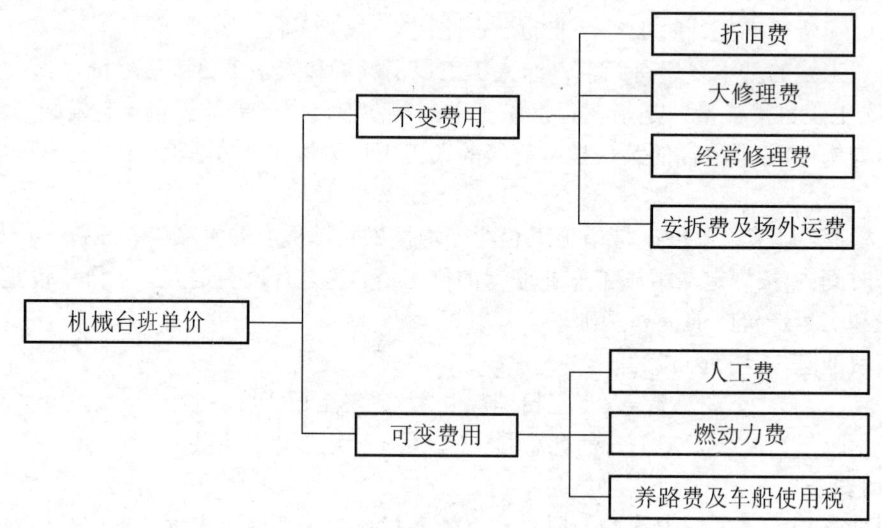

图 3.3　机械台班单价费用构成

机械台班单价=折旧费+大修理费+经常修理费+安拆费及场外运费+人工费+燃动力费+养路费及车船使用税　　(3-15)

施工机械使用费的基本计算公式为：

施工机械使用费=机械台班消耗总量×机械台班单价　　(3-16)

机械台班消耗总量=工程量×机械台班定额消耗量　　(3-17)

(2) 仪器仪表使用费：是指工程施工所需使用的仪器仪表的摊销及维修费用。仪器仪表使用费的基本计算公式为：

仪器仪表使用费=工程使用的仪器仪表摊销费+维修费　　(3-18)

有关日工资单价、材料单价、机械台班单价的具体构成与计算将在 4.2 节详细阐述。

4．企业管理费

1) 企业管理费的概念与内容

企业管理费：是指建筑安装企业组织施工生产和经营管理所需的费用。其内容包括以下几项。

(1) 管理人员工资：是指按规定支付给管理人员的计时工资、奖金、津贴补贴、加班加点工资及特殊情况下支付的工资等。

(2) 办公费：是指企业管理办公用的文具、纸张、账表、印刷、邮电、书报、办公软件、现场监控、会议、水电、烧水和集体取暖降温(包括现场临时宿舍取暖降温)等费用。

(3) 差旅交通费：是指职工因公出差、调动工作的差旅费、住勤补助费，市内交通费和误餐补助费，职工探亲路费，劳动力招募费，职工退休、退职一次性路费，工伤人员就医路费，工地转移费以及管理部门使用的交通工具的油料、燃料等费用。

(4) 固定资产使用费：是指管理和试验部门及附属生产单位使用的属于固定资产的房屋、设备、仪器等的折旧、大修、维修或租赁费。

(5) 工具用具使用费：是指企业施工生产和管理使用的不属于固定资产的工具、器具、家具、交通工具和检验、试验、测绘、消防用具等的购置、维修和摊销费。

(6) 劳动保险和职工福利费：是指由企业支付的职工退职金、按规定支付给离休干部的经费、集体福利费、夏季防暑降温、冬季取暖补贴、上下班交通补贴等。

(7) 劳动保护费：是企业按规定发放的劳动保护用品的支出，如工作服、手套、防暑降温饮料以及在有碍身体健康的环境中施工的保健费用等。

(8) 检验试验费：是指施工企业按照有关标准规定，对建筑以及材料、构件和建筑安装物进行一般鉴定、检查所发生的费用，包括自设试验室进行试验所耗用的材料等费用，不包括新结构、新材料的试验费，对构件做破坏性试验及其他特殊要求检验试验的费用和建设单位委托检测机构进行检测的费用，对此类检测发生的费用，由建设单位在工程建设其他费用中列支。但对施工企业提供的具有合格证明的材料进行检测不合格的，该检测费用由施工企业支付。

(9) 工会经费：是指企业按《工会法》规定的全部职工工资总额比例计提的工会经费。

(10) 职工教育经费：是指按职工工资总额的规定比例计提，企业为职工进行专业技术和职业技能培训，专业技术人员继续教育、职工职业技能鉴定、职业资格认定以及根据需要对职工进行各类文化教育所发生的费用。

(11) 财产保险费：是指施工管理用财产、车辆等的保险费用。

(12) 财务费：是指企业为施工生产筹集资金或提供预付款担保、履约担保、职工工资支付担保等所发生的各种费用。

(13) 税金：是指企业按规定缴纳的房产税、车船使用税、土地使用税、印花税等。

(14) 其他：包括技术转让费、技术开发费、投标费、业务招待费、绿化费、广告费、公证费、法律顾问费、审计费、咨询费、保险费等。

2) 企业管理费的计算

企业管理费按取费基数乘以费率来计算。取费基数有三种：一是按分部分项工程费为计算基础；二是按人工费和机械费合计为基础；三是以人工费为计算基础，具体见表3-5。企业管理费费率计算方法如下。

(1) 以分部分项工程费为计算基础。

$$企业管理费费率(\%)=\frac{生产工人年平均管理费}{年有效施工天数\times人工单价}\times人工费占分部分项工程费比例(\%) \tag{3-19}$$

(2) 以人工费和机械费合计为计算基础。

$$企业管理费费率(\%)=\frac{生产工人年平均管理费}{年有效施工天数\times(人工单价+每一工日机械使用费)}\times100\% \tag{3-20}$$

(3) 以人工费为计算基础。

$$企业管理费费率(\%)=\frac{生产工人年平均管理费}{年有效施工天数\times人工单价}\times100\% \tag{3-21}$$

表3-5 企业管理费计算方法分类

序号	取费计算基数	基本计算公式
1	分部分项工程费	分部分项工程费×相应企业管理费费率(%)
2	人工费和机械费合计	(人工费+机械费)×相应企业管理费费率(%)
3	人工费	人工费合计×相应企业管理费费率(%)

5. 利润

1) 利润的概念

利润是指施工企业完成所承包工程获得的盈利，由施工企业根据企业自身需求并结合建筑市场实际自主确定。工程造价管理机构在确定计价定额中的利润时，应以定额人工费或定额人工费与机械费之和作为计算基数。其费率由历年积累的工程造价资料，并结合建筑市场实际确定，以单位(单项)工程测算，利润在税前建筑安装工程费中的比重可按不低于5%且不高于7%的费率计算。利润应列入分部分项工程和措施项目费中。

2) 利润的计算方法

利润的计算方法因取费计算基础不同而不同，具体见表3-6。

表3-6 利润计算方法分类

序号	取费计算基数	基本计算公式
1	定额人工费	利润=定额人工费×相应利润率(%)
2	定额人工费和机械费合计	利润=(定额人工费+定额机械费)×相应利润率(%)

6. 规费

1) 规费的概念及内容

规费是指按国家法律、法规规定，由省级政府和省级有关权力部门规定必须缴纳或计取的费用。规费主要包括社会保险费、住房公积金和工程排污费三部分。其具体内容如下。

(1) 社会保险费。

① 养老保险费：是指企业按照规定标准为职工缴纳的基本养老保险费。

② 失业保险费：是指企业按照规定标准为职工缴纳的失业保险费。

③ 医疗保险费：是指企业按照规定标准为职工缴纳的基本医疗保险费。

④ 生育保险费：是指企业按照规定标准为职工缴纳的生育保险费。

⑤ 工伤保险费：是指企业按照规定标准为职工缴纳的工伤保险费。

(2) 住房公积金：是指企业按规定标准为职工缴纳的住房公积金。

(3) 工程排污费：是指按规定缴纳的施工现场工程排污费。

2) 规费的计算方法

规费的计算方法具体见表 3-7。

表 3-7 规费计算方法分类

序号	规费名称	基本计算公式
1	社会保险费和住房公积金	$=\sum$[定额人工费×相应规费费率①(%)]
2	工程排污费	按工程所在地环境保护等部门规定的标准缴纳，按实计取列入

① 此规费费率按工程所在地省，自治区、直辖市或行业建设主管部门规定费率计算。

注：其他应列而未列入的规费，按实际发生计取。

7. 税金

目前实行“营改增”后，以下内容不做要求，仅供学生参考阅读。

1) 税金的概念

建筑安装工程造价内的税金现在指计入建筑安装工程造价内的增值税销项税额。其余的营业税(不再征收)，城乡维护建设税、教育费附加及地方教育附加暂列入企业管理费。其具体概念和计算方法如下。

(1) 营业税：按计税营业额乘以营业税税率确定。计税营业额是含税营业额，是指从事建筑、安装、修缮、装饰及其他工程作业收取的全部收入，包括建筑、修缮、装饰工程所用原材料及其他物资和动力的价款。当安装设备的价值作为安装工程产值时，也包括所安装设备的价款，但不包括总包承方分包给他人的分包价款。营业税的纳税地点为应税劳务的发生地(即工程所在地)。其中建筑安装企业营业税税率为 3%。此税已停收，改为征收增值税了。

(2) 城乡维护建设税：是指国家为了加强城乡的维护建设，稳定和扩大城市、乡镇维护建设的资金来源，而对有经营收入的单位和个人征收的一种税，暂列入企业管理费。

(3) 教育费附加：按营业税乘以 3%计，与营业税同时缴纳，暂列入企业管理费。

(4) 地方教育附加：地方教育附加通常是按应纳营业税额乘以 2%确定，各地方有不同规定的，应遵循其规定。地方教育附加应专项用于发展教育事业，不得从地方教育附加中提取或列支征收或代征手续费，暂列入企业管理费。

2) 税金的组成及计算

增值税具体算法在 3.3.5 节将详细介绍，这里不再细述，其他城乡维护建设税、教育费附加及地方教育附加算法见表 3-8。

表 3-8　税金组成及计算

序号	税 金 组 成	基本计算公式
1	营业税	应纳营业税=计税营业额×营业税率(3%)
2	城乡维护建设税	应纳税额=应纳的营业税额×适用税率①(%)
3	教育费附加	应纳税额=应纳的营业税额×3%
4	地方教育附加	应纳税额=应纳的营业税额×2%

① 纳税地点为市区的，其适用税率为营业税的 7%；所在地为县镇的，其适用税率为营业税的 5%；所在地为农村的，其适用税率为营业税的 1%。

3.3.4 按造价形成划分建筑安装工程费用项目构成与计算

建筑安装工程费按照工程造价形成划分来看，其组成包括分部分项工程费、措施项目费、其他项目费、规费和税金 5 部分，具体如图 3.4 所示。

1．分部分项工程费

1) 分部分项工程费的概念及内容

分部分项工程费是指各专业工程的分部分项工程应予列支的各项费用。各类专业工程的分部分项工程划分应遵循现行国家或行业计量规范的规定。

(1) 专业工程：是指按现行国家计量规范划分的房屋建筑与装饰工程、仿古建筑工程、通用安装工程、市政工程、园林绿化工程、矿山工程、构筑物工程、城市轨道交通工程、爆破工程等各类工程。

(2) 分部分项工程：是指按现行国家计量规范对各专业工程划分的项目。如房屋建筑与装饰工程划分的土石方工程、地基处理与桩基工程、砌筑工程、钢筋及钢筋混凝土工程等。

2) 分部分项工程费的计算方法

分部分项工程费通常按分部分项工程量乘以综合单价来计算，其计算公式如下：

$$分部分项工程费=\sum(分部分项工程量\times综合单价) \tag{3-22}$$

其中综合单价包括人工费、材料费、施工机具使用费、企业管理费、利润，以及一定范围内的风险费用。

2．措施项目费

1) 措施项目费的概念及内容

措施项目费是指为完成建设工程施工，发生于该工程施工前和施工过程中的技术、生活、安全、环境保护等方面的费用。

措施项目费包括以下内容。

(1) 安全文明施工费。

① 环境保护费：是指施工现场为达到环保部门要求所需要的各项费用。

② 文明施工费：是指施工现场文明施工所需要的各项费用。

③ 安全施工费：是指施工现场安全施工所需要的各项费用。

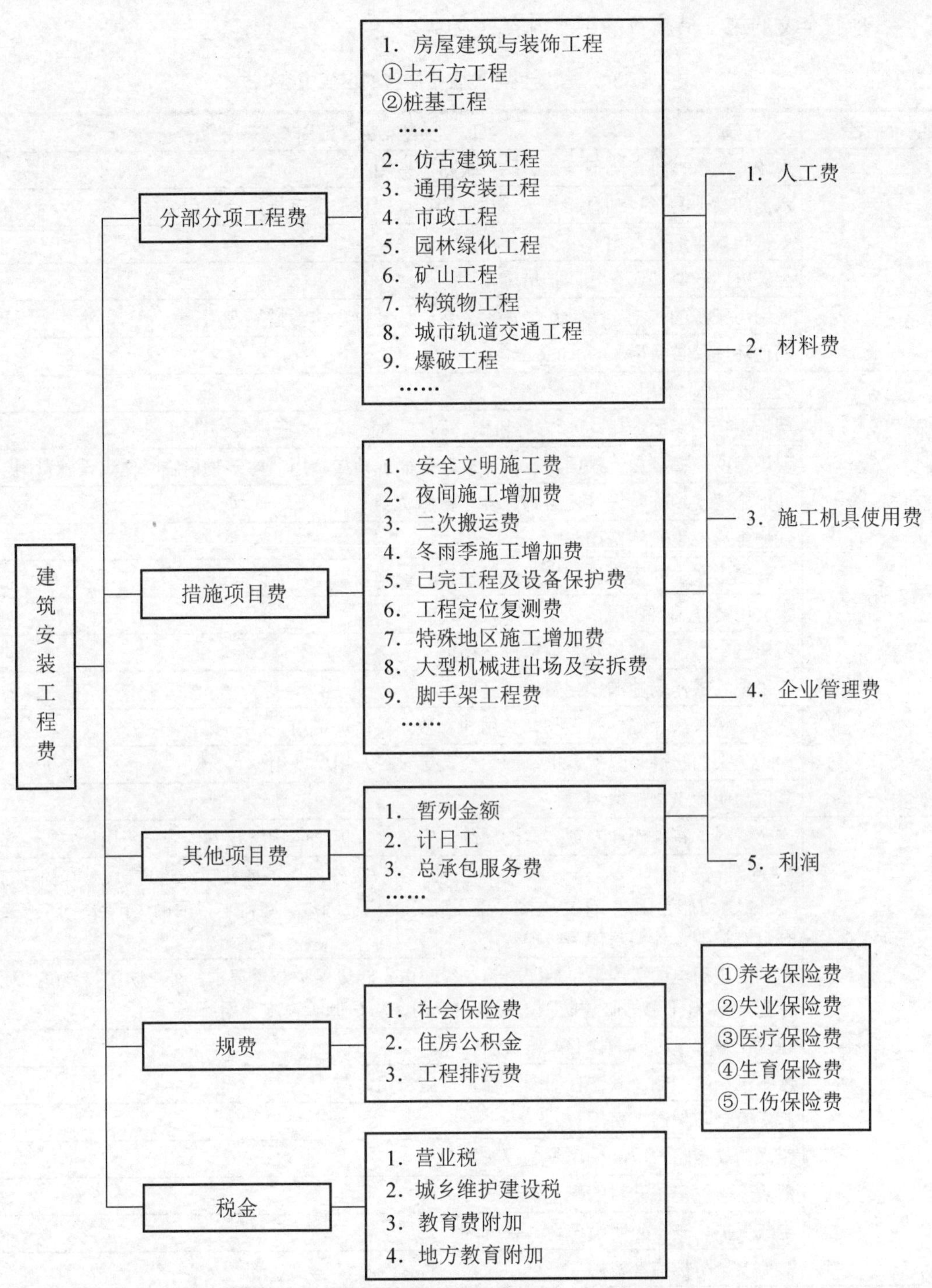

图 3.4 建筑安装工程费用构成图(按造价形成划分)

④ 临时设施费：是指施工企业为进行建设工程施工所必须搭设的生活和生产用的临时建筑物、构筑物和其他临时设施费用。它包括临时设施的搭设、维修、拆除、清理费或摊销费等。

各项安全文明施工措施费的主要内容见表3-9。

表3-9 安全文明施工措施费的主要内容

项 目 名 称	工作内容及包含范围
环境保护	现场施工机械设备降低噪声、防扰民措施费用
	水泥和其他易飞扬细颗粒建筑材料密闭存放或采取覆盖措施等费用
	工程防扬尘洒水费用
	土石方、建渣外运车辆防护措施费用
	现场污染源的控制、生活垃圾清理外运、场地排水排污措施费用
	其他环境保护费用
文明施工	“五牌一图”费用
	现场围挡的墙面美化(包括内外粉刷、刷白、标语等)、压顶装饰费用
	现场厕所便槽刷白、贴面砖、水泥砂浆地面或地砖费用，建筑物内临时便溺设施费用
	其他施工现场临时设施的装饰、美化措施费用
	现场生活卫生设施费用
	符合卫生要求的饮水设备、淋浴、消毒等设施费用
	生活用洁净燃料费用
	防煤气中毒、防蚊虫叮咬等措施费用
	施工现场操作场地的硬化费用
	现场配备医药保健器材、物品费用和急救人员培训费用
	现场工人的防暑降温费，电风扇、空调等设备及用电费用
	其他文明施工措施费用
安全施工	安全资料、特殊作业专项方案的编制，安全施工标志的购置及安全宣传费用
	“三宝”(安全帽、安全带、安全网)，“四口”(楼梯口、电梯井口、通道口、预留洞口)，“五临边”(阳台围边、楼板围边、屋面围边、槽坑围边、卸料平台两侧边)，水平防护架、垂直防护架、外架封闭等防护费用
	施工安全用电的费用，包括配电箱三级配电、两级保护装置要求，外电防护措施(含警示标志)及卸料平台的临边防护、层间安全门、防护棚等设施费用
	建筑工地起重机械的检验检测费用
	施工机具防护棚及其围栏的安全保护设施费用
	施工安全防护通道费用
	工人的安全防护用品、用具购置费用
	消防设施与消防器材的配置费用
	电气保护、安全照明设施费
	其他安全防护措施费用
临时设施	施工现场采用彩色、定型钢板，砖、混凝土砌块等围挡的安砌、维修、拆除费用
	施工现场临时建筑物、构筑物的搭设、维修、拆除，如临时宿舍、办公室、食堂、厨房、厕所、诊疗所、临时文化福利用房、临时仓库、加工场、搅拌台、临时简易水塔、水池等费用

续表

项目名称	工作内容及包含范围
临时设施	施工现场临时设施的搭设、维修、拆除，如临时供水管道、临时供电管线、小型临时设施等级费用
	施行现场规定范围内临时简易道路铺设，临时排水沟、排水设施安砌、维修、拆除费用
	其他临时设施的搭设、维修、拆除或摊销费用

(2) 夜间施工增加费：是指因夜间施工所发生的夜班补助费、夜间施工降效、夜间施工照明设备摊销及照明用电等费用。

① 夜间固定照明灯具和临时可移动照明灯具的设置、拆除费用。

② 夜间施工时，施工现场交通标志、安全标牌、警示灯的设置、移动、拆除费用。

③ 夜间照明设备摊销及照明用电、施工人员夜班补助、夜间施工劳动效率降低等费用。

(3) 二次搬运费：是指因施工场地条件限制而发生的材料、构配件、半成品等一次运输不能到达堆放地点，必须进行二次或多次搬运所发生的费用。

(4) 冬雨季施工增加费：是指在冬季或雨季施工需增加的临时设施、防滑、排除雨雪，人工及施工机械效率降低等费用。其主要内容见表3-10。

表3-10 冬雨季施工增加费的主要内容

项目名称	工作内容及包含范围
冬雨季施工增加费	冬雨(风)季施工时增加的临时设施(防寒保温、防雨、防风设施)的搭设、拆除费用
	冬雨(风)季施工时，对砌体、混凝土等采用的特殊加温、保温和养护措施费用
	冬雨(风)季施工时，施工现场的防滑处理、对影响施工的雨雪的清除费用
	冬雨(风)季施工时增加的临时设施、施工人员的劳动保护用品、冬雨(风)季施工劳动效率降低等费用

(5) 已完工程及设备保护费：是指竣工验收前，对已完工程及设备采取的必要保护措施所发生的费用。

(6) 工程定位复测费：是指工程施工过程中进行全部施工测量放线和复测工作的费用。

(7) 特殊地区施工增加费：是指工程在沙漠或其边缘地区、高海拔、高寒、原始森林等特殊地区施工增加的费用。

(8) 大型机械设备进出场及安拆费：是指机械整体或分体自停放场地运至施工现场或由一个施工地点运至另一个施工地点，所发生的机械进出场运输及转移费用，以及机械在施工现场进行安装、拆卸所需的人工费、材料费、机械费、试运转费和安装所需的辅助设施的费用。它主要由安拆费和进出场费组成。其主要内容见表3-11。

表3-11 大型机械设备进出场费和安拆费的主要内容

项目名称		工作内容及包含范围
大型机械设备进出场及安拆费	进出场费	施工机械、设备整体或分体自停放地点运至施工现场或由一施工地点运至另一施工地点所发生的运输、装卸、辅助材料等费用
	安拆费	施工机械、设备在现场进行安装拆卸所需人工、材料、机械和试运转费用以及机械辅助设施的折旧、搭设、拆除等费用

(9) 脚手架工程费：是指施工需要的各种脚手架搭、拆、运输费用以及脚手架购置费的摊销(或租赁)费用。其主要内容见表3-12。

表3-12　脚手架工程费的主要内容

项目名称	工作内容及包含范围
脚手架工程费	施工时可能发生的场内、场外材料搬运费用
	搭、拆脚手架、斜道、上料平台费用
	安全网的铺设费用
	拆除脚手架后材料的堆放费用

(10) 混凝土模板及支架(撑)费：是指混凝土施工过程需要的各种钢模板、木模板、支架等的支拆、运输费用及模板、支架的摊销(或租赁)费用。其主要内容见表3-13。

表3-13　混凝土模板及支架(撑)费的主要内容

项目名称	工作内容及包含范围
混凝土模板及支架(撑)费	混凝土工程中需要的各种模板制作费用
	模板安装、拆除、整理堆放及内外运输费用
	清理模板黏结物及模内杂物、刷隔离剂等费用

(11) 垂直运输费：是指现场所用材料、机具从地面运至相应高度以及职工人员上下工作面等所发生的运输费用。其主要内容见表3-14。

表3-14　垂直运输费的主要内容

项目名称	工作内容及包含范围
垂直运输费	垂直运输机械的固定装置、基础制作、安装费
	行走式垂直运输机械轨道的铺设、拆除、摊销费

(12) 超高施工增加费：当单层建筑物檐口高度超过20m，多层建筑超过6层时，可计算超高施工增加费。其主要内容见表3-15。

表3-15　超高施工增加费的主要内容

项目名称	工作内容及包含范围
超高施工增加费	建筑物超高引起的人工工效降低
	人工工效降低(建筑物超高引起的)而引起的机械降效费
	高层施工用水加压水泵的安装、拆除及工作台班费
	通信联络设备的使用及摊销费

(13) 施工降水、排水费：是指将施工期间有碍施工作业和影响工程质量的水排到施工场地以外，以及防止在地下水位较高的地区开挖深基坑浸入，地基承载力下降，在动水压力作用下还可能引起流砂、管涌和边坡失稳等现象而必须采取有效的降水和排水措施费用。

该项费用由成井和排水、降水两个独立的费用项目组成。其主要内容见表3-16。

表3-16 施工降水、排水费的主要内容

项目名称		工作内容及包含范围
施工降水排水费	成井	准备钻孔机械、埋设护筒、钻机就位，泥浆制作、固壁，成孔、出渣、清孔等费用
		对接上、下进管(滤管)，焊接，安防，下滤料，洗井，连接试抽等费用
	排水、降水	管道安装、拆除，场内搬运等费用
		抽水、值班、降水设备维修等费用

(14) 其他。根据项目的专业特点或所在地区不同，可能会出现其他的措施费用。视具体情况再酌情增加。其他没有注明的措施项目及其包含的内容详见各类专业工程的现行国家或行业计量规范。

2) 措施项目费的计算方法

按照有关专业工程计量规范的规定，措施项目分为两部分，一部分是可以计量的措施项目，另一部分是不宜计量的措施项目。

(1) 可以计量的措施项目。其计算方法同分部分项工程费的计算方法。公式为：

$$措施项目费=\sum(措施项目工程量\times综合单价) \tag{3-23}$$

各项可以计量的措施项目工程量计算规则具体见表3-17。

表3-17 可以计量的措施项目工程量计算规则

序号	措施项目名称	工程量计算规则
1	脚手架	按建筑面积或垂直投影面积计算，单位 m^2
2	混凝土模板及支架(撑)	按照模板与现浇混凝土构件的接触面积计算，单位 m^2
3	垂直运输	方法1：按照建筑面积以 m^2 计算，单位 m^2
		方法2：按照施工工期日历天数以天为单位计算
4	超高增加费	按照建筑物超高部分的建筑面积计算，单位 m^2
5	大型机械设备进出场及安拆费	通常按照机械设备的使用数量以台次计算，单位台
6	施工排水、降水费	方法1：成井费用通常按照设计图示尺寸以钻孔深度计算，单位m
		方法2：排水、降水通常按照排、降水日历天数以昼夜为单位计算

(2) 不宜计量的措施项目。对于这类措施项目，通常按计算基数乘以相应综合费率的方法来计算。各项综合费率由工程造价管理机构根据各专业工程特点综合确定。具体计算规则见表3-18。

$$措施项目费=计算基数\times相应综合费率 \tag{3-24}$$

表 3-18　不宜计量的措施项目工程量计算规则

序号	措施项目名称	工程量计算规则	
		计算基数	综合费率
1	安全文明施工费	※分部分项工程费	安全文明施工费费率※(3.18%)
2	夜间施工增加费	※夜间施工项目人工费	※20%

注：表中※处是广东省计算基数费率，其他地方可能第一行为分部分项工程费+定额中可以计量的措施项目费，第二行为人工费或人工费与机械费之和。

3．其他项目费

1) 暂列金额

暂列金额是指建设单位在工程量清单中暂定并包括在工程合同价款中的一笔款项。用于施工合同签订时尚未确定或者不可预见的所需材料、工程设备、服务的采购，施工中可能发生的工程变更、合同约定调整因素出现时的工程价款调整，以及发生的索赔、现场签证确认等所需的费用。

由建设单位根据工程特点，按有关计价规定估算，施工过程由建设单位掌握使用情况，扣除合同价款调整后如有余额，归建设单位。

计算方法：

$$暂列金额=分部分项工程费\times相应费率(\%) \tag{3-25}$$

注：暂列金额取费费率通常为分部分项工程费的 10%～15%。具体由发包人根据工程特点确定，结算时按实际数额。编制招标控制价时，费率按上限取定。

2) 计日工

计日工是指在施工过程中，施工企业完成建设单位提出的施工图纸以外的零星项目或工作所需的费用。

计日工由建设单位和施工企业按施工过程中的签证计价。

3) 总承包服务费

总承包服务费是指总承包人为配合、协调建设单位进行的专业工程发包，对建设单位自行采购的材料、工程设备等进行保管，以及施工现场管理、竣工资料汇总整理等服务所需的费用。

总承包服务费由建设单位在招标控制价中根据总包服务范围和有关计价规定编制，施工企业投标时自主报价，施工过程中按签约合同价执行。

4．规费

定义同前。

5．税金

定义同前。

3.3.5 营改增后广东造价计价依据与计算规定

根据《财政部、国家税务总局关于全面推开营业税改征增值税试点的通知》(财税

[2016]36 号)规定，建筑业和生活服务业中的市容环卫作业自 2016 年 5 月 1 日起纳入营业税改征增值税(以下简称营改增)试点范围。为适应国家税制改革要求，确保广东省营改增工作顺利实施，按照《住房城乡建设部办公厅关于做好建筑业营改增建设工程计价依据调整准备工作的通知》(建办标[2016]4 号)和《广东省建设工程造价管理规定》(省政府令第 205 号)的要求，结合广东省实际，对现行广东省建设工程计价依据调整如下(粤建市函[2016] 1113 号文件)，请遵照执行。

1．营改增计价调整适用范围

自 2016 年 5 月 1 日起，广东省行政区域内执行《建设工程工程量清单计价规范》(GB 50500—2013)和《广东省建设工程计价依据(2010)》各专业综合定额、《广东省施工机械台班定额(2010)》《广东省房屋建筑和市政修缮工程综合定额(2012)》《广东省建筑节能综合定额(2014)》《广东省房屋建筑工程概算定额(2014)》《广东省城市环境卫生作业综合定额(2013)》《广东省城市绿地常规养护工程估价指标(2006)》的建设工程项目。

2．营改增后工程造价的计算

营改增后，建设工程各项工程计价活动，均应遵循增值税“价税分离”的原则，工程造价按以下公式计算：

$$\text{工程造价}=\text{税前工程造价}\times(1+\text{增值税税率}) \tag{3-26}$$

式中：税前工程造价，为不包含进项税额的人工费、材料费、施工机具使用费、企业管理费、利润和规费之和；建筑业增值税税率为 11%。

3．费用项目组成内容调整

营改增后，建筑安装工程项目费用组成应做以下适应性调整，其他与现行定额的内容一致。

(1) 企业管理费中的工会经费、职工教育经费改列入人工费。

(2) 城乡维护建设税、教育费附加及地方教育费附加暂列入企业管理费。

(3) 建筑安装工程费用的税金是指计入建筑安装工程造价内的增值税销项税额。

4．现行计价依据调整

(1) 人工单价。按现行定额中的编制期基价计算定额人工费，各时期的人工单价按各地市造价管理机构发布的动态人工单价计入工程造价。

(2) 材料价格。扣除现行定额中材料价格包含的材料原价、运杂费、运输损耗费、采购及保管费等进项税额。经测算，现行定额中材料价格按表 3-19 进行调整。

$$\text{除税材料价格}=\text{材料价格}/(1+\text{综合折税率}) \tag{3-27}$$

表 3-19 各类材料综合折税率

序号	材 料 名 称	综合折税率
1	建筑用和生产建筑材料所用的砂、土、石料、自来水、商品混凝土(仅限于以水泥为原料生产的水泥混凝土)；以自己采掘的砂、土、石料或其他矿物连续生产的砖、瓦、石灰(不含黏土实心砖、瓦)	2.92%
2	人工种植和天然生长的各种植物(乔木、灌木、苗木和花卉、草、竹、藻类植物，以及棕榈衣、树枝、树叶、树皮、藤条、麦秸、稻草、天然树脂、天然橡胶等)；煤炭、煤气、石油液化气、天然气	12.63%

续表

序号	材 料 名 称	综合折税率
3	序号 1 和序号 2 以外的材料、设备	16.52%
4	其他材料费(定额以“元”为单位)	0

(3) 施工机具台班单价。扣除现行定额中施工机具台班单价包含的进项税额，除税机械台班单价各构成项目费用按照《广东省施工机械台班定额(2010)》结合表 3-20 按下式进行调整：

除税机械台班单价=∑[机械台班费用构成项目金额/(1+税率)]　　(3-28)

除税仪器仪表台班单价=(仪器仪表摊销费+维修费)/(1+综合折税率)　　(3-29)

仪器仪表综合折税率按 16.32%计算。

表 3-20　各类机械单价构成项目适用税率

序号	费用构成项目	调整方法及适用税率	税率
1	第一类费用		
1.1	折旧费	以购进货物适用的税率扣税	17%
1.2	大修费	以接受修理修配劳务适用的税率扣税	17%
1.3	经常修理费	以接受修理修配劳务适用的税率扣税	17%
1.4	安拆费及场外运输费	按自行安拆运输考虑，一般不予扣税	0
2	第二类费用		
2.1	人工费	不予扣税	0
2.2	燃料动力费	以购进货物适用的相应税率或征收率扣税	17%
3	车船税费	税收费率，不予扣税	0
4	其他费用	定额以元为单位，以购进货物适用的税率扣税	0
5	停滞费	以接受服务的税率扣税	6%

(4) 企业管理费。扣除现行定额企业管理费组成内容包含的进项税额。经测算，现行定额中企业管理费按下式调整：

除税管理费率=定额管理费率×综合调整系数　　(3-30)

以人工费、机械费之和为计费基础的，综合调整系数为 1.14；以人工费为计费基础的，综合调整系数为 1.09。

(5) 措施项目费。

① 以定额子目计算的安全文明施工措施费和其他措施项目费用调整方法同上述(1)～(4)规则。

② 以费率计算的安全文明施工措施费，结合内含的进项税额与计费基数的变化，按下式调整：

除税安全文明施工措施费率=定额安全文明施工措施费率×综合调整系数　　(3-31)

以分部分项费用为计费基础的，综合调整系数为 1.22；以人工费为计费基础的，综合调整系数为 1.09。

③ 以费率、“元”计算的其他措施项目，不做调整。

(6) 其他项目。

① 招标文件中列出的暂列金额、专业工程暂估价、材料暂估价以不含税价格列出。

② 计日工和以费率计算的其他项目费用，不做调整。

(7) 利润及规费，不做调整。

(8) 税金改为增值税销项税额，销项税额=税前工程造价×增值税税率。

(9) 定额总说明、章说明和附注等内容中以系数、“元”“%”计算的费用或增减值，不做调整。

5. 计价程序调整

工程量清单计价程序见表3-21，定额计价程序见表3-22，城市环境卫生作业计价程序见表3-23。

表3-21 单位工程汇总表(工程量清单计价)

序号	名 称	计 算 方 法
1	分部分项工程费	$\sum$(清单工程量×综合单价)
2	措施项目费	2.1+ 2.2
2.1	安全文明施工措施项目费	按照规定
2.2	其他措施项目费	按照规定
3	其他项目费	按照规定
4	规费	按照规定
5	税前工程造价	1+2+3+4
6	增值税销项税额	5×增值税税率
7	工程造价	5 + 6

表3-22 单位工程汇总表(定额计价)

序号	名 称	计 算 方 法
1	分部分项工程费	$\sum$(定额子目工程量×单价)
2	措施项目费	2.1+ 2.2
2.1	安全文明施工措施项目费	按照规定
2.2	其他措施项目费	按照规定
3	其他项目费	按照规定
4	规费	按照规定
5	税前工程造价	1+2+3+4
6	增值税销项税额	5×增值税税率
7	工程造价	5 + 6

表 3-23　城市环境卫生作业计价程序表

序号	名　称	计 算 方 法
1	直接费	1.1 + 1.2
1.1	定额直接费	1.1.1 + 1.1.2 + 1.1.3
1.1.1	定额人工费	∑(工日量×子目基价)
1.1.2	定额材料费	∑(材料量×子目基价)
1.1.3	定额机械费	∑(机械量×子目基价)
1.2	价差	1.2.1 + 1.2.2 + 1.2.3
1.2.1	人工价差	∑[工日量×(编制价−定额价)]
1.2.2	材料价差	∑[材料量×(编制价−定额价)]
1.2.3	机械价差	∑[机械量×(编制价−定额价)]
2	间接费	1×间接费率
3	税前作业费用	1 + 2
4	增值税销项税额	3×增值税税率
5	作业总费用	3 + 4

注：城市环境卫生作业费用各要素除税参照上述同类要素除税方法，其中间接费费率综合调整系数为1.08。

6．营改增后计价依据的动态调整

各级建设主管部门及工程造价管理机构要规范工程计价依据的管理，动态发布建设工程材料设备、施工机具不包含增值税额的价格信息。

1) 人工工日单价

各级造价管理机构要依据调整后的人工费构成，切实注意人工工日单价与市场价格的偏离情况，发布适用增值税的动态人工工日单价。

2) 材料单价

建设工程材料指施工过程中耗费的原材料、辅助材料、构配件、零件、半成品或成品、设备。

建设工程材料价格信息需同时发布适用于一般计税方法的不含进项税价格、适用于简易计税方法的材料价格及经过测算、符合当地实际的综合折税率，材料价格组成内容包括材料原价、运杂费、运输损耗费、采购及保管费。

不含税材料单价按下式计算：

$$\text{不含税材料单价}=\sum[\text{材料单价组成内容金额}/(1+\text{税率})] \tag{3-32}$$

或：

$$\text{不含税材料单价}=[(\text{不含税材料原价}+\text{不含税运杂费})\times(1+\text{运输损耗率})]\times(1+\text{不含税采购保管费率}) \tag{3-33}$$

材料单价组成内容适用税率见表 3-24。材料平均运距、运杂费、运输损耗及采购保管费由各市以当地市场具体情况测定。

$$\text{综合折税率}=(\text{材料价格}/\text{材料不含税单价})-1 \tag{3-34}$$

表 3-24 材料单价组成内容适用税率

序号	组成内容	适用税率
1	材料原价	购进货物适用的税率(17%、13%)或征收率(3%)
2	运杂费	接受交通运输业服务适用税率 11%
3	运输损耗费	运输过程所发生损耗增加，随材料原价和运杂费计算
4	采购及保管费	主要包括材料的采购、供应和保管部门工作人员工资、办公费、差旅交通费、固定资产使用费、工具用具使用费及材料仓库存储损耗费等。综合折税率由各市测定

7．其他规定

(1)《建筑工程施工许可证》注明的开工日期在 2016 年 4 月 30 日后的建设工程项目；未取得《建筑工程施工许可证》的，建筑工程承包合同注明的开工日期在 2016 年 4 月 30 日后的建设工程项目，采用一般计税方法计税的，应执行营改增后的计价依据。

(2) 选择简易计税方法计税的建设工程项目和符合《财政部、国家税务总局关于全面推开营业税改征增值税试点的通知》(财税[2016]36 号)规定的“建设工程老项目”，税金调改为增值税征收率，其他参照执行营改增前的计价规定。

(3) 执行中遇到的问题，请及时反馈至广东省建设工程造价管理总站。

3.4 工程建设其他费用

3.4.1 工程建设其他费用的概念和分类

1．工程建设其他费用的概念

工程建设其他费用是指从工程筹建到工程竣工验收交付使用为止的整个建设期间，除建筑安装工程费用和设备、工器具购置费用以外的，为保证工程建设顺利完成和交付使用后能够正常发挥作用而发生的各项费用。

2．工程建设其他费用的分类

工程建设其他费用按其内容分为以下三大类。

(1) 建设用地费。

(2) 与工程建设有关的其他费用。

(3) 与未来生产经营有关的其他费用。

3.4.2 建设用地费

建设项目都必须固定在某一地点的某一地面上，它可能占用一定量的土地，也就必然发生为获得建设用地而支付的费用，这就是所说的建设用地费。建设用地费的概念是指为获得建设用地而支付的费用。其表现形式为：通过划拨方式取得土地使用权而支付的土地征用及迁移补偿费，或通过土地使用权出让方式取得土地使用权而支付的土地使用权出让金。

1. 建设用地取得的基本方式及相关规定

建设用地的取得，实质是依法获取国有土地使用权。根据我国《房地产管理法》的规定，获取国有土地使用权的基本方式有两种：一是出让方式；二是划拨方式。除了这两种基本方式外还有其他方式，如租赁和转让方式等。

1) 通过出让方式获得国有土地使用权

国有土地使用权出让，是指国家将国有土地使用权在一定年限内出让给土地使用者，由土地使用者向国家支付土地使用权出让金的行为。土地使用权出让最高年限按下列用途规定：

(1) 居住用地 70 年。

(2) 工业用地 50 年。

(3) 教育、科技、文化、体育用地 50 年。

(4) 商业、旅游、娱乐用地 40 年。

(5) 综合或者其他用地 50 年。

2) 通过划拨方式获得国有土地使用权

国有土地使用权划拨，是指县级以上人民政府依法批准，在土地使用者缴纳补偿、安置等费用后将该幅土地交付其使用，或者将土地使用权无偿交付给土地使用者使用的行为。国家对划拨用地有着严格的规定，具体见表 3-25。

以上两种基本方式的总结对比见表 3-25。

表 3-25 采用基本方式获得土地使用权情况一览表

<table>
<tr><th colspan="3">土地使用权获得基本方式</th><th>适 用 项 目</th><th>注 意 事 项</th></tr>
<tr><td rowspan="4">出让方式</td><td rowspan="3">竞争出让方式</td><td>投标</td><td rowspan="3">工业(包括仓储用地，但不包括采矿用地)、商业、旅游、娱乐和商品住宅等各类经营性用地，必须以这三种方式之一出让</td><td rowspan="3">上述规定外的其余项目用地的供地计划公布后，同一宗地有两个以上意向用地者的，也应当采用招标、拍卖或挂牌方式出让</td></tr>
<tr><td>竞拍</td></tr>
<tr><td>挂牌</td></tr>
<tr><td colspan="2">协议出让方式</td><td>除上述规定之外的项目</td><td>以协议方式出让国有使用权的出让金不得低于国家规定的最低价；协议出让底价不得低于拟出让地块所在区域的协议出让最低价</td></tr>
</table>

续表

土地使用权获得基本方式	适用项目	注意事项
划拨方式	① 国家机关用地和军事用地 ② 城市基础设施用地和公益事业用地 ③ 国家重点扶持的能源、交通、水利等基础设施用地 ④ 法律、行政法规规定的其他用地	除法律、行政法规另有规定外，没有使用期限的限制。因企业改制、土地使用权转让或改变土地用途等不再符合本目录的，应当实行有偿使用

2．建设用地取得费的内容

建设用地取得费分土地征用及迁移补偿费和土地使用权出让金、转让金两大部分。

1) 土地征用及迁移补偿费

土地征用及迁移补偿费是指建设项目通过划拨方式取得无限期土地使用权，依照《中华人民共和国土地管理法》等规定应承担征地补偿费用或对原用地单位或个人的拆迁补偿费用。

2) 土地使用权出让金、转让金

土地使用权出让金指建设项目通过土地使用权出让方式，取得有限期的土地使用权，依照《中华人民共和国城镇国有土地使用权出让和转让暂行条例》的规定，应向国家支付的土地所有权收益，出让金标准一般参考城市基准地价并结合其他因素制定。土地使用权出让或转让，应先由地价评估机构进行价格评估后，再签订土地使用权出让和转让合同。

这两大部分具体内容见表3-26。

表3-26　土地使用费内容及计算依据

建设用地费构成				内容及计算依据
建设用地费	土地征用及迁移补偿费	土地征用补偿费	(1) 土地补偿费	按该耕地被征用前3年平均年产值的6～8倍计算。征用其他耕地按省、自治区、直辖市有关规定计算
			(2) 青苗补偿费和地上附着物等补偿费	按有关省、自治区、直辖市规定计算；征用城市郊区菜地时还应向国家缴纳新菜地开发建设基金
			(3) 安置补助费	① 每个农业人口：按该耕地被征收前3年平均年产值的4～6倍计算 ② 每公顷耕地：最高不得超过被征收前3年平均年产值的15倍
			(4) 新菜地开发建设基金	指征用城市郊区商品菜地时支付的费用
			(5) 耕地占用税	是对占用耕地建房或从事其他非农业建设的单位和个人征收的一种税收，目的是合理利用土地资源，节约用地等。按实际占用的面积和规定的税额一次性征收
			(6) 土地管理费	收取标准为(土地补偿费+青苗费、地面附着物补偿费+安置补助费)×(2%～4%)

续表

建设用地费构成				内容及计算依据
建设用地费	土地征用及迁移补偿费	迁移补偿费	(1) 拆迁补偿	可实行货币补偿，也可实行房屋产权调换。前者按房地产市场评估价格确定；后者按拆迁人与被拆迁人根据计算得到的被拆迁房屋的补偿金额和所调换房屋的价格，结清产权调换的差价
			(2) 搬迁、安置补助费	按有关省、自治区、直辖市规定计算，包括征用土地上房屋及附属构筑物、公共设施等拆除、迁建补偿费，搬迁运输费，企业因搬迁停产、停工损失补偿费等
	土地使用权出让金、转让金			取得有限期的土地使用权所支付的土地使用权出让费用。出让和转让可采用协议、招标、公开拍卖等方式

注：土地补偿和安置补助费的总和不得超过该土地被征收前 3 年平均年产值的 30 倍。

3.4.3 与项目建设有关的其他费用

与项目建设有关的其他费用具体见表 3-27。

表 3-27 与项目建设有关的其他费用

费 用 构 成			内容及计算依据
与项目建设有关的其他费用	1) 建设管理费	(1) 建设单位管理费	是指建设单位发生的管理性质的开支，包括工作人员的基本工资、工资性补贴、施工现场津贴、职工福利费、住房基金、基本养老保险费、基本医疗保险费、失业保险费、工伤保险费、办公费、差旅交通费、工会经费、职工教育经费、固定资产使用费、工具用具使用费、必要的办公及生活用品购置费、必要的通信设备及交通工具购置费、零星固定资产购置费、技术图书资料、人员招募、工程招标费、工程质量监督检测费、工程咨询、法律顾问、公证费、审计、业务招待、排污费、竣工交付使用清理及验收费、后评估等费用
		(2) 工程监理费	凡是建设单位委托工程监理单位实施工程监理的费用。此项费用应根据国家发展和改革委员会与原建设部联合发布的《建设工程监理与相关服务收费管理规定》(发改价格[2007]670 号)计算。依法必须实行监理的建设工程施工阶段的监理收费实行政府指导价，其他建设工程施工阶段的监理收费和其他阶段的监理与相关服务费实行市场调节价
		计算办法：建设管理费=工程费用×建设单位管理费费率	
		注意：如建设单位采用工程总承方式，其总承包管理费由建设单位与总包单位根据总包工作范围在合同中商定，从建设管理费中支出	
	2) 可行性研究费	是指对有关建设方案、技术方案或生产经营方案进行的技术经济论证，以及编制、评审可行性研究报告所需的费用	
		计算办法：应根据前期研究委托合同计列，或参照《国家计委关于印发建设项目前期工作咨询收费暂行规定的通知》(计价格[1999]1283 号)规定计算	

续表

费用构成		内容及计算依据
与项目建设有关的其他费用	3) 研究试验费	是指为建设项目提供或验证设计数据、资料等进行必要的研究试验及按照相关规定在建设过程中必须进行试验、验证所需的费用，包括自行或委托其他部门研究实验所需的人工费、材料费、试验设备及仪器使用费等
		计算办法：按设计单位根据本工程项目的需要提出的研究试验内容和要求计算
		注意：不包括以下内容。 ① 应由科技三项费用(即新产品试制费、中间试验费和重要科学研究补助费)开支的项目； ② 应在建筑安装费用中列支的施工企业对建筑材料、构件和建筑物进行一般鉴定、检查所发生的费用及技术革新的研究试验费； ③ 应由勘察设计费或工程费用中开支的项目
	4) 勘察设计费	是指对工程项目进行水文地质勘察、工程设计所发生的费用，包括工程勘察费、初步设计费(基础设计费)、施工图设计费(详细设计费)、设计模型制作费
		计算办法：此费用应按《关于发布〈工程勘察设计收费管理规定〉的通知》(计价格[2002]10号)的规定计算。勘察费粗略也可按：民用建筑6层以下，3～5元/m^2；高层8～10元/m^2
	5) 环境影响评价费	是指按照国家有关规定，在工程项目投资决策过程中，对其进行环境污染或影响评价所需的费用，包括编制环境影响报告书、环境影响报告表，以及对环境影响报告书(含大纲)、环境影响报告表进行评估等所需的费用
		计算办法：参照《关于规范环境影响咨询收费有关问题的通知》(计价格[2002]125号)规定计算
	6) 劳动安全卫生评价费	按照有关国家规定，在工程项目投资决策过程中，为编制劳动安全卫生评价报告所需的费用，包括编制建设项目劳动安全卫生预评价大纲和劳动安全卫生预评价报告书，以及编制上述文件所进行工程分析和环境现状调查等所需的费用
		计算办法：按有关规定计算
	7) 场地准备及临时设施费	包括以下两部分内容： ① 场地准备费是指为使工程项目的建设场地达到开工条件，由建设单位组织进行的场地平整等准备工作而发生的费用； ② 建设单位临时设施费是指建设单位为满足工程建设项目建设、生活、办公的需要，用于临时设施建设、维修、租赁、使用所发生或摊销的费用
		计算办法： ① 建设场地的大型土石方工程应进入到工程费用中的总图运输费用中。 ② 新建项目的场地准备和临时设施费按实际工程量估算，或按工程费用比例计算。改扩建项目一般只计拆除清理费。计算公式如下： 场地准备和临时设施费=工程费用×费率+拆除清理费 一般情况：新建约为建安费的1%，改扩建为小于建安费的0.6%。 ③ 发生拆除清理费时，可按新建同类工程造价或主材费、设备费的比例计算。凡可回收材料的拆除工程采用以料抵工方式冲抵拆除清理费
		注意： ① 场地准备及临时设施尽量与永久性工程统一考虑； ② 不包括已列入建筑安装工程费用中的施工单位临时设施费用

续表

<table>
<tr><th colspan="2">费 用 构 成</th><th>内容及计算依据</th></tr>
<tr><td rowspan="9">与项目建设有关的其他费用</td><td rowspan="2">8) 引进技术和引进设备其他费</td><td>是指引进技术和设备发生的但未计入设备购置费中的费用</td></tr>
<tr><td>内容及计算方法如下。
① 引进项目图纸资料翻译复制费、备品备件测绘费：可按引进货价(FOB)的比例估算。
② 出国人员费用：包括买方人员出国设计联络、出国考察、联合设计、监造、培训等。其生活费按财政部、外交部规定的现行标准计算，差旅费按中国民航公布的票价计算。
③ 来华人员费用：包括卖方来华工程技术人员的现场办公费用、往返现场交通费用、接待费用等。来华人员接待费用可按每人次费用指标计算；引进合同价款中已包括的费用内容不得重复计算。
④ 银行担保及承诺费：指引进项目由国内外金融机构出面承担风险和责任担保所发生的费用，以及支付贷款机构的承诺费用。应按担保或承诺协议计取。投资估算和概算编制时可以担保金额或承诺金额为基数乘以费率计算。其中担保费费率为 0.5%；进口设备检验鉴定费按设备进货价的 0.3%～0.5%计算</td></tr>
<tr><td rowspan="2">9) 工程保险费</td><td>是指建设项目在建设期间根据需要实施工程保险所需的费用，包括建筑工程一切险、安装工程一切险、各种机器设备和人身意外伤害险等</td></tr>
<tr><td>计算办法：民用建筑(住宅楼、综合性大楼、商场、学校等)占建筑工程费的 0.2%～0.4%；其他建筑(厂房、道路、码头、桥梁、隧道等)占建筑工程费的 0.3%～0.6%；安装工程占建筑工程费的 0.3%～0.6%</td></tr>
<tr><td rowspan="2">10) 特殊设备安全监督检验费</td><td>特殊设备安全监督检验费是指安全监督部门对在施工现场组装的锅炉及压力容器、压力管道、消防设备、燃气设备、电梯等特殊设备和设施进行安全检查所收取的费用</td></tr>
<tr><td>计算办法：按工程所在省(市、自治区)安全监察部门的规定标准计算。在编制投资估算和概算时可按受检设计现场安装费的比例估算</td></tr>
<tr><td rowspan="2">11) 市政公用设施费</td><td>是指使用市政公用设施的工程项目，按项目所在地省级人民政府有关规定建设或缴纳的市政公用设施建设配套费用及绿化工程补偿费用</td></tr>
<tr><td>计算办法：按工程所在地省、自治区、直辖市规定的标准计算</td></tr>
</table>

3.4.4 与未来生产经营有关的其他费用

与未来生产经营有关的其他费用具体见表 3-28。

表 3-28 与未来生产经营有关的其他费用计算

<table>
<tr><th colspan="2">费 用 组 成</th><th>内容及计算依据</th></tr>
<tr><td rowspan="2">与未来生产经营有关的其他费用</td><td rowspan="2">(1) 联合试运转费</td><td>是指新建企业或新增生产工艺过程的扩建企业在竣工验收前，按设计规定进行整个生产线或装置的负荷或无负荷联合试运转发生费用支出大于试运转收入(试运转产品的销售和其他收入)的亏损部分。费用包括试运转所需的原料、燃料及动力费用、机械使用费用、保险金、低值易耗品及其他物品的购置费和施工单位参加试运转人员的工资及专家指导费等；不包括应由设备安装工程费用开支的调试及试车费用，以及在试运转中暴露出来的因施工原因或设备缺陷等发生处理的费用等</td></tr>
<tr><td>计算办法：按需要试运转车间的工艺设备购置费的百分比计算</td></tr>
</table>

续表

<table>
<tr><th colspan="2">费用组成</th><th>内容及计算依据</th></tr>
<tr><td rowspan="4">与未来生产经营有关的其他费用</td><td rowspan="2">(2) 生产准备及开办费</td><td>是指建设期内，建设单位为保证项目正常生产而发生的人员培训、生产单位提前进厂费，以及投产使用必备的办公、生活家具、用具及工器具等的购置费</td></tr>
<tr><td>计算办法：
① 新建项目按设计定员为基数计算，改建项目按新增设计定员为基数计算。
生产准备费=设计定员×生产准备费指标(元/人)
② 可采用综合生产准备费指标进行计算，也可以按费用内容的分类指标计算</td></tr>
<tr><td rowspan="2">(3) 专利及专有技术使用费</td><td>专利及专有技术使用费主要内容。
① 国外设计及技术资料、引进有效专利、专有技术使用费和技术保密费。
② 国内有效专利、专有技术使用费。
③ 商标权、商誉和特许经营权费等</td></tr>
<tr><td>计算方法及注意事项。
① 按专利使用许可协议和专有技术使用合同的规定计列。
② 专有技术的界定应以省、部级鉴定批准为依据。
③ 项目投资中只计算需在建设期支付的专利及专有技术使用费。协议或合同规定在生产期支付的使用费应在生产成本中核算。
④ 一次性支付的商标权、商誉及特许经营权费按协议或合同规定计列。协议或合同规定在生产期商标权、商誉及特许经营权费应在生产成本中核算。
⑤ 为项目配套的专用设施投资，包括专用铁路线、专用公路、专用通信设施、送变电站、地下管线、专用码头等，如由项目建设单位负责投资但产权不归属本单位的，应做无形资产处理</td></tr>
</table>

3.5 预 备 费

按我国现行规定，预备费包括基本预备费和涨价预备费两部分。

3.5.1 基本预备费

1. 基本预备费的概念

基本预备是指在初步设计及概算内难以预料的，而在工程建设实施期间又可能发生的工程费用，又称不可预见费，主要指设计变更及施工过程中可能增加工程量的费用。

2. 基本预备费的内容

基本预备费包括以下内容。

(1) 在批准的初步设计范围内，技术设计、施工图设计及施工过程中所增加的工程费用；设计变更、工程变更、材料代用、局部地基处理等增加的费用。

(2) 一般自然灾害造成的损失和预防自然灾害所采取的措施费用。实行工程保险的项目，费用应适当降低。

(3) 竣工验收时为鉴定工程质量对隐蔽工程进行必要的剥露和修复费用。

(4) 超规超限设备运输增加的费用。

3．基本预备的计算

基本预备费是以工程费用和工程建设其他费用之和为取费基础，乘以基本预备费费率计算。计算公式如下：

基本预备费=(设备器具购置费+建筑安装工程费+其他费用)×基本预备费费率(%)

(3-35)

基本预备费费率按国家及部门规定计取，一般在项目建议书阶段和可行性研究阶段取10%～15%，在初步设计阶段取 7%～10%。

3.5.2 涨价预备费

1．涨价预备费的概念

涨价预备费指建设项目在建设期间内由于价格等变化引起工程造价变化的预留费用。

2．涨价预备费的内容

涨价预备费内容包括：人工、设备、材料、施工机械的价差费，建筑安装工程费及工程建设其他费用调整，利率、汇率调整等增加的费用。

3．涨价预备费的计算

涨价预备一般是根据国家规定的投资综合价格指数，以估算年份价格水平的投资额为基数，采用复利方法计算。计算公式为：

$$PF=\sum_{t=1}^{n} I_t\left[(1+f)^m(1+f)^{0.5}(1+f)^{t-1}-1\right] \tag{3-36}$$

式中：PF——涨价预备费；

n——建设期年份数；

I_t——建设期中第 t 年的投资计划额，包括设备及工器具购置费、建筑安装工程费、工程建设其他费用和基本预备费；

f——年均投资价格上涨率；

m——建设前期年限(从编制估算到开工建设，单位为年)。

【例 3-3】 某建设项目建设期前期为 2 年，建设期为 3 年，第 1 年投资为 3600 万元，第 2 年投资为 1080 万元，第 3 年投资为 3600 万元，年平均上涨率为 6%，求建设项目建设期间涨价预备费。

【解】 第 1 年涨价预备费：

$$PF_1=I_1\,[(1+f)^2(1+f)^{0.5}(1+f)^{1-1}-1]=3600\times[(1+6\%)^{2.5}-1]=564.54(\text{万元})$$

第 2 年涨价预备费：

$$PF_2=I_2[(1+f)^2(1+f)^{0.5}(1+f)^{2-1}-1]=1080\times(1.06^{3.5}-1)=244.32(\text{万元})$$

第 3 年涨价预备费：

$$PF_3=I_3\,[(1+f)^2(1+f)^{0.5}(1+f)^{3-1}-1]=3600\times(1.06^{4.5}-1)=1079.28(\text{万元})$$

所以涨价预备费 $PF=PF_1+PF_2+PF_3=564.54+244.32+1079.28=1888.14$(万元)

3.6 建设期银行贷款利息

1．建设期银行贷款利息的概念

建设期银行贷款利息是指项目建设期间向国内银行或其他非银行金融机构贷款、出口信贷、外国政府贷款、国际商业银行贷款以及在境内外发行的债券等应偿还的借款利息。

2．建设期银行贷款利息的计算方法

(1) 当总贷款分年均衡发放时，建设期利息的计算可按当年借款在年中支用考虑，当年贷款按半年计算利息，上年贷款按全年计算利息。计算公式为：

$$q_j=\left(p_{j-1}+\frac{1}{2}A_j\right)\times i \tag{3-37}$$

式中：q_j ——建设期第 j 年应计利息；

i ——年利率；

p_{j-1} ——建设期第$(j-1)$年末贷款累计金额与利息累计金额之和；

A_j——建设期第 j 年贷款金额。

(2) 当贷款在年初一次性贷出且利率固定时，建设期贷款利息按下式计算：

$$I=P(1+i)^n-p \tag{3-38}$$

式中：P——一次性贷款数额；

i——年利率；

n——计算期；

I——贷款利息。

国外贷款利息的计算中，还应包括国外贷款银行根据贷款协议向贷款方以年利率的方式收取的手续费、管理费、承诺费，以及国内代理机构经国家主管部门批准的以年利率的方式向贷款单位收取的转贷费、担保费、管理费等。

【例 3-4】 某建设项目建设期 3 年，第 1 年贷款 3600 万元，第 2 年 1080 万元，第 3 年 3800 万元，年利率为 12%，建设期内利息只计算不支付，试计算建设期间贷款利息。

【解】 第 1 年贷款利息：

$$q_1=\left(p_{1-1}+\frac{1}{2}A_1\right)\times i=(0+3600\times1/2)\times12\%=216(\text{万元})$$

第 2 年贷款利息：

$$q_2=\left(p_1+\frac{1}{2}A_2\right)\times i=(3600+216+1080\times1/2)\times12\%=522.72(\text{万元})$$

第3年贷款利息：

$$q_3=\left(p_2+\frac{1}{2}A_3\right)\times i=(3600+216+1080+522.72+3800\times 1/2)\times 12\%=878.25(\text{万元})$$

所以，建设期贷款利息之和为：

$$q=q_1+q_2+q_3=216+522.72+878.25=1616.97(\text{万元})$$

3.7 固定资产投资方向调节税

固定资产投资方向调节税是为了贯彻国家产业政策，控制投资规模，引导投资方向，调整投资结构，加强重点建设，促进国民经济持续稳定发展，对我国境内进行固定资产投资的单位和个人征收固定资产投资方向调节税(简称投资方向调节税)。由于目前此税暂停征收，不再详述。

3.8 世界银行建设项目费用构成

1978年，世界银行、国际咨询工程师联合会对项目的总建设成本(相当于我国的工程造价)做了统一规定，其具体内容如下。

1．建设项目直接建设成本

建设项目直接建设成本是指直接用于项目建设的各项费用，包括以下内容。

(1) 土地征购费。

(2) 场外设施费用。场外设施费用是指道路、码头、桥梁、机场、输电线路等设施的建设费用。

(3) 场地费用。场地费用是指用于场地准备、厂区道路、铁路、围栏、场内设施等的建设费用。

(4) 工艺设备费。工艺设备费是指主要设备、辅助设备及零配件的购置费用。

(5) 设备安装费。设备安装费是指设备供应商的监理费用，本国劳务及工资费用，辅助材料、施工设备、消耗品和工具费用，以及安装承包商的管理费和利润等。

(6) 管道系统费用。管道系统费用是指与系统的材料及劳务相关的全部费用。

(7) 电气设备费。其内容与第(4)项相似。

(8) 电气安装费。电气安装费是指设备供应商的监理费用，本国劳务与工资费用，辅助材料、电缆、管道和工具费用，以及安装承包商的管理费和利润等。

(9) 仪器仪表费。仪器仪表费是指所有自动仪表、控制板、配线和辅助材料的费用以及供应商的监理费，外国或本国劳务及工资费用、承包商的管理费和利润。

(10) 机械的绝缘和油漆费。这是指与机械及管道的绝缘和油漆相关的全部费用。

(11) 工艺建筑费。工艺建筑费是指原材料、劳务费，以及与基础、建筑结构、屋顶、内外装修、公共设施有关的全部费用。

(12) 服务性建筑费用。其内容与第(11)项相似。

(13) 工厂普通公共设施。工厂普通公共设施包括材料和劳务费，以及与供水、燃料供应、通风、蒸汽发生及分配、下水道、污物处理等公共设施有关的费用。

(14) 车辆费。车辆费是指工艺操作所必需的机动设备零件费用，包括海运包装费用以及交货港的离岸价，但不包括税金。

(15) 其他当地费用。这是指那些不能归类于以上中的任何一个项目，不能计入建设项目的间接成本，但在建设期间又是必不可少的费用，如临时设备、临时公共设施及场地的维持费，营地设施及其管理费，建筑保险和债券，杂项开支等费用。

2．建设项目间接建设成本

建设项目间接建设成本指虽不直接用于该项目建设，但与项目相关的各种费用。

(1) 项目管理费。具体包括以下内容。

① 总部人员的薪金和福利费，以及用于初步和详细工程设计、采购、时间和成本控制，行政和其他一般管理人员的费用。

② 施工管理现场人员的薪金、福利费和用于施工现场监督、质量保证、现场采购、时间及成本控制、行政及其他施工管理机构的费用。

③ 零星杂项费用，如返工、旅行、生活津贴、业务支出等。

④ 各种酬金。

(2) 开工试车费。开工试车费是指工厂投料试车必需的劳务和材料费用。

(3) 业主的行政性费用。这是指业主的项目管理人员支出的费用。

(4) 生产前准备费。

(5) 运费和保险费。

(6) 地方税。

3．应急费

应急费是指在项目建设中，为了应付建设初期无法明确的子项目或建设过程中可能出现的事先无法预见的事件而准备的费用。

(1) 未明确项目的准备金。此项准备金用于在估算时不可能明确的潜在项目，包括那些做成本估算时因为缺乏完整、准确和详细的资料而不能够完全预见和不能注明的项目，而且这些项目是必须完成的，其费用是必定要发生的。它是估算不可缺少的一个组成部分。

(2) 不可预见准备金。此项准备金是在未明确项目准备金外，由于物质、社会和经济的变化，导致估算增加的情况。此种情况可能发生，也可能不发生。因此，不可预见准备金只是一种储备，可能动用，也可能不动用。

4．建设成本上升费用

建设成本上升费用指用于补偿在项目实际建设过程中，因工资、材料、设备等价格比在项目建设前期估算的价格增高的费用。

一般情况下，估算中使用的构成工资率、材料和设备价格基础的截止日期就是“估算日期”。因此，必须对该日期或已知成本基础进行调整，以补偿直至工程结束时的未知价格增长。

工程的各个主要组成部分(国内劳务和相关成本、本国材料、外国材料、本国设备、外国设备、项目管理机构)的细目划分决定以后，便可确定每一个主要组成部分的增长率。这个增长率是一项判断因素。它以已发表的国内和国际成本指数、公司记录等为依据，并与实际供应商进行核对，然后根据确定的增长率和从工程进度表中获得的各主要组成部分的中间值，计算出每项主要组成部分的成本上升值。

本章小结

本章涉及工程建设费用组成的六大部分：设备及工器具购置费，建筑安装工程费，工程建设其他费用，预备费，建设期贷款利息，固定资产投资方向调节税。

设备及工器具购置费，着重要掌握国产标准设备和进口设备的原价组成，原价的计算方法，运杂费的组成及计算方法，掌握 FOB 和 CIF 等概念。

建筑安装工程费，要着重掌握我国现行建筑安装工程费用的构成，即按构成要素和造价形成两大类来进行划分；同时要注重理解和掌握营改增后各费用的调整与计算。

工程建设其他费，应当着重掌握它的构成内容与有关规定。

预备费、建设期贷款利息、固定资产投资方向调节税，也要掌握它们的构成内容和计算。

本章是造价计价的重点内容，作为一名造价人员或工程人员都必须掌握本章内容，因为它明确规定了哪些费用应该计算并怎样计算，以及计算出的内容应该归结到费用的什么部位。这是提纲挈领的内容。

案例分析

背景资料：

由某美国公司引进年产 6 万 t 全套工艺设备和技术的某精细化工项目，在我国某港口城市建设。该项目占地 10hm^2，绿化覆盖率为 36%。建设期为 2 年，固定资产投资为人民币 11800 万元，流动资产投资为人民币 3600 万元。引进部分的合同总价为 682 万美元，用于主要生产工艺装置的外购费用。厂房、辅助生产装置、公用工程、服务项目、生活福利及厂外配套工程等均由国内设计配套。引进合同价款的细项如下。

(1) 硬件费 620 万美元，其中工艺设备购置费 460 万美元，仪表 60 万美元，电气设备 56 万美元，工艺管道 36 万美元，特种材料 8 万美元。

(2) 软件费 62 万美元，其中计算关税的项目有设计费、非专利技术及技术保密费用 48 万美元；不计算关税的项目有技术服务及资料费 14 万美元(不计海关监管手续费)。

人民币兑换美元的外汇牌价均按 1 美元=8.3 元人民币计算。

(3) 中国远洋公司的现行海运费率为 6%，海运保险费率为 0.35%，现行外贸手续费率、中国银行财务手续费率、增值税率和关税税率分别按 0.15%、0.5%、17%、17%计取。

(4) 国内供销手续费率为 0.4%，运输、装卸和包装费率为 0.1%，采购保管费率为 1%。

问题：

1. 对于引进工程项目的引进部分，硬、软件从属费用有哪些？如何计算？
2. 本项目引进部分购置投资的价格是多少？

分析要点：

本案例主要考核引进工程项目中从属费用的计算内容和计算方法、引进设备国内运杂费的计算方法。本案例应解决以下几个主要概念性问题。

(1) 引进项目减免关税的技术资料、技术服务等软件部分不计国外运输费、国外运输保险费、外贸手续费和增值税。

(2) 外贸手续费、关税计算依据是硬件到岸价和应计关税软件的货价之和；银行财务费计算依据是全部硬、软件的货价；本例是引进工艺设备，故增值税的计算依据是应计关税与关税之和，不考虑消费税。

(3) 引进部分的购置投资=引进部分的原价+引进设备国内运杂费。

式中：

引进部分的原价=货价+国外运费+国外运输保险费+外贸手续费+银行财务费+关税+增值税(不考虑进口车辆的消费税和附加费)。

引进部分的国内运杂费包括供销手续费、运输装卸费和包装费(设备原价中未包括的，而运输过程中需要的包装费)以及采购保管费等内容，并按以下公式计算。

引进设备国内运杂费=引进设备原价×国内运杂费率

参考答案：

问题 1：

【解】本案例引进部分为工艺设备的硬、软件，其从属费用包括：货价、国外运输费、国外运输保险费、外贸手续费、银行财务费、关税和增值税等费用。各项费用的计算公式方法见表 3-3。

问题 2：

【解】本项目引进部分购置投资=引进部分的原价+国内运杂费

式中：引进部分的原价是指引进部分的从属费用之和，具体计算见表 3-29。

表 3-29 引进设备硬、软件原价计算表

费用名称	计算公式	费用(万元)
货价(FOB)	货价=620×8.3+62×8.3=5660.60	5660.60
国际运费	国际运费= 5146×6%=308.76	308.76
国外运输保险费(价内税)	国外运输保险费(价内税)=(5146+308.76) ×0.35%/(1−0.35%)=19.16	19.16
银行财务费	银行财务费=5660.60×0.5%=28.30	28.30

续表

费用名称	计算公式	费用(万元)
外贸手续费	外贸手续费=(5146+308.76+19.16+48×8.3)×1.5%=88.08	88.08
关税	硬件关税=(5146+308.76+19.16)×17%=930.57 软件关税=48×8.3×17%=67.73 关税合计=930.57+67.73=998.30	998.30
增值税	(5872.32+998.30)×17%=1168.01	1168.01
引进设备原价	从属费用合计	8271.21

由表3-29得知，引进部分的原价为8271.21万元。

国内运杂费=8271.21×(0.4%+0.1%+1%)=124.07(万元)

引进设备购置投资=8271.21+124.07=8395.28(万元)

思考与练习

一、单项选择题

1. 进口设备运杂费中，运输费的运输区间是指(　　)。
   A. 出口国供货到进口国边境港口或车站
   B. 出口国边境或车站到进口国边境港或车站
   C. 进口国边境或车站到工地仓库
   D. 出口国的边境港口或车站到工地仓库
2. 国产设备原价一般是指(　　)。
   A. 设备预算价格　　B. 设备制造厂交货价
   C. 出厂价与运费装卸费之和　　D. 设备购置费用
3. 对部分进口设备应纳消费税计算公式是(　　)。
   A. 应纳消费税=(到岸价+关税)×消费税税率
   B. 应纳消费税=(到岸价+关税+增值税)×消费税税率
   C. 应纳消费税=(到岸价+关税)×(1+消费税税率)×消费税税率
   D. 应纳消费税=(到岸价+关税)×消费税税率÷(1−消费税税率)
4. 工具、器具及生产家具购置费一般通过(　　)计算。
   A. 原价+运杂费　　B. 原价×(1+运杂费率)
   C. 原价×(1+运杂费率)×(1+损耗率)　　D. 设备购置费×定额费率
5. 在建筑安装工程直接费中，人工费是指(　　)。
   A. 施工现场所有人员的工资性费用
   B. 施工现场与建筑安装工程施工生产工人开支的各项费用
   C. 直接从事建筑安装工程施工的生产工人开支的各项费用
   D. 直接从事建筑安装工程施工的生产工人及机械操作人员开支的各项费用

6. 建安工程施工中，周转材料租赁费应计入(　　)。

A. 材料费　　B. 现场经费　　C. 直接工程费　　D. 措施费

7. 在施工现场对建筑材料、构件进行一般性鉴定和检查所发生的费用应列入(　　)。

A. 检验试验费　　B. 现场经费　　C. 研究试验费　　D. 间接费

8. 施工企业广告费应列入(　　)。

A. 现场管理费　　B. 其他费用　　C. 直接费　　D. 企业管理费

9. 建筑安装工程费由(　　)组成。

A. 直接工程费、间接费、计划利润和税金

B. 直接工程费、间接费、法定利润和税金

C. 直接费、间接费、计划利润和税金

D. 直接费、间接费、利润和税金

10. 下列不属于材料预算价格费用的是(　　)。

A. 材料原价　　B. 材料包装费

C. 材料采购保管费　　D. 材料二次搬运费

11. 大型施工机械进出场费属于(　　)。

A. 施工机械使用费　　B. 措施费

C. 企业管理费　　D. 规费

12. 建筑安装工费中的税金是指(　　)。

A. 营业税、增值税和教育费附加

B. 营业税、固定资产投资方向调节税和教育费附加

C. 营业税、城乡维护建设税和教育费附加

D. 营业税、城乡维护建设税和固定资产投资方向调节税

13. 某工程的建筑安装工程费为900万元，设备及工器具购置费为500万元，工程建设其他费用为100万元，项目基本预备费费率为10%，则该项目的基本预备费为(　　)万元。

A. 40　　B. 150　　C. 100　　D. 140

14. 下列费用中不属于直接费的是(　　)。

A. 材料费　　B. 其他直接费

C. 企业管理费　　D. 现场经费

二、多项选择题

1. 国产非标设备原价的估价方法包括(　　)。

A. 成本计算估价法　　B. 系列设备插入估价法

C. 分部组合估价法　　D. 定额估价法

E. 实物估价法

2. 下列费用属于建筑安装工程措施费的是(　　)。

A. 大型机械设备进出场及安拆费　　B. 构成工程实体的材料费

C. 二次搬运费　　D. 施工排水、降水费

E. 施工现场办公费

3. 外贸手续费的计费基础是(　　)之和。

A. 装运港船上交货价　　B. 国际运费
C. 银行财务费　　D. 关税
E. 运输保险费

4. 在设备购置费的构成内容中，不包括(　　)。

A. 设备运输包装费　　B. 设备安装保险费
C. 设备联合试运转费　　D. 设备采购招标费
E. 设备检验费

5. 下列各项中的(　　)中没有包含关税。

A. 到岸价　　B. 抵岸价　　C. CFR
D. CIF　　E. 关税完税价格

6. 直接费包括(　　)。

A. 直接工程费　　B. 文明施工费　　C. 企业管理费
D. 临时设施费　　E. 利润

7. 在下列费用中，属于建筑安装工程措施费的有(　　)。

A. 安全施工费　　B. 工具用具使用费
C. 钢筋混凝土模板及支架费用　　D. 脚手架费用
E. 工程排污费

8. 间接费由(　　)组成。

A. 企业管理费　　B. 财务管理费　　C. 措施费
D. 其他费用　　E. 规费

9. 设备运杂费是指(　　)。

A. 运费　　B. 装卸费
C. 废品损失费　　D. 仓库保管费

三、计算题

1. 某进口设备 FOB 价为人民币 1200 万元，国际运费为 72 万元，国际运输保险费用为 4.47 万元，关税为 217 万元，银行财务费为 6 万元，外贸手续费为 19.15 万元，增值税为 253.89 万元，消费税税率为 5%，试求该设备的消费税。

2. 某项目总投资为 1300 万元，分 3 年均衡发放，第一年投资 300 万元，第二年投资 600 万元，第三年投资 400 万元，建设期内年利率为 12%，则建设期应付利息为多少万元？

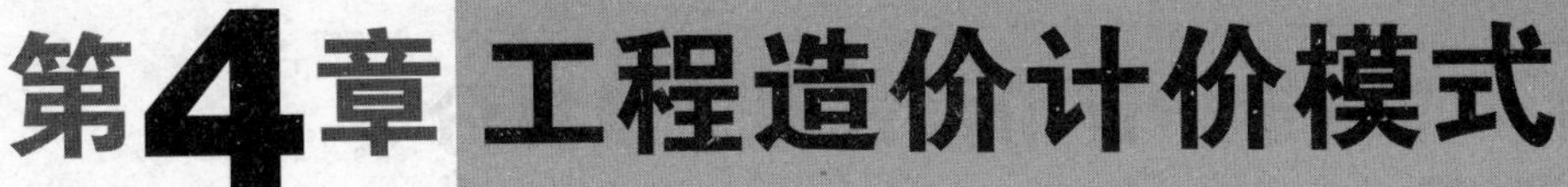

第4章 工程造价计价模式

教学目标

本章主要介绍了两种工程造价的计价模式：定额计价模式和工程量清单计价模式。通过对本章的学习，定额计价模式部分要求学生熟悉工程建设定额的概念、特点、分类；掌握建筑安装工程人工、材料、机械台班消耗量定额的确定方法，消耗量和单价的确定，建筑安装工程定额费用构成。工程量清单计价模式部分要求学生熟悉工程量清单编码的设置；掌握综合单价的组成与计算。此外，还要求学生了解企业定额、概算定额、概算指标和投资估算指标的概念。

教学要求

知识要点	能力要求	相关知识
定额计价模式	(1) 能够正确理解定额计价的含义 (2) 能够根据已知条件确定建筑安装工程人、材、机消耗量和单价	(1) 工程建设定额的概念、特点、分类 (2) 建筑安装工程人、材、机消耗的确定 (3) 建筑安装工程人、材、机价格的确定
工程量清单计价模式	(1) 能够根据已知条件进行工程量清单的编制 (2) 能够根据已知条件进行工程量清单综合单价的计算	(1)工程量清单的概念 (2) 工程量清单的内容 (3) 工程量清单计价的费用组成 (4) 工程量清单的编制 (5) 综合单价的计算方法

引言

定额计价是在计划经济基础上发展出来的产品，是为了规范工程造价，减少工程纠纷而建立的统一计价标准，但并没有完全脱离计划经济的影子。随着我国现代经济的改变，企业也随之改变，企业实力逐步增强，竞争增大。而对于同样的产品，在不同企业拥有相同的实力、相同的资质的情况下，如果再采用相同的定额来计价的话，那就产生不了优胜劣汰的结果。如果采用清单计价，在不低于成本价的基础上，各家企业可以发挥自己的管

理优势，不采用定额计价来报价。比如某企业管理比较好，该企业可以降低管理成本，降低材料损耗，所以同样的分部分项工程该企业就可以降低报价来竞争这个工程项目。

4.1 工程造价计价模式概述及其分类

工程造价的计价模式是指根据计价依据计算工程造价的程序和方法，具体包括工程造价的构成、计价的目的、计价的程序、计价的方式及最终价格的确定等诸项内容。计价模式是工程造价管理的基本内容之一。在计划经济时期，工程造价管理是政府行为，而计价模式是国家管理和控制工程造价的手段。在市场经济条件下，一定的计价模式是进行工程造价管理的基础，在工程造价管理中起着十分重要的作用。

计价模式对工程造价管理起着十分重要的作用，这主要是由于建筑工程项目造价的计价特点所决定的。我国工程造价的计价模式分为两种，一种是传统的定额计价模式，另一种是现行的与国际惯例一致的工程量清单计价模式。

4.1.1 工程造价的定额计价模式

定额计价模式就是按预算定额规定的分部分项子目，逐项计算工程量，套用预算定额单价(或单位估价表)确定直接费，然后按规定的取费标准确定其他直接费、现场经费、间接费、计划利润和税金，加上材料调差系数和适当的不可预见费，经汇总后即为工程预算或标底，而标底则作为评标定标的主要依据。

这种定额单价法确定工程造价，是我国长期以来在工程造价形成过程中采用的模式，这是一种与计划经济相适应的工程造价管理模式。定额计价模式实际上是国家通过颁布统一的估算指标、概算指标，以及概算、预算和有关费用定额，对建筑产品价格进行有计划管理的计价方法。国家以假定的建筑安装产品为对象，制定统一的预算和概算定额，计算出每一单元子项的费用后，再综合形成整个工程的造价。定额计价模式的基本原理如图 4.1 所示。

从上述定额计价模式的原理图可以看出，编制建设工程造价最基本的过程有两个，即工程量计算和工程计价。为统一口径，工程量的计算均按照预算定额规定的分部分项子目工程量计算规则逐项计算工程量。工程量确定以后，就可以按照一定的方法确定出工程的成本及盈利，最终就可以确定出工程预算造价(或投标报价)。工程造价定额计价方法的特点就是量价合一。

我们可以用公式进一步表明确定建筑产品价格的定额计价的基本方法和程序，如下所述：

每一计量单位建筑产品的直接工程费单价为：

$$\text{直接工程费单价=人工费+材料费+机械使用费} \tag{4-1}$$

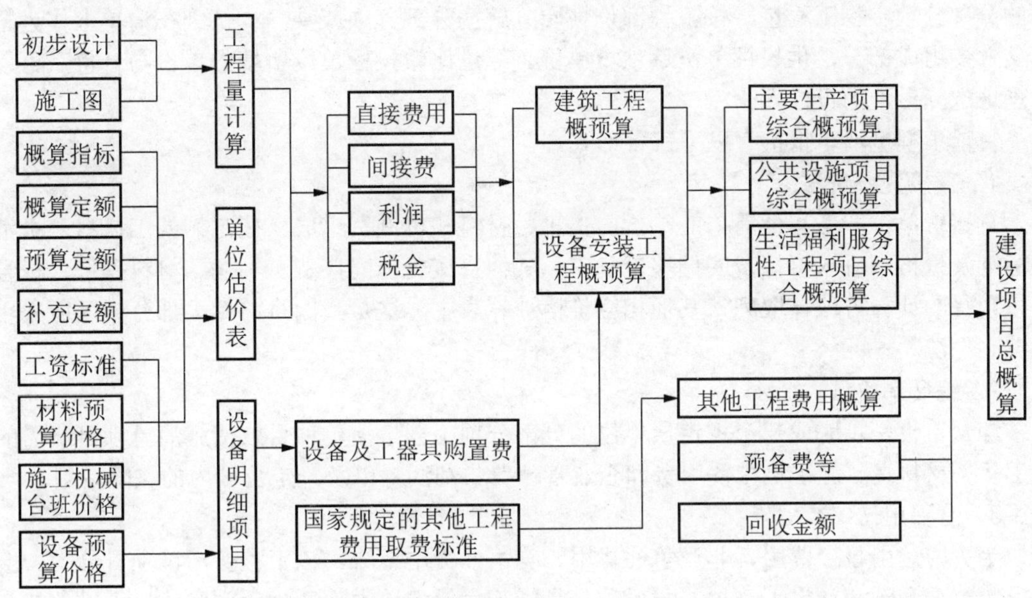

图 4.1 定额计价模式的原理示意图

式中：

$$人工费=\sum(单位人工工日消耗量\times人工工日单价) \tag{4-2}$$

$$材料费=\sum(单位材料消耗量\times材料预算价格) \tag{4-3}$$

$$机械使用费=\sum(单位机械台班消耗量\times机械台班单价) \tag{4-4}$$

$$单位工程直接费=\sum(建筑产品工程量\times直接工程费单价)+措施费 \tag{4-5}$$

$$单位工程概预算造价=单位工程直接费+间接费+利润+税金 \tag{4-6}$$

$$单项工程概预算造价=\sum单位工程概预算造价 \tag{4-7}$$

$$\begin{aligned}建设项目总概预算造价=&\sum单项工程概预算造价+设备、工器具购置费+\\&工程建设其他费用+预备费+建设期贷款利息+\\&固定资产投资方向调节税(暂停征收)\end{aligned} \tag{4-8}$$

4.1.2 工程造价的工程量清单计价模式

工程量清单计价模式是一种区别于定额计价模式的新计价模式，是一种主要由市场定价的计价模式，是由建设产品的买方和卖方在建设市场上根据供求状况、信息状况进行自由竞价，从而最终能够约定工程合同价格的方法。因此，可以说工程量清单的计价模式是在建设市场建立、发展和完善过程中的必然产物。在工程量清单的计价过程中，工程量清单向建设市场的交易双方提供了一个平等的平台，是投标人在投标活动中进行公正、公平、公开竞争的重要基础。

工程量清单是表现拟建工程的分部分项工程项目、措施项目、其他项目名称和相应数量的明细清单，是按照招标要求和施工设计图纸要求规定将拟建招标工程的全部项目和内容，依据统一的工程量计算规则、统一的工程量清单项目编制规则要求，计算拟建招标工

程的分部分项实物工程量，按工程部位性质分解为分部分项或某一构件列在清单上作为招标文件的组成部分，供投标单位逐项填单价。经过比较投标单位所填的单价与合价，可以合理地选择最佳的投标人。

目前工程量清单报价有以下三种形式。

1．直接费单价法

直接费单价即工程量清单的单价由人工、材料和机械费组成，按定额的工、料、机消耗标准及价格和进入直接费的调整价确定。其他直接费、间接费、利润、材料差价、税金等按现行的计算方法计取列入其他相应价格计算表中。这是我国目前绝大部分地区所采用的编制办法。

2．综合单价法

综合单价是指完成一个规定量单位的分部分项工程量清单项目或措施清单项目所需的人工费、材料费、施工机械使用费和企业管理费与利润，以及一定范围内的风险费用。

3．全费用法

全费用是由直接费用、非竞争性费用、竞争性费用组成。该工程量清单项目分为一般项目、暂列金额和计日工三种。一般项目是指工程量清单中除暂列金额和计日工以外的全部项目。暂列金额是指包括在合同中的供工程任何部分的施工或提供货物、材料、设备或服务，或提供不可预料事件所需费用的一项金额。全费用单价合同是典型、完整的单位合同，工程量清单以能形成一个独立的构件为目的来进行分部分项编制。同时对该子目的工作内容和范围必须加以说明界定。

工程量清单计价的基本过程可以描述为：在统一的工程量计算规则的基础上，制定工程量清单项目设置规则，根据具体工程的施工图纸计算出各个清单项目的工程量，再根据各种渠道所获得的工程造价信息和经验数据计算得到工程造价。这一基本的计算过程如图 4.2 所示。

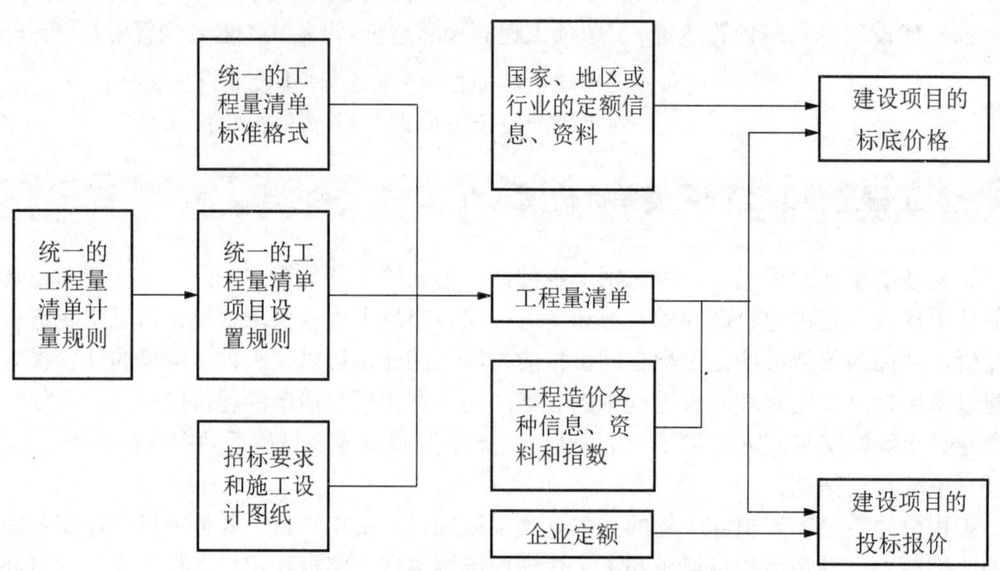

图 4.2　工程量清单计价模式的原理示意图

从图 4.2 中可以看出，其编制过程可以分为两个阶段，即工程量清单格式的编制和利用工程量清单来编制投标报价。投标报价是在业主提供的工程量计算结果的基础上，根据企业自身所掌握的各种信息、资料，结合企业定额编制得出的。

$$\text{分部分项工程费}=\sum\text{分部分项工程量}\times\text{分部分项工程综合单价} \tag{4-9}$$

其中，分部分项工程单价由人工费、材料费、机械费、管理费、利润等组成，并考虑风险费用。

$$\text{措施项目费}=\sum\text{措施项目工程量}\times\text{措施项目综合单价} \tag{4-10}$$

其中，措施项目包括通用项目、建筑工程措施项目、安装工程措施项目和市政工程措施项目，措施项目综合单价的构成与分项工程单价构成类似。

$$\text{单位工程报价}=\text{分部分项工程费}+\text{措施项目费}+\text{其他项目费}+\text{规费}+\text{税金} \tag{4-11}$$

$$\text{单项工程报价}=\sum\text{单位工程报价} \tag{4-12}$$

4.2 定额计价模式

4.2.1 定额概述

1．工程建设定额的概念

在社会生产中，为了生产某一合格产品，就必然要消耗一定数量的人工、材料、机械和资金。由于生产水平和生产条件的不同，在产品生产中所消耗的人工、材料、机械设备台班和资金数额的多少也就不同。然而在一定的生产条件下，总有一个相对合理的数额。为此，规定完成某一单位合格产品的合理消耗标准就是生产性定额。

工程建设定额是指在一定的生产条件下，用科学的方法制定出生产质量合格的单位建筑产品所需要的劳动力、材料和机械台班、资金等数量标准。工程建设定额反映的是，在一定的社会生产力发展水平的条件下，完成工程建设中的某项产品与各种生产消费之间的特定的数量关系。

由于工程建设产品构造复杂、产品规模宏大、种类繁多、生产周期长等技术特点造成了工程建设产品外延的不确定性。这些特点使定额在工程建设管理中占有更加重要的地位，同时也决定了工程建设定额的多种类、多层次。

工程建设定额是工程建设中各类定额的总称。它包括许多种类定额。按照不同的原则和方法，工程建设定额可以有以下几种划分方法。

2．工程建设定额的分类

工程建设定额是工程建设中各类定额的总称，它包括许多种类定额，为了对工程建设定额能有一个全面的了解，可以按照不同的原则和方法对它进行科学的分类。

1) 按定额反映的生产要素消耗内容划分

按定额反映的生产要素消耗内容划分，可以把工程建设定额分为劳动消耗定额、机械消耗定额和材料消耗定额 3 种。

(1) 劳动消耗定额。

劳动消耗定额简称劳动定额，是指完成一定的合格产品(工程实体或劳务)规定活劳动消耗的数量标准。为了便于综合和核算，劳动定额大多采用工作时间消耗量来计算劳动消耗的数量。所以，劳动定额的主要表现形式是时间定额，但同时也表现为产量定额。

(2) 机械消耗定额。

我国机械消耗定额是以一台机械一个工作班为计量单位，所以又称为机械台班定额。机械消耗定额是指为完成一定数量的合格产品(工程实体或劳务)所规定的施工机械消耗的数量标准，机械消耗定额的主要表现形式是机械时间定额，但同时也以产量定额表现。

(3) 材料消耗定额。

材料消耗定额简称材料定额，是指完成一定合格产品所需材料的数量标准。材料是工程建设中使用的原材料、成品、半成品、构配件、燃料以及水、电等动力资源的统称。材料作为劳动对象构成工程的实体，需要数量很大，种类很多。所以材料消耗量多少，消耗是否合理，不仅关系到资源的有效利用，影响市场供求状况，而且对建设工程的项目投资、建筑产品的成本控制都起着决定性的影响。

2) 按定额的编制程序和用途划分

按定额的编制程序和用途划分，可以把工程建设定额分为施工定额、预算定额、概算定额、概算指标、投资估算指标共 5 种。

(1) 施工定额。

施工定额是指施工企业(建筑安装企业)组织生产和加强管理在企业内部使用的一种定额，属于企业定额的性质。施工定额主要直接用于工程的施工管理，作为编制工程施工组织设计、施工预算、施工作业计划、签发施工任务单、限额领料卡、结算计件工资以及计量奖励工资的依据。施工定额以同一性质的施工过程为研究对象，它由劳动定额、机械定额和材料定额 3 个相对独立的部分组成。为了适应组织生产和管理的需要，施工定额的项目划分很细，是工程建设定额中分项最细、定额子目最多的一种定额，也是工程建设定额中的基础性定额。

(2) 预算定额。

这是在编制施工图预算时，以建筑物或构筑物各个分部分项工程为对象编制，内容包括工程中的劳动定额、机械台班定额、材料消耗定额 3 个部分，并列有工程费用，是一种计价的定额。从编制程序上看，预算定额是以施工定额为基础综合扩大编制的，也是概算定额的编制基础。随着经济发展，在一些地区出现了综合定额的形式，它实际上是预算定额的一种。

(3) 概算定额。

这是编制扩大初步设计概算时，以扩大分部分项工程为对象编制，计算和确定工程概算造价，计算劳动、机械台班、材料需要量所使用的定额。它的项目划分很细，与扩大初步设计的深度相适应。它一般是预算定额的综合扩大。

(4) 概算指标。

概算指标是指在三阶段设计的初步设计阶段，一般以整个建筑物和构筑物为对象，以更为扩大的计量单位，编制工程概算，计算和确定工程的初步设计概算造价，计算劳动、机械台班、材料需要量时所采用的一种定额。这种定额的设定和初步设计的深度相适应。一般是在概算定额和预算定额的基础上编制的，比概算定额更加综合扩大。

(5) 投资估算指标。

它是在项目建议书和可行性研究阶段编制投资估算、计算投资需要量时使用的一种定额。它非常概略，往往以独立的单项工程或完整的工程项目为计算对象。它的概略程度与可行性研究阶段相适应。投资估算指标往往根据历史的预、决算资料和价格变动等资料编制，但其编制基础仍然离不开预算定额、概算定额。

3) 按专业性质划分

按专业性质划分，工程建设定额分为全国通用定额、行业通用定额和专业专用定额 3 种。全国通用定额是指在部门间和地区间都可以使用的定额；行业通用定额是指具有专业特点在行业部门内可以通用的定额；专业专用定额是特殊专业的定额，只能在指定的范围内使用。

4) 按主编单位和管理权限划分

按主编单位和管理权限划分，工程建设定额可以分为全国统一定额、行业统一定额、地区统一定额、企业定额和补充定额 5 种。

(1) 全国统一定额是由国家建设行政主管部门，综合全国工程建设中技术和施工组织管理的情况编制，并在全国范围内执行的定额。

(2) 行业统一定额是考虑到各行业部门专业工程技术特点，以及施工生产和管理水平编制的。一般是只在本行业和相同专业性质的范围内使用。

(3) 地区统一定额包括省、自治区、直辖市定额。地区统一定额主要是考虑地区性特点和全国统一定额水平做适当调整和补充编制的。

(4) 企业定额是由施工企业考虑本企业具体情况，参照国家、行业或地区定额的水平制定的定额。企业定额是在企业内部使用，是企业素质的一个标志。企业定额水平一般应高于国家现行定额，才能满足生产技术发展、企业管理和市场竞争的需要。

(5) 补充定额实质是随着设计、施工技术的发展，现行定额不能满足需要的情况下，为了补充缺项所编制的定额。补充定额只能在指定的范围内使用，可以作为以后修订定额的基础。

3. 工时研究与分析

1) 工时研究

工程建设中消耗的生产要素分为两大类：一类是以工作时间为计量单位的活劳动的消耗；另一类是各种物资资料和资源的消耗。

工时研究是指把劳动者在整个生产过程中消耗的作业时间，根据其性质、范围和具体情况，给予科学的划分，归纳类别，分析取舍，明确规定哪些属于定额时间，哪些属于非定额时间，找出原因，以便拟订技术和组织措施，消除产生非定额时间的原因，充分利用作业时间，提高生产效率。

工时研究产生的数据不仅可以用来编制人工消耗定额和机械台班消耗定额，还可用来提高施工管理水平，增强劳动效率。如合理配备人员和机械，制定机械利用和生产成果完成标准，优化施工方案，检查劳动效率，进行费用控制等。

2) 工时分析

工作时间是指施工过程中的工作班延续时间(不含午休时间)。我国现行劳动制度规定，建筑、安装施工企业中一个工作班的延续时间为8h。

(1) 工人工作时间的分析。

工人工作时间的分析，是指将工人在整个生产过程中消耗的时间予以科学的划分、归纳，明确哪些属于定额时间，哪些属于非定额时间；而对于非定额时间，在确定单位产品用工标准时，其时间消耗均不予考虑。工人工作时间可分解为定额时间和非定额时间，具体构成如图4.3所示。

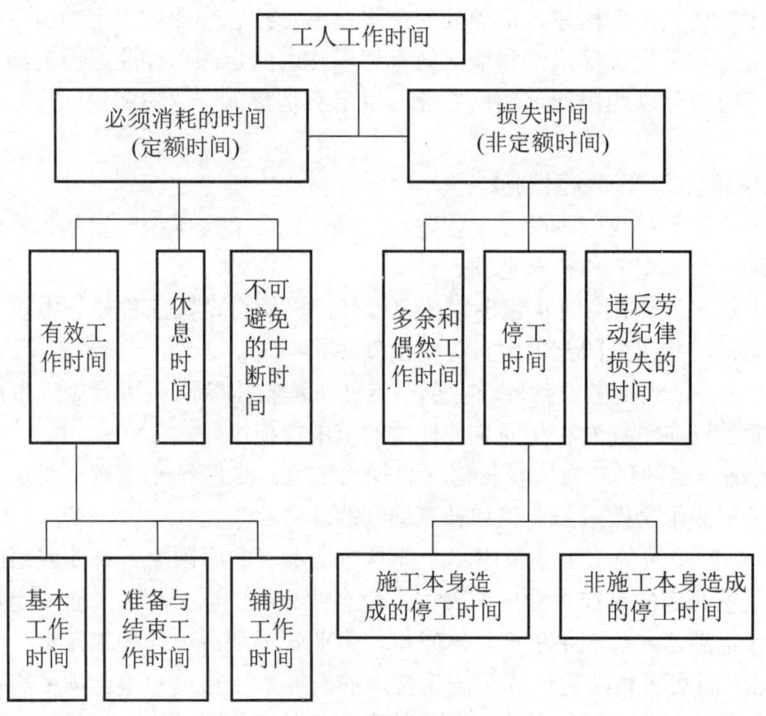

图4.3 工人工作时间的构成

① 定额时间。定额时间是指工人在正常施工条件下，为完成一定数量的产品或符合要求的工作所必须消耗的工作时间。定额时间由有效工作时间、不可避免的中断时间和休息时间3个部分组成。

有效工作时间，是指用于执行施工工艺过程中规定工序的各项操作所必须消耗的时间，是定额时间中最主要的组成部分，包括基本工作时间、辅助工作时间、准备与结束工作时间。

a. 基本工作时间，是指施工活动中直接完成基本施工工艺过程的操作所需消耗的时间，也就是生产工人借助于劳动手段，直接改变劳动对象的性质、形状、位置、外表、结构等所需消耗的时间，如生产工人进行钢筋成型、砌砖墙、门窗油漆等工作的时间消耗。

b. 辅助工作时间，是指为保证基本工作顺利进行所需消耗的时间，如机械上油，砌砖过程中的起线、收线、检查、搭设临时跳板等所消耗的时间，它一般与任务的大小成正比。

c. 准备与结束时间，是指生产工人在执行施工任务前的准备工作及施工任务完成后结束整理工作所消耗的时间。准备与结束时间按其内容不同，又可分为工作班的准备与结束时间和任务的准备与结束时间。工作班的准备与结束时间是指用于工作班开始时的准备与结束工作及交接班所消耗的时间，如更换工作服、领取料具、工作地点布置、检查安全措施、调整和保养机械设备、收拣工具等，它的特点是随工作班次重复出现。任务的准备与结束时间是指生产工人为完成技术交底、熟悉图纸、明确施工工艺和操作方法、任务完成后交回图纸等所消耗的时间，它的特点是每完成一项工作就消耗一次，其时间消耗的多少与该任务量的大小无关，而与该任务的技术复杂程度和施工条件直接相关。

d. 不可避免的中断时间，是指生产工人在施工活动中，由于施工工艺上的要求，在施工组织或作业中引起的难以避免或不可避免的中断操作所消耗的时间。如抹水泥砂浆地面，压光时抹灰工因等待收水而造成的工作中断等。这类时间消耗的长短，与产品的工艺要求、生产条件、施工组织情况等有关。

e. 休息时间，是指生产工人在工作班内为恢复体力所必需的短暂休息和生理需要所消耗的时间，应根据工作的繁重程度、劳动条件和和劳动保护的规定，将其列入定额时间内。

② 非定额时间。非定额时间是指与完成施工任务无关的时间消耗，即明显的工时损失。按产生时间损失的原因，非定额时间又可分为停工时间、多余或偶然工作时间、违反劳动纪律损失的时间。

a. 停工时间，是指非正常原因造成的工作中断所损失的时间。按照造成原因的不同，又分为施工本身原因造成的停工和非施工原因造成的停工。施工本身造成的停工，包括因施工组织不善、材料供应不及时、施工准备工作不够充分而引起的停工；非施工原因造成的停工，包括因突然停电、停水、暴风、雷雨、雪天等造成的停工。

b. 多余和偶然工作时间，是指工人在工作中因粗心大意、操作不当或技术水平低等原因造成的工时浪费，如寻找工具、质量不符合要求时的整修和返工、对已加工好的产品做多余的加工等。

c. 违反劳动纪律损失的时间，是指工人不遵守劳动纪律而造成的工作中断所损失的时间，如迟到、早退、工作时擅离岗位、闲谈等损失的时间。

(2) 机械工作时间的分析。

机械工作时间，是指机械在正常运转情况下，在一个工作班内的全部工作时间。机械在工作班内消耗的工作时间，按其消耗的性质，可分为两大类，即必须消耗的时间(定额时间)和损失时间(非定额时间)。通常把与生产产品有关的时间称为机械定额时间，而把与生产产品无关的时间称为非机械定额时间。机械工作时间的具体构成如图 4.4 所示。

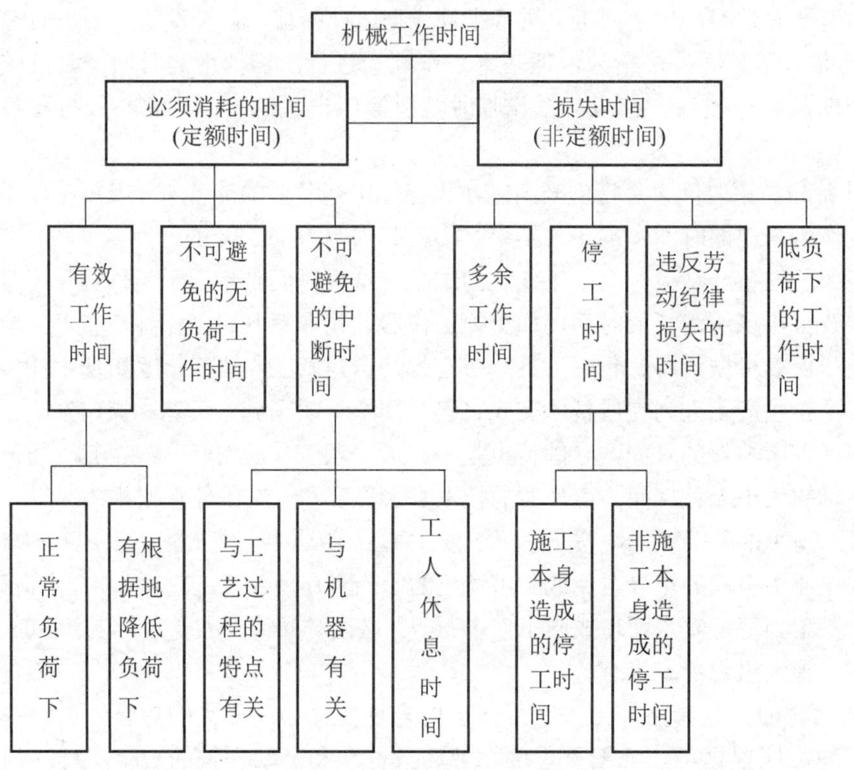

图 4.4　机械工作时间的构成

① 定额时间。机械定额时间是指机械在工作班内消耗的与完成合格产品生产有关的工作时间，包括有效工作时间、不可避免的无负荷工作时间和不可避免的中断时间。

a. 有效工作时间，是指机械直接为完成产品生产而工作的时间，包括正常负荷下和有根据地降低负荷下两种工作时间的消耗。正常负荷下的工作时间，是指机械与其说明规定负荷相等的负荷下进行工作的时间。有根据地降低负荷下的工作时间，是指由于技术上的原因，个别情况下机械可能在低于规定负荷下工作，如汽车载运重量轻、体积大的货物时，不能充分利用汽车载重吨位而不得不降低负荷工作，此种情况亦属正常负荷下的工作。

b. 不可避免的无负荷工作时间，是指由于施工的特性和机械本身的特点所造成的机械无负荷工作时间，如铲运机返回铲土地点、推土机的空车返回、压路机的工作地段转移等。

c. 不可避免中断时间，是指施工中由于技术操作和组织的原因而造成机械工作中断的时间，包括以下几种。

与操作有关(即与工艺过程特点有关)的不可避免的中断时间，如汽车装卸货物的停歇中断时间。

与机械有关的不可避免的中断时间，如机械开动前的检查、给机械加油加水时的停歇时间。

工人休息时间。这在前面已经做了说明，要注意的是，应充分利用与工艺过程特点有关的和与机械有关的不可避免的中断时间进行休息，以充分利用工作时间。

② 非定额时间。

机械非定额时间亦称损失时间，是指机械在工作班内与完成产品生产无关的时间损失，并不是完成产品所必须消耗的时间。损失时间按其发生的原因，可分为以下几种。

a. 多余工作时间，是指产品生产中超过工艺规定所用的时间，如搅拌机超过规定的搅拌时间而多余运转的时间。

b. 违反劳动纪律所损失的时间，如因迟到、早退、闲谈等所引起的机械停止运转的损失时间。

c. 停工时间，是指由于施工组织不善和外部原因所引起的机械停止运转的时间损失，如机械停工待料、保养不好的临时损坏、未及时给机械供水和燃料而引起的机械停工时间损失等。

d. 低负荷下的工作时间，由于工人、技术人员和管理人员的过失，使机械在降低负荷的情况下进行工作的时间，如工人装车的数量不足而引起汽车在降低负荷下工作，装入搅拌机的材料数量不够而使搅拌机降低负荷工作等。

4．测定时间消耗的基本方法——计时观察法

计时观察法，是研究工作时间消耗的一种技术测定方法。它是以现场观察为特征，所以也称为现场观察法，是以各种不同的技术方法为手段，通过对施工过程中具体活动的实地观察，详细地记录施工中的人工、机械等各种工时消耗，完成产品的数量及各种有关影响因素，然后将记录结果加以整理，分析各种因素对工时消耗的影响，在取舍和分析的基础上取得技术数据的一种方法。

4.2.2 建筑安装工程人工、材料、机械台班消耗量定额的确定

1．人工消耗量定额

1) 人工消耗量定额的概念及表现形式

人工消耗量定额，也称劳动消耗量定额，简称劳动定额。它是指在一定的生产组织和生产技术条件下，完成单位合格产品规定活劳动消耗的数量标准。它是表示建筑安装工人劳动生产率的一个先进合理的指标，反映的是建筑安装工人劳动生产率的社会平均先进水平。

劳动定额的表现形式分为两种，即时间定额和产量定额两种表现形式。

(1) 时间定额。

时间定额是指在一定施工技术和组织条件下，完成一定单位合格产品所需消耗工作时间的数量标准。一般用“工时”或“工日”作为计量单位，每个工日的工作时间按现行劳动制度规定为8h。计算公式为：

单位产品时间定额(工日)=1/每工日产量　　(4-13)

或

单位产品时间定额(工日)=小组成员工日数总和/小组每班产量　　(4-14)

(2) 产量定额。

产量定额是指一个建筑安装工人在单位时间内生产合格产品的数量标准。产量定额

的单位以产品的计量单位来表示，如 m^3、m^2、m、kg、t，以及块、套、组、台等。计算公式为：

$$每工日产量=1/单位产品时间定额 \tag{4-15}$$

或

$$小组每班产量=小组成员工日数总和/单位产品时间定额 \tag{4-16}$$

时间定额和产量定额互为倒数，即

$$时间定额=1/产量定额 \tag{4-17}$$

或

$$时间定额\times产量定额=1 \tag{4-18}$$

2) 人工消耗量定额的确定方法

人工消耗量定额的编制是通过测定其时间定额来完成的。而时间定额由基本工作时间、辅助工作时间、准备与结束工作时间、不可避免中断时间和休息时间组成。它们之和就是人工消耗量定额的时间定额，由于时间定额与产量定额互为倒数，所以根据时间定额可计算出产量定额。

确定人工消耗量定额的方法有 4 种：经验估计法、比较类推法、统计分析法和技术测定法。

(1) 经验估计法。

经验估计法，是由定额专业人员、工程技术人员和工人三结合，根据实践经验座谈讨论制定定额的方法。这种方法适用于产品品种多、批量小或不易计算工程量的施工作业。经验估计法制定定额简便易行，速度快，缺点是缺乏科学依据，容易出现偏高或偏低现象，所以对常用的施工项目，不宜采用经验估计法来制定定额。

(2) 比较类推法。

比较类推法，是以同类型工序或产品的典型定额为标准，用比例数示法或图示坐标法，经过分析比较，类推出相邻项目定额水平的方法。这种方法适用于同类型产品规格多、批量小的施工过程。只要定额选择恰当，分析比较合理，类推出的定额水平也比较合理。

(3) 统计分析法。

统计分析法，是将同类工程或同类产品的工时消耗统计资料，结合当前的技术、组织条件进行分析、研究制定定额的方法。这种方法适用于施工条件正常、产品稳定、统计制度健全、统计工作真实可信的情况，它比经验估计法更能真实地反映实际生产水平。其缺点是不能剔除不合理的时间消耗。

(4) 技术测定法。

技术测定法是通过深入调查，拟定合理的施工条件、操作方法、劳动组织，在考虑挖掘生产潜力的基础上经过严格的技术测定和科学的数据处理而制定定额的方法。

技术测定法通常采用的方法有测时法、写实记录法、工作日写实法和简易测定法 4 种。测时法研究施工过程中各循环组成部分定额工作时间的消耗，即主要研究基本工作时间；写实记录法研究所有性质的工作时间消耗，包括基本工作时间、辅助工作时间、不可避免中断时间、准备与结束时间、休息时间及各种损失时间；工作日写实法则研究工人全部工作时间中各类工时的消耗，运用这种方法分析哪些工时消耗是有效的，哪些是无效的，进而找出工时损失的原因，并拟定改进的技术、组织措施；简易测定法是保持现场实地观察记录的原则，对前几种测定方法予以简化。技术测定法测定的定额水平科学、精确，但技术要求高、工作量大，在技术测定机构不健全或力量不足的情况下，不宜选用此法。

2．材料消耗量定额

1) 材料消耗量定额的概念

材料消耗量定额，简称材料定额，是指在合理使用材料的条件下，生产单位合格产品所必须消耗一定品种、规格的材料的数量标准，包括各种原材料、燃料、半成品、构配件、周转性材料等。

建筑材料是建筑安装企业进行生产活动、完成建筑产品的物化劳动过程的物质条件。建筑工程的原材料(包括半成品、制品、预制品、物件、配件等)品种繁多，耗用量大。在一般工业与民用建筑工程中，其材料费占整个工程费用的 60%～70%。因此，能否降低工程成本，在很大程度上取决于能否减少建筑材料的消耗量。

材料消耗量定额是企业确定材料需要量和储备量的依据，是企业编制材料需要量计划和材料供应计划不可缺少的条件；是施工队向工人班组签发限额领料单，实行材料核算的标准；是实行经济责任制，进行经济活动分析，促进材料合理使用的重要资料。制定合理的材料消耗定额，是组织材料的正常供应，保证生产顺利进行，合理利用资源，减少积压、浪费的必要前提。

2) 材料消耗量定额的组成

工程施工中所消耗的材料，按其消耗的方式可以分成两种：一种是在施工中一次性消耗的、构成工程实体的材料，如砌筑砖砌体用的标准砖，浇筑混凝土构件用的混凝土等，一般把这种材料称为实体性材料或非周转性材料；另一种是在施工中周转使用，其价值是分批分次地转移到工程实体中去的，这种材料一般不构成工程实体，它是为有助于工程实体的形成而使用并发生消耗的材料，如砌筑砖墙用的脚手架、浇筑混凝土构件用的模板等，一般把这种材料称为周转性材料。

(1) 实体性材料。

① 实体性材料消耗的内容。施工中实体性材料的消耗，一般可分为必须消耗的材料和损失的材料两类。其中必须消耗的材料是确定材料定额消耗量所必须考虑的消耗；对于损失的材料，由于它是属于施工生产中不合理的耗费，可以通过加强管理来避免这种损失，所以在确定材料定额消耗量时一般不考虑损失材料的因素。

所谓必须消耗的材料，是指在合理用料的条件下，完成单位合格施工作业过程(工作过程)的施工任务所必须消耗的材料。它包括直接用于工程的材料、不可避免的施工废料和不可避免的材料损耗。其中直接用于工程的材料数量，称为材料净耗量；不可避免的施工废料和材料损耗数量，称为材料合理损耗量。即

$$
\begin{aligned}
\text{材料消耗量} &= \text{材料净耗量} + \text{材料合理损耗量} \\
&= \text{材料净耗量} \times (1 + \text{材料损耗率}) \qquad (4\text{-}19)
\end{aligned}
$$

材料损耗率是材料合理损耗量与材料净用量之比，即

$$
\text{材料损耗率} = \text{材料合理损耗量} / \text{材料净用量} \times 100\% \qquad (4\text{-}20)
$$

② 实体性材料消耗量定额的确定。确定实体性材料的净用量定额和材料损耗额的计算

数据，是通过现场技术测定、实验室试验、现场统计和理论计算等方法获得的。

a. 现场技术测定法，主要是编制材料损耗定额，也可以提供编制材料净用量定额的参考数据。其优点是能通过现场观察、测定，取得产品产量和材料消耗的情况，为编制材料定额提供技术根据。

b. 实验室试验法，主要是编制材料净用量定额。通过试验，能够对材料的结构、化学成分、物理性能，以及按强度等级控制的混凝土、砂浆配合比做出科学的结论，给编制材料消耗定额提供出有技术根据的、比较精确的计算数据。用于施工生产时，需加以必要的调整后方可作为定额数据。

c. 现场统计法，是通过对现场进料、用料的大量统计资料进行分析计算，获得材料消耗的数据。这种方法由于不能分清材料消耗的性质，因而不能作为确定材料净用量定额和材料损耗定额的依据。

d. 理论计算法，是运用一定的数学公式计算材料消耗定额。常用的理论计算公式如下。

砌筑砖墙工程中砖和砂浆净用量一般都采用以下公式。

计算 $1m^3$ 砖墙的砖净用量：

$$砖数(块)=1/(砖宽+灰缝)\times(砖厚+灰缝)\times砖长 \tag{4-21}$$

计算 $1m^3$ 砖墙的砂浆净用量：

$$砂浆(m^3)=1m^3 砌体体积-砖数体积 \tag{4-22}$$

铺贴 $1m^2$ 块料面层的块料净用量采用下列公式：

$$面砖的块数(块)=1/(面砖长+灰缝)\times(面砖宽+灰缝) \tag{4-23}$$

【例 4-1】 计算 $1m^3$ 一砖混水砖墙(用标准黏土砖砌筑)中砖和砂浆的消耗量(已知：砖和砂浆的损耗率分别为 2%和 1%，灰缝宽 10mm)。

【解】 砖的消耗量=[1/(砖宽+灰缝)×(砖厚+灰缝)×砖长]×(1+损耗率)

=[1/(0.115+0.01)×(0.053+0.01)×0.24]×(1+2%)

=529.1×1.02

=540(块/m^3)

砂浆的消耗量=($1m^3$ 砌体体积−砖数体积)×(1+损耗率)

=(1−0.24×0.115×0.053×529)×(1+1%)

=0.228(m^3/m^3)

(2) 周转性材料消耗量定额的确定。

周转性材料属于施工手段用料。它们在每一次施工中，只受到部分损耗，经过修理和适当补充后，可供下一次施工继续使用，如脚手架、模板、支撑等材料。这类材料的消耗定额应按多次使用、分次摊销的办法确定。为了使周转性材料的周转次数确定接近合理，应根据工程类型和使用条件，采用各种测定手段进行实地观察(对于不同构件的每块模板，从开始投入使用直到不能继续使用进行跟踪调查)，并结合有关的原始记录、经验数据加以综合取定。

材料消耗量中应计算材料摊销量，为此，应根据施工过程中各工序计算出一次使用量和摊销量。其计算公式如下：

$$一次使用量=材料净用量/(1-材料损耗率) \tag{4-24}$$

材料摊销量=一次使用量×摊销系数 (4-25)

摊销系数=周转使用系数-(1-损耗率)×回收价值率/周转次数 (4-26)

周转使用系数=(周转次数-1)×损耗率/周转次数 (4-27)

回收价值率=一次使用量×(1-损耗率)/周转次数×100% (4-28)

3. 机械台班消耗量定额

1) 机械台班消耗量定额的概念

机械台班消耗量定额，简称机械台班定额。它是指施工机械在正常的施工条件下，合理地、均衡地组织劳动和使用机械时该机械在单位时间内的生产效率。

(1) 机械台班使用定额的编制。

编制施工机械定额，主要包括以下内容。

① 拟定机械工作的正常施工条件。它包括工作地点的合理组织，施工机械作业方法的拟定；确定配合机械作业的施工小组的组织以及机械工作班制度等。

② 确定机械净工作率。即确定出机械纯工作 1h 的正常劳动生产率。

③ 确定机械的利用系数。机械的利用系数是指机械在施工作业班内对作业时间的利用率。

机械的利用系数=机械纯工作时间/机械工作班时间 (4-29)

④ 计算施工机械定额台班。

施工机械台班产量=机械生产率×工作班延续时间×机械利用系数 (4-30)

施工机械时间定额=1/施工机械台班产量定额 (4-31)

⑤ 拟定工人小组的定额时间。

工人小组的定额时间=施工机械时间定额×工人小组的人数 (4-32)

(2) 机械台班使用定额的形式。

机械台班使用定额的形式按其表现形式不同，可分为时间定额和产量定额。机械时间定额和机械产量定额互为倒数关系。

机械时间定额是指在合理劳动组织与合理使用机械条件下，完成单位合格产品必需的时间。机械时间定额以“台班”表示，即一台机械工作一个作业班的时间。一个作业班时间为 8h。单位产品机械时间定额(台班)=1/台班产量。由于机械必须由工人小组配合，所以完成单位合格产品的时间定额应同时列出人工时间定额，即

单位产品人工时间定额(工日)=小组成员总人数/台班产量 (4-33)

2) 机械台班消耗量定额的确定

(1) 拟定正常的施工条件。主要是拟定工作地点的合理组织和合理的工人编制。

(2) 确定机械纯工作 1h 的正常生产率。机械纯工作时间，就是指机械必须消耗的净工作时间。机械纯工作 1h 的正常生产率，就是在正常施工组织条件下，具有必需的知识和技能的技术工人操纵机械 1h 的生产率。

建筑机械可分为循环动作型和连续动作型两种。循环动作型机械，是指机械重复地、有规律地在每一周期内进行同样次序的动作，如塔式起重机、单斗挖土机等。连续动作型机械，是指机械工作没有规律性的周期界限，表现为不停地做某一种动作，如皮带运输机、

多斗挖土机等。根据这两种机械工作特点的不同，机械纯工作 1h 的正常生产率的确定方法也有所不同。

对于循环动作型机械，确定机械纯工作 1h 的正常生产率的计算公式如下：

机械一次循环的正常延续时间=∑(循环各组成部分的正常延续时间)−交叠时间 (4-34)

机械纯工作 1h 的循环次数=60×60/一次循环的正常延续时间 (4-35)

机械纯工作 1h 的正常生产率=机械纯工作 1h 的循环次数×一次循环生产的产品数量 (4-36)

对于连续动作型机械，机械纯工作 1h 的正常生产率要根据机械的类型和结构特征，以及工作过程的特点来进行确定。其计算公式如下：

连续动作型机械纯工作 1h 的正常生产率=工作时间内生产的产品数量/工作时间 (4-37)

工作时间内的产品数量和工作时间的消耗，要通过多次现场观察和机械说明书来取得数据。

(3) 确定施工机械的正常利用系数。

施工机械的正常利用系数，是指施工机械在工作班内对工作时间的利用率。机械的利用系数和机械在工作班内的工作状况有着密切的关系。所以，要确定机械的正常利用系数，首先要拟定机械工作班的正常工作状况。确定机械正常利用系数，要计算工作班正常状况下的准备与结束工作，机械启动、机械维护等工作所必须消耗的时间，以及机械有效工作的开始与结束时间，从而进一步计算出机械在工作班内的纯工作时间和机械正常利用系数。机械正常利用系数的计算公式如下：

机械正常利用系数=机械在一个工作班内的纯工作时间/一个工作班的延续时间 (4-38)

(4) 计算施工机械的台班消耗量定额。

用下列公式计算施工机械的台班产量定额。

施工机械台班产量定额=机械纯工作 1h 的正常生产率×工作班纯工作时间

或

施工机械台班产量定额=机械纯工作 1h 的正常生产率×工作班延续时间×机械的正常利用系数

施工机械时间定额=1/机械台班产量定额 (4-39)

【例 4-2】 某砌筑一砖混水砖墙工程，砂浆用 400L 的灰浆搅拌机现场搅拌，其技术测定资料如下：运料 200s，装料 40s，搅拌 80s，卸料 30s，正常中断 10s，机械时间利用系数 0.8。已知 $1m^3$ 一砖混水砖墙的砂浆消耗量为 $0.261m^3$，试确定完成 $1m^3$ 一砖混水砖墙，灰浆搅拌机的台班时间定额。

【解】 因为运料时间大于装料时间、搅拌时间、卸料时间、正常中断时间之和，所以，装料时间、搅拌时间、卸料时间、正常中断时间为交叠时间，不能作为循环时间计算。

机械循环一次所需的时间为 200s。

施工机械的产量定额=[(60×60)/200]×8×0.4×0.8 = 46.08(m^3 砂浆/台班)

400L 的灰浆搅拌机的时间定额=0.261÷46.08=0.0057(台班/m^3)

即完成 $1m^3$ 一砖混水砖墙，400L 的灰浆搅拌机的台班时间定额为 0.0057 台班。

4.2.3 建筑安装工程人工、材料、机械台班单价的确定

1. 人工单价的确定

1) 人工单价的概念

人工单价是指一个建筑安装工人一个工作日在预算中应计入的全部人工费用，它基本上反映了建筑安装工人的工资水平和一个工人在一个工作日中可以得到的报酬。

2) 人工单价的组成

人工单价是指从事建筑安装工程施工的生产工人的人工单价，由基本工资、工资性补贴、辅助工资、职工福利费、劳动保护费等组成。

(1) 基本工资：指发放给生产工人的基本工资。

(2) 工资性补贴：指按规定标准发放的物价补贴，煤、燃气补贴，交通补贴，住房补贴，流动施工津贴等。

(3) 生产工人辅助工资：指生产工人年有效施工天数以外非作业天数的工资，包括职工学习、培训期间的工资，调动工作、探亲、休假期间的工资，因气候影响的停工工资，女工哺乳时间的工资，病假在 6 个月以内的工资及产、婚、丧假期的工资。

(4) 职工福利费：指按规定标准计提的职工福利费，如书报费、洗理费、防暑降温费及取暖费。

(5) 生产工人劳动保护费：指按规定标准发放的劳动保护用品的购置费及修理费，徒工服装补贴，防暑降温费，在有碍身体健康环境中施工的保健费用等。

3) 影响人工单价的因素

(1) 社会平均工资水平。建筑安装工人人工单价必然和社会平均工资水平趋同。社会平均工资水平取决于经济发展水平。由于我国改革开放以来经济迅速增长，社会平均工资也有大幅增长，从而影响人工单价的大幅提高。

(2) 生活消费指数。生活消费指数的提高会影响人工单价的提高，以减少生活水平的下降，或维持原来的生活水平。生活消费指数的变动决定于物价的变动，尤其决定于生活消费品物价的变动。

(3) 人工单价的组成内容。例如住房消费、养老保险、医疗保险、事业保险费等列入人工单价，会使人工单价提高。

(4) 劳动力市场供需变化。在劳动力市场如果需求大于供给，人工单价就会提高；供给大于需求，市场竞争激烈，人工单价就会下降。

(5) 政府推行的社会保障和福利政策也会影响人工单价的变动。

2. 材料单价的确定

1) 材料单价的概念

材料单价是指材料(包括构件、成品及半成品等)从其来源地(或交货地点)到达施工工地仓库或堆放点后出库的综合平均价格。

材料单价一般由材料原价(或供应价格)、材料运杂费、运输损耗费及采购保管费组成。

$$材料费=\sum(材料消耗量\times材料单价) \tag{4-40}$$

2) 材料单价的编制依据和确定方法

(1) 材料原价(或供应价格)。

材料原价是指材料、工程设备的出厂价格或商家供应价格。对于同一种材料因产地、供应渠道不同出现几种原价时，其综合原价应根据不同来源地的供应数量及不同的单价，计算加权平均价。

(2) 材料运杂费。

材料运杂费是指材料、工程设备自来源地运至工地仓库或指定堆放地点所发生的全部费用。费用内容包括调车和驳船费、装卸费、运输费及附加工作费。同一品种的材料如有若干个来源地，其运杂费可根据每个来源地的运输里程、运输方法和运价标准，用加权平均的方法计算运杂费。

(3) 运输损耗费。

运输损耗费是指材料在运输装卸过程中不可避免的损耗。

$$运输损耗费=(材料原价+运杂费)\times相应材料损耗率 \tag{4-41}$$

(4) 采购及保管费。

采购及保管费是指组织采购、供应和保管材料、工程设备的过程中所需要的各项费用，包括采购费、仓储费、工地保管费、仓储损耗。

$$采购及保管费=材料运到工地仓库价格\times采购及保管费率 \tag{4-42}$$

或

$$采购及保管费=(材料原价+运杂费+运输损耗费)\times采购及保管费率 \tag{4-43}$$

几项费用汇总之后，得到材料单价的一般计算公式：

$$材料单价=[(供应价格+运杂费)\times(1+运输损耗费)]\times(1+采购及保管费率) \tag{4-44}$$

【例4-3】 某工程购买800mm×800mm×5mm的地砖共3900块，由A、B、C三个购买地获得，相关信息见表4-1，其材料预算价格为每平方米多少元？其运输损耗率为2.0%，采购及保管费率为3.0%，检验试验费率为0.8%。

表4-1 材料信息表

序号	货源地	数量(块)	购买价(元/块)	运输单价[元/(m · km)]	运输距离(km)	装卸费(元/m^2)	备注
1	A地	936	36	0.04	90	1.25	
2	B地	1014	33	0.04	80	1.25	
3	C地	1950	35	0.05	86	1.25	
	合计	3900					

【解】 1. 材料原价

(1) 各地材料的购买比重。

A地比重=936/3900=24%

B地比重=1014/3900=26%

C地比重=1950/3900=50%

(2) 每平方米 800mm×800mm 地砖的块数。

每平方米 800mm×800mm 块料的块数=1/0.80×0.80=1.5625(块/m^2)

(3) 材料原价。

材料原价=(36×24%+33×26%+35×50%)×1.5625=54.25(元/m^2)

2. 材料运杂费

(1) 运输费。

运输费=0.04×90×24%+0.04×80×26%+0.05×86×50%=3.85(元/m^2)

(2) 装卸费。

材料装卸费=1.25 元/m^2

运杂费合计=3.85+1.25=5.10(元/m^2)

3. 运输损耗费

运输损耗费=(54.25+5.10)×2.0%=1.19(元/m^2)

4. 材料采购及保管费

材料采购及保管费=(54.25+5.10+1.19)×3.0%=1.82(元/m^2)

5. 检验试验费

检验试验费=54.25×0.8%=0.43(元/m^2)

6. 材料的单价

材料的单价=54.25+5.10+1.19+1.82+0.43=62.79(元/m^2)

3. 机械台班单价的确定

1) 机械台班单价的概念

机械台班单价是指一台施工机械，在正常运转条件下一个工作班中所发生的全部费用。

2) 机械台班单价的组成

(1) 折旧费。折旧费是指施工机械在规定使用期限内，每一台班所分摊的机械原值。一般应根据机械预算价、残值率和耐用总台班等资料计算。

(2) 大修理费。大修理费是指施工机械按规定的大修间隔台班进行必需的大修，以恢复其正常功能所需的全部费用。

(3) 经常修理费。经常修理费是指机械在寿命期内除大修理以外的各级保养(包括一、二、三级保养)以及临时故障排除和机械停置期间的维护等所需的各项费用；为保障机械正常运转所需替换设备，随机工具、器具的摊销费用及机械日常保养所需润滑擦拭材料费之和，分摊到台班费中，即为台班经常修理费。

(4) 安拆费及场外运费。

① 安拆费，是指机械在施工现场进行安装、拆卸所需人工、材料、机械和试运转费用，包括机械辅助设施(如基础、底座、固定锚桩、行走轨道、枕木等)的折旧、搭设、拆除等费用。

② 场外运费，是指施工机械整体或分件自停置地点运至现场，或由一个工地运至另一工地的运输、装卸、辅助材料及架线等费用。

(5) 燃料动力费。燃料动力费是指机械在运转或施工作业中所耗用的液体燃料(汽油、柴油)、固体燃料(煤炭、木材)、水、电力等费用。

(6) 人工费。人工费是指机上司机或副司机、司炉的基本工资和其他工资性津贴(年工作台班以外的机上人员基本工资和工资性津贴以增加系数的形式表示)。

(7) 养路费及车船使用税。养路费及车船使用税是指机械按照国家有关规定应交纳的养路费和车船使用税，按各省、自治区、直辖市规定标准计算后列入定额。

3) 施工机械台班单价的计算

(1) 折旧费。

台班折旧费=[施工机械购买价×(1−残值率)+贷款利息]/耐用总台班　(4-45)

其中，残值率=施工机械残值/施工机械预算价格×100%　(4-46)

施工机械预算价格=原价×(1+购置附加费率)+手续费+运杂费　(4-47)

耐用总台班=修理间隔台班×修理周期(即施工机械从开始投入使用到报废前所使用的总台班数)　(4-48)

(2) 大修理费。

台班大修理费=[一次修理费×(修理周期−1)]/耐用总台班　(4-49)

(3) 经常修理费。

施工机械经常修理费=台班修理费×K　(4-50)

其中，K 值为施工机械台班经常维修系数，它等于台班经常修理费与台班修理费的比值。

K=经常修理费/台班修理费　(4-51)

如载重汽车 6t 以内的 K 值为 5.61，6t 以上的 K 值为 3.93；自卸汽车 6t 以内的 K 值为 4.44，6t 以上的 K 值为 3.34；塔式起重机的 K 值为 3.94。

(4) 安拆费及场外运费。

(5) 机上人工费。

机上人工费=机上人工工日数×人工单价　(4-52)

(6) 燃料动力费。

燃料动力费=燃料动力数量×燃料动力单价　(4-53)

(7) 其他费用。

① 养路费及车船使用税。

台班养路费=核定吨位×每月每吨养路费×12 个月/年工作台班　(4-54)

② 车船使用税。

台班车船使用税=每年车船使用税/年工作台班　(4-55)

③ 保险费。

保险费=按规定年缴纳保险费/年工作台班数量　(4-56)

【例 4-4】 某 10t 载重汽车有关资料如下：购买价格(辆)125000 元；残值率为 6%；耐用总台班为 1200 台班；修理间隔台班为 240 台班；一次性修理费用为 4600 元；修理周期为 5 次；经常维修系数 K=3.93，年工作台班为 240；每月每吨养路费为 80 元/月；每台班消耗柴油为 40.03kg，柴油单价为 3.90 元/kg；按规定年交纳保险费为 6000 元。试确定台班单价。

【解】 根据上述信息逐项计算如下。

(1) 折旧费。

折旧费=[125000×(1−6%)]/1200=97.92(元/台班)

(2) 大修理费。

大修理费=[4600×(5−1)]/1200=15.33(元/台班)

(3) 经常修理费。

经常修理费=15.33×3.93=60.25(元/台班)

(4) 机上人员工资。

机上人员工资=2.0×30.00=60.00(元/台班)

(5) 燃料及动力费。

燃料及动力费=40.03×3.9=156.12(元/台班)

(6) 其他费用。

① 养路费=10×80×12/240=40.00(元/台班)

② 车船使用税=360/12=30.00(元/台班)

③ 保险费=6000/240=25.00(元/台班)

其他费用合计=40.00+30.00+25.00=95.00(元/台班)

该载重汽车台班单价=97.92+15.33+60.25 +60.00+156.12+95.00=484.62(元/台班)

4．建筑安装工程预算定额费用构成与计算关系

1) 我国现行建筑安装工程费用构成

为适应深化工程计价改革的需要，根据国家有关法律、法规及相关政策，在总结原建设部、财政部《关于印发〈建筑安装工程费用项目组成〉的通知》(建标[2003]206号)执行情况的基础上，住房和城乡建设部、财政部出台了《建筑安装工程费用项目组成》(建标[2013]44号)文件规定，我国现行建筑安装工程费用项目按费用构成要素组成划分为人工费、材料费、施工机具使用费、企业管理费、利润、规费和税金，如图3.2所示。

2) 建筑安装工程费用计算关系

建筑安装工程费用计算关系见表4-2。

表4-2 建筑安装工程费用计算关系

序　号	费用项目	计算方法	备　注
(1)	直接工程费	按预算表计取	
(2)	措施费	按规定标准计算	
(3)	小计(直接费)	(1)+(2)	
(4)	间接费	(3)×相应费率	
(5)	利润	[(3)+(4)]×相应利润率	
(6)	合计	(3)+(4)+(5)	
(7)	含税造价	(6)×(1+相应税率)	

【例4-5】 某土方工程直接工程费为300万元，计算该土方工程的建筑安装工程费。其中，措施费为直接工程费的5%，间接费费率为8%，利润率为4%，综合计税系数为3.41%。列表计算该工程的建筑安装工程造价。

【解】 建筑安装工程造价计算过程见表4-3。

表 4-3　建筑安装工程造价计算过程

序　　号	费 用 项 目	计算方法(单位：万元)
(1)	直接工程费	300
(2)	措施费	(1)×5%=15
(3)	直接费	(1)+(2)=300+15=315
(4)	间接费	(3)×8%=315×8%=25.2
(5)	利润	[(3)+(4)]×4%=(315+25.2)×4%=13.608
(6)	不含税造价	(3)+(4)+(5)=300+25.2+13.608=338.808
(7)	税金	(6)×3.41%=338.808×3.41%=11.553
(8)	含税造价	(6)+(7)=338.808+11.553=350.361

4.2.4 企业定额、概算定额、概算指标与投资估算

1. 企业定额

1) 企业定额的概念

在市场经济条件下，施工消耗量定额即为企业定额。它是指建筑安装企业在合理的劳动组织和正常的施工条件下，根据企业本身的技术水平和管理水平、施工设备配备情况、材料来源渠道等而制定的为完成单位合格产品所必需的人工、材料、施工机械台班消耗的数量标准和其他各项费用取费标准。企业定额反映企业的施工生产与生产消费之间的数量关系，是施工企业生产力水平的体现。每个企业均应拥有反映自己企业能力的企业定额。企业的技术和管理水平不同，企业定额的定额水平也不同。它包括量、价两部分，量体现在定额消耗水平上，而价则反映在实现工程量清单报价的过程中。工程量清单计价方法实施的关键在于企业自主报价。施工企业要想在竞争中占有优势，就必须按照自己的具体施工条件、施工设备和技术专长来确定报价，而企业自主报价的基础来自于企业定额。依据企业定额对工程量清单实施报价，能够较为准确地体现施工企业的实际管理水平和施工水平。因此，企业定额是施工企业直接用于投标报价、施工管理与成本核算的基础和依据，从一定意义上来说，企业定额是企业的商业秘密，是企业参与市场竞争的核心竞争能力的具体表现。

随着《建设工程工程量清单计价规范》(GB 50500—2013)(以下简称《清单计价规范》)的实施，国家定额和地区定额也不再是强加于施工单位的约束，而是对企业定额的管理进行引导，为企业提供有关参数和指导，从而实现对工程造价的宏观调控。

2) 企业定额的作用

随着我国社会主义市场经济体制的不断完善，工程造价管理制度改革的不断深入，企业定额将日益成为施工企业进行管理的重要工具。

(1) 企业定额是施工企业计算和确定工程施工成本的依据，是施工企业进行成本管理、经济核算的基础。企业定额是根据本企业的人员技能、施工机械装备程度、现场管理和企业管理水平制定的，按企业定额计算得到的工程费用是企业进行施工生产所需的成本。在

施工过程中，对实际施工成本的控制和管理，就应以企业定额作为控制的计划目标数开展相应的工作。

(2) 企业定额是施工企业进行工程投标、编制工程投标价格的基础和主要依据。企业定额的定额水平反映出企业施工生产的技术水平和管理水平，在确定投标价格时，首先是依据企业定额计算出施工企业拟完成投标工程需发生的计划成本。在掌握工程成本的基础上，再根据所处的环境和条件，确定在该工程上拟获得的利润、预计的风险和其他应考虑的因素，从而确定投标价格。因此，企业定额是施工企业编制投标报价的基础。

(3) 企业定额是施工企业编制施工组织设计的依据。企业定额可以应用于工程的施工管理，用于签发施工任务单、签发限额领料单以及结算计件工资或计量奖励工资等。企业定额直接反映本企业的施工生产力水平。运用企业定额可以更合理地组织施工生产，有效确定和控制施工中人力、物力消耗，节约成本开支。

3) 企业定额的编制方法

编制企业定额最关键的工作是确定人工、材料和机械台班的消耗量，以及计算分项工程单价或综合单价。具体测定和计算方法同前述施工定额及预算定额的编制。

人工消耗量的确定，首先是根据企业环境，拟定正常的施工作业条件，分别计算测定基本用工和其他用工的工日数，进而拟定施工作业的定额时间。

确定材料消耗量，是通过企业历史数据的统计分析、理论计算、实验室试验、实地考察等方法，计算确定材料包括周转材料的净用量和损耗量，从而拟定材料消耗的定额指标。

机械台班消耗量的确定，同样需要按照企业的环境，拟定机械工作的正常施工条件，确定机械净工作效率和利用系数，据此拟定施工机械作业的定额台班和与机械作业相关的工人小组的定额时间。

人工价格也即劳动力价格，一般情况下就按地区劳务市场价格计算确定。人工单价最常见的是日工资单价，通常是根据工种和技术等级的不同分别计算人工单价，有时可以简单地按专业工种将人工粗略地划分为结构、精装修、机电三大类，然后按每个专业需要的不同等级人工的比例综合计算人工单价。

材料价格按市场价格计算确定，其应是供货方将材料运至施工现场堆放地或工地仓库后的出库价格。

施工机械使用价格最常用的是台班价格，应通过市场询价，根据企业和项目的具体情况计算确定。

2. 概算定额

1) 概算定额的概念

概算定额，是在预算定额基础上，确定完成合格的单位扩大分项工程或单位扩大结构构件所需消耗的人工、材料和施工机械台班的数量标准及其费用标准。概算定额又称扩大结构定额。

概算定额是预算定额的综合与扩大。它将预算定额中有联系的若干个分项工程项目综合为一个概算定额项目。如砖基础概算定额项目，就是以砖基础为主，综合了平整场地、挖地槽、铺设垫层、砌砖基础、铺设防潮层、回填土及运土等预算定额中分项工程项目。

2) 概算定额的作用

(1) 概算定额是初步设计阶段编制概算、扩大初步设计阶段编制修正概算的主要依据。

(2) 概算定额是对设计项目进行技术经济分析比较的基础资料之一。

(3) 概算定额是编制建设工程主要材料计划的依据。

(4) 概算定额是控制施工图预算的依据。

(5) 概算定额是施工企业在准备施工期间，编制施工组织总设计或总规划时，对生产要素提出需要量计划的依据。

(6) 概算定额是工程结束后，进行竣工决算和评价的依据。

(7) 概算定额是编制概算指标的依据。

3) 概算定额的编制方法

概算定额是在预算定额的基础上综合而成的，每一项概算定额项目都包括了数项预算定额的定额项目。

(1) 直接利用综合预算定额。如砖基础、钢筋混凝土基础、楼梯、阳台、雨篷等。

(2) 在预算定额的基础上再合并其他次要项目。如墙身再包括伸缩缝；地面包括平整场地、回填土、明沟、垫层、找平层、面层及踢脚。

(3) 改变计量单位。如屋架、天窗架等不再按立方米体积计算，而按屋面水平投影面积计算。

(4) 采用标准设计图纸的项目，可以根据预先编好的标准预算计算。如构筑物中的烟囱、水塔、水池等，以每座为单位。

(5) 工程量计算规则进一步简化。如砖基础、带形基础以轴线(或中心线)长度乘以断积计算；内外墙也均以轴线(或中心线)长乘以高，再扣除门窗洞口计算；屋架按屋面投影面积计算；烟囱、水塔按座计算；细小零星占造价比重很小的项目，不计算工程量，按占主要工程的百分比计算。

3．概算指标

1) 概算指标的概念

概算指标是以建筑面积、体积或成套设备装置的台或组为计量单位而规定的人工、材料和机械台班的消耗量标准和造价的定额指标。它比概算定额进一步扩大、综合，所以，依据概算指标来估算造价就更为简便了。

2) 概算指标的作用

概算指标的作用同概算定额，在设计深度不够的情况下，往往用概算指标来编制初步设计概算。

3) 概算指标的编制方法

单位工程概算指标，一般选择常见的工业建筑的辅助车间(如机修车间、金工车间、锅炉房、变电站、空压机房、成品仓库、危险品仓库等)和一般民用建筑项目(如工房、单身宿舍、办公楼、教学楼、浴室、门卫室等)为编制对象，根据施工图和现行的预算定额或综合预算定额编制出预算书，求出每 $100m^2$ 建筑面积的预算直接费和其中的人工费、材料费、机械费及人工和主要材料消耗量指标。

可见概算指标在具体内容和表示方法上，有综合指标和单项指标两种形式。综合指标是以建筑物或构筑物的体积或面积为单位，综合了各单位工程价值形成的指标，它是一种概括性较强的指标。单项指标则是一种以典型的建筑物或构筑物为分析对象的概算指标。

4．估算指标

1) 估算指标的概念

估算指标是确定建设工程项目在建设全过程中的全部投资支出的技术经济指标。它具有较强的综合性和概括性。其范围涉及建设前期、建设实施期和竣工验收交付使用期等各阶段的费用支出；其内容包括工程费用和工程建设其他费用。不同行业、不同项目和不同工程的费用构成差异很大，因此估算指标既有能反映整个建设工程项目全部投资及其构成(建筑工程费用、安装工程费用、设备工器具购置费用和其他费用)的指标，又有组成建设工程项目投资的各单项工程投资(主要生产设施投资、辅助生产设施投资、公用设施投资、生产福利设施投资等)的指标。既能综合使用，也能个别分解使用。其中占投资比重大的建筑工程和工艺设备的指标，既有量又有价，根据不同结构类型的建筑物列出每 $100m^2$ 的主要工程量和主要材料量，主要设备要列出其规格、型号和数量；同时又有以编制年度为基期的价格。这样便于不同方案、不同建设期中对估算指标进行价格的调整和量的换算，使估算指标具有更大的覆盖面和适用性。

2) 估算指标的作用

在项目建议书和可行性研究阶段，估算指标是多方案比选、正确编制投资估算、合理确定项目投资额的重要依据。在建设项目评价和决策阶段，估算指标是评价建设项目可行性和分析投资经济效益的主要经济指标。在实施阶段，估算指标是限额设计和工程造价控制的约束标准。

4.3 工程量清单计价模式

工程量清单计价方法是一种区别于定额计价模式的新计价模式，是一种主要由市场定价的计价模式，是由建设产品的买方和卖方在建设市场上根据供求状况、信息状况进行自由竞价，从而最终能够约定工程合同价格的方法。因此，可以说工程量清单的计价方法是在建设市场建立、发展和完善过程中的必然产物。在工程量清单的计价过程中，工程量清单向建设市场的交易双方提供了一个平等的平台，是投标人在投标活动中进行公正、公平、公开竞争的重要基础。

4.3.1 工程量清单概述

1．工程量清单的概念

工程量清单又称工程量表，通常是按分部分项工程项目来划分的。工程量清单的粗细、准确程度主要取决于设计深度，与图纸相对应，也与合同形式有关。

2．工程量清单的编制

工程量清单是招标文件的组成部分，主要由分部分项工程量清单、措施项目清单和其他项目清单等组成，是编制标底(招标控制价)和投标报价的依据，是签订工程合同、调整工程量和办理竣工结算的基础。工程量清单应由有编制招标文件能力的招标人或受其委托的具有相应资质的工程造价咨询机构、招标代理机构依据有关计价办法、招标文件的有关要求、设计文件和施工现场实际情况进行编制。

工程量清单的项目设置是为了统一工程量清单项目名称、项目编码、计量单位和工程量计算规则而制定的，是编制工程量清单的依据。在《清单计价规范》中，对工程量清单项目的设置做了明确的规定。

(1) 项目编码。项目编码以五级编码设置，用 12 位阿拉伯数字表示。一、二、三、四级编码统一；第五级编码由工程量清单编制人区分具体工程的清单项目特征而分别编码。各级编码代表的含义如下。

① 第一级表示工程分类顺序码(分 2 位)：01 代表房屋建筑与装饰工程；02 代表仿古建筑工程；03 代表通用安装工程；04 代表市政工程；05 代表园林绿化工程；06 代表矿山工程；07 代表构筑物工程；08 代表城市轨道交通工程；09 代表爆破工程。

② 第二级表示专业工程顺序码(分 2 位)。

③ 第三级表示分部工程顺序码(分 2 位)。

④ 第四级表示分项工程项目名称顺序码(分 3 位)。

⑤ 第五级表示工程量清单项目名称顺序码(分 3 位)。

项目编码结构如图 4.5 所示(以房屋建筑与装饰工程为例)。

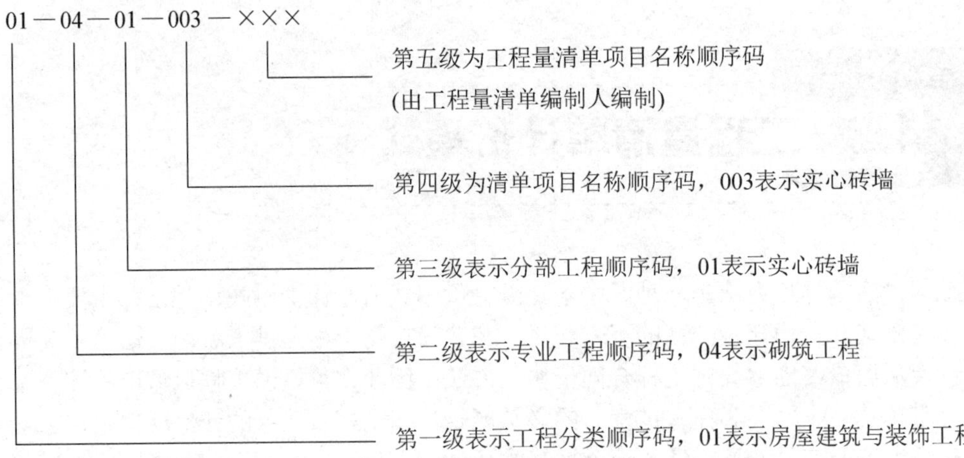

图 4.5　工程清单项目编码结构

(2) 项目名称。项目名称原则上是以形成工程实体而命名，项目名称如缺项，招标人可按相应的原则进行补充，并报当地工程造价管理部门备案。

(3) 项目特征。项目特征是对项目的准确描述，是影响价格的因素，是设置具体清单项目的依据。项目特征按不同的工程部位、施工工艺或材料品种、规格等分别列项。凡项目特征中未描述到的其他独有特征，由清单编制人视项目具体情况确定，以准确描述清单项目为准。

(4) 计量单位。计量单位应采用基本单位，除各专业另有特殊规定外均按以下单位计量：

① 以重量计算的项目——吨或千克(t 或 kg)；

② 以体积计算的项目——立方米(m^3)；

③ 以面积计算的项目——平方米(m^2)；

④ 以长度计算的项目——米(m)；

⑤ 以自然计量单位计算的项目——个、套、根、组、台等；

⑥ 没有具体数量的项目——宗、项等。

各专业有特殊计量单位的，再另外加以说明。

3．工程量清单的标准格式

工程量清单应采用统一格式，一般应由以下内容组成。

1) 封面

封面有 4 个，其中工程量清单封面见表 4-4。其余 3 个封面参见《清单计价规范》。

表 4-4　封面

____________________工程

招标工程量清单

招 标 人：__________________	工程造价 咨询人：__________________
(单位盖章)	(单位资质专用章)
法定代表人 或其授权人：__________________	法定代表人 或其授权人：__________________
(签字或盖章)	(签字或盖章)
编 制 人：__________________	复 核 人：__________________
(造价人员签字盖专用章)	(造价工程师签字盖专用章)
编 制 时 间：　　年　　月　　日	复核时间：　　年　　月　　日

封 1

2) 填表须知

填表须知主要包括下列内容。

(1) 工程量清单及其计价格式中所要求签字、盖章的地方，必须有规定的单位和人员签字、盖章。

(2) 工程量清单及其计价格式中的任何内容不得随意删除或涂改。

(3) 工程量清单计价格式中列明的所有需要填报的单价和合价，投标人均应填报，未填报的单价和合价，视为此项费用已包含在工程量清单的其他单价和合价中。

(4) 明确金额的表示币种。

3) 总说明

总说明应按下列内容填写。

(1) 工程概况：建设规模、工程特征、计划工期、施工现场实际情况、交通运输情况、自然地理条件、环境保护要求等。

(2) 工程招标和分包范围。

(3) 工程量清单编制依据。

(4) 工程质量、材料、施工等的特殊要求。

(5) 招标人自行采购材料的名称、规格型号、数量等。

(6) 其他项目清单中投标人部分的(包括预留金、材料购置费等)金额数量。

(7) 其他需说明的问题。

4) 分部分项工程量清单

分部分项工程量清单是指表示拟建工程分项实体工程项目名称和相应数量的明细清单，其格式见表4-5。

表4-5　分部分项工程量清单与计价表

工程名称：　　　　　　　　　　　　　标段：　　　　　　　　　　　　第　页　共　页

序号	项目编码	项目名称	项目特征描述	计量单位	工程量	金额(元)		
						综合单价	合价	其中：暂估价
本页小计								
合　计								

注：为计取规费等的使用，可在表中增设其中："直接费""人工费"或"人工费+机械费"。

分部分项工程量清单的编制应注意以下问题。

(1) 分部分项工程量清单应包括项目编码、项目名称、项目特征、计量单位和工程数量5个部分。

(2) 项目编码按照《清单计价规范》的规定，编制清单项目编码。即在《清单计价规范》9位全国统一编码之后，增加3位清单项目编码。这3位清单项目编码由招标人针对本工程项目具体编制，但同一招标工程的项目编码不得有重码。

(3) 项目名称按照《清单计价规范》中的分项工程项目名称，结合其特征，并根据不同特征组合确定其清单项目名称。分部分项工程量清单编制时，以附录中的分项工程项目名称为基础，考虑该项目的规格、型号、材质等特征要求，结合拟建工程的实际情况，使其工程量清单项目名称具体化、细化，能够反映影响工程造价的主要因素。

清单项目名称应表达详细、准确。《清单计价规范》中的分项工程项目名称如有缺陷，招标人可作补充，并报当地工程造价管理机构(省级)备案。

(4) 计量单位按照《清单计价规范》中的相应计量单位确定。

(5) 工程数量按照《清单计价规范》中的工程量计算规则计算，其精确度按下列规定。

① 以"吨"为单位的，保留小数点后3位，第四位小数四舍五入。

② 以"立方米""平方米""米"为单位的，应保留2位小数，第三位小数四舍五入。

③ 以"立方米""平方米""米""千克"为单位的，应保留2位小数，第三位小数四舍五入。

④"个""项"等为单位的，应取整数。

⑤ 以“个”“件”“根”“组”“系统”等为单位的，应取整数。

5) 措施项目清单

措施项目清单是指为完成工程项目施工，发生于该工程施工前和施工过程中技术、生活、文明、安全等方面的非工程实体项目清单，见表4-6和表4-7。

表4-6 措施项目清单与计价表(一)

工程名称： 标段： 第 页 共 页

序号	项目名称	计算基础	费率(%)	金额(元)
1	安全文明施工费			
2	夜间施工费	无		
3	二次搬运费			
4	冬雨季施工	无		
5	大型机械设备进出场及安拆费			
6	施工排水			
7	施工降水			
8	地上、地下设施，建筑物的临时保护设施	广东省已细化计入安全文明施系数部分		
9	已完工程及设备保护			
10	各专业工程的措施项目			
合计				

注：1．本表适用于以“项”计价的措施项目。

2．根据原建设部、财政部发布的《建筑安装工程费用组成》(建标[2003]206号)的规定，“计算基础”可为“直接费”“人工费”或“人工费+机械费”。

表4-7 措施项目清单与计价表(二)

工程名称： 标段： 第 页 共 页

序号	项目编码	项目名称	项目特征描述	计量单位	工程量	金额(元)	
						综合单价	合价
本页小计							
合计							

注：本表适用于以综合单价形式计价的措施项目。

措施项目清单应根据工程的具体情况列出，参照表4-8的标准列项。

表 4-8　措施项目一览表

序　　号	项 目 名 称
	1．通用项目
1.1	安全文明施工(含环境保护、文明施工、安全施工、临时设施)
1.2	夜间施工
1.3	二次搬运
1.4	冬雨季施工
1.5	大型机械设备进出场及安拆
1.6	施工排水、降水
1.7	施工降水
1.8	地上、地下设施，建筑物的临时保护设施
1.9	已完工程及设备保护
	2．建筑工程
2.1	垂直运输机械
	3．装饰装修工程
3.1	垂直运输机械
3.2	室内空气污染测试
	4．安装工程
4.1	组装平台
4.2	设备、管道施工安全、防冻和焊接保护措施
4.3	压力容器和高压管道的检验
4.4	焦炉施工大棚
4.5	焦炉烘炉、热态工程
4.6	管道安装后的充气保护措施
4.7	隧道内施工的通风、供水、供气、供电、照明及通信设施
4.8	现场施工围栏
4.9	长输管道临时水工保护措施
4.10	长输管道施工便道管道
4.11	长输管道跨越或穿越施工措施
4.12	长输管道地下管道穿越地上建筑物的保护措施
4.13	长输管道工程施工队伍调遣
4.14	格架式抱杆
	5．市政工程
5.1	围堰
5.2	筑岛
5.3	现场施工围栏
5.4	便道

续表

序　号	项 目 名 称
5.5	便桥
5.6	洞内施工通风管路、供水、供气、供电、照明及通信设施
5.7	驳岸块石清理

6) 其他项目清单与计价汇总表

其他项目清单是指分部分项工程量清单、措施项目清单所包含的内容以外，因招标人的特殊要求而发生的与拟建工程有关的其他费用项目和相应数量的清单。其他项目清单应根据拟建工程的具体情况，参照表4-9的内容列项。

表4-9　其他项目清单与计价汇总表

工程名称：　　　　　　　　　　　　标段：　　　　　　　　　　　　第　页　共　页

序号	项 目 名 称	金额(元)	结算金额(元)	备　注
1	暂列金额			明细详见《清单计价规范》表-12-1
2	暂估价			
2.1	材料(工程设备)暂估价/结算价			明细详见《清单计价规范》表-12-2
2.2	专业工程暂估价/结算价			明细详见《清单计价规范》表-12-3
3	计日工			明细详见《清单计价规范》表-12-4
4	总承包服务费			明细详见《清单计价规范》表-12-5
5	索赔与现场签证			明细详见《清单计价规范》表-12-6
合　计				—

注：材料(工程设备)暂估单价进入清单项目综合单价，此处不汇总。

7) 规费、税金项目清单与计价表

规费和税金应按国家或省级、行业建设主管部门的规定计算，不得作为竞争性费用。规费、税金项目清单与计价表见表4-10。

表4-10　规费、税金项目清单与计价表

工程名称：　　　　　　　　　　　　标段：　　　　　　　　　　　　第　页　共　页

序　号	项 目 名 称	计 算 基 础	计算基数	计算费率(%)	金额(元)
1	规费	定额人工费			
1.1	社会保险费	定额人工费			
(1)	养老保障费	定额人工费			
(2)	失业保险费	定额人工费			
(3)	医疗保险费	定额人工费			
(4)	工伤保险费	定额人工费			
(5)	生育保险费	定额人工费			

续表

序　　号	项 目 名 称	计 算 基 础	计算基数	计算费率(%)	金额(元)
1.2	住房公积金	定额人工费			
1.3	工程排污费	按工程所在地环境保护部门收取标准，按实计入			
2	税金	分部分项工程费+措施项目费+其他项目费+规费-按规定不计税的工程设备金额			
合计					

编制人(造价人员)：　　　　　　　　　　　　　　　　复核人(造价工程师)：

4．建筑安装工程费用项目组成(按造价形成划分)

建筑安装工程费按照工程造价形成由分部分项工程费、措施项目费、其他项目费、规费、税金组成，分部分项工程费、措施项目费、其他项目费包含人工费、材料费、施工机具使用费、企业管理费和利润，如图 3.4 所示。

1) 分部分项工程费

分部分项工程费是指各专业工程的分部分项工程应予列支的各项费用。

(1) 专业工程：是指按现行国家计量规范划分的房屋建筑与装饰工程、仿古建筑工程、通用安装工程、市政工程、园林绿化工程、矿山工程、构筑物工程、城市轨道交通工程、爆破工程等各类工程。

(2) 分部分项工程：是指按现行国家计量规范对各专业工程划分的项目，如房屋建筑与装饰工程中划分的土石方工程、地基处理与桩基工程、砌筑工程、钢筋及钢筋混凝土工程等。

各类专业工程的分部分项工程划分见现行国家或行业计量规范。

2) 措施项目费

措施项目费是指为完成建设工程施工，发生于该工程施工前和施工过程中的技术、生活、安全、环境等方面的费用。

(1) 安全文明施工费。

① 环境保护费：是指施工现场为达到环保部门要求所需要的各项费用。

② 文明施工费：是指施工现场文明施工所需要的各项费用。

③ 安全施工费：是指施工现场安全施工所需要的各项费用。

④ 临时设施费：是指施工企业为进行建设工程施工所必须搭设的生活和生产用的临时建筑物、构筑物和其他临时设施费用，包括临时设施的搭设、维修、拆除、清理费或摊销费等。

(2) 夜间施工增加费：是指因夜间施工所发生的夜班补助费、夜间施工降效、夜间施工照明设备摊销及照明用电等费用。

(3) 二次搬运费：是指因施工场地条件限制而发生的材料、构配件、半成品等一次运输不能到达堆放地点，必须进行二次或多次搬运所发生的费用。

(4) 冬雨季施工增加费：是指在冬季或雨季施工需增加的临时设施、防滑、排除雨雪，人工及施工机械效率降低等费用。

(5) 已完工程及设备保护费：是指竣工验收前，对已完工程及设备采取必要保护措施所发生的费用。

(6) 工程定位复测费：是指工程施工过程中进行全部施工测量放线和复测工作的费用。

(7) 特殊地区施工增加费：是指工程在沙漠或其边缘地区、高海拔、高寒、原始森林等特殊地区施工增加的费用。

(8) 大型机械设备进出场及安拆费：是指机械整体或分体自停车放场地运至施工现场或由一个施工地点运至另一个施工地点，所发生的机械进出场及转移费用，以及机械在施工现场进行安装、拆卸所需的人工费、材料费、机械费、试运转费和安装所需的辅助设施的费用。

(9) 脚手架工程费：是指施工需要的各种脚手架搭、拆、运输费用，以及脚手架购置费的摊销(或租赁)费用。

措施项目及其包含的内容详见各类专业工程的现行国家或行业计量规范。

3) 其他项目费

(1) 暂列金额：是指建设单位在工程量清单中暂定并包括在工程合同价款中的一笔款项。用于施工合同签订时尚未确定或者不可预见的所需材料、工程设备、服务的采购，施工中可能发生的工程变更、合同约定调整因素出现时的工程价款调整，以及发生的索赔、现场签证确认等的费用。

(2) 计工日：是指在施工过程中，施工企业完成建设单位提出的施工图纸以外的零星项目或工作所需的费用。

(3) 总承包服务费：是指总承包人为配合、协调建设单位进行的专业工程发包，对建设单位自行采购的材料、工程设备等进行保管，以及施工现场管理、竣工资料汇总整理等服务所需的费用。

4) 规费

规费是指按国家法律、法规规定，由省级政府和省级有关权力部门规定必须缴纳或计取的费用，包括以下费用。

(1) 社会保险费。

① 养老保险费：是指企业按照规定标准为职工缴纳的基本养老保险费。

② 失业保险费：是指企业按照规定标准为职工缴纳的失业保险费。

③ 医疗保险费：是指企业按照规定标准为职工缴纳的基本医疗保险费。

④ 生育保险费：是指企业按照规定标准为职工缴纳的生育保险费。

⑤ 工伤保险费：是指企业按照规定标准为职工缴纳的工伤保险费。

(2) 住房公积金：是指企业按照规定标准为职工缴纳的住房公积金。

(3) 工程排污费：是指按照规定缴纳的施工现场工程排污费。

其他应列而未列入的规费，按实际发生计取。

5) 税金

税金是指国家税法规定的应计入建筑安装工程造价内的营业税、城市维护建设税、教育费附加以及地方教育附加。

4.3.2 综合单价的概念及计算方法

1．综合单价的概念

“综合单价”是相对于工程量清单计价而言的，是对完成一个规定计量单位的分部分项清单项目或措施清单项目所需的人工费、材料费、施工机械使用费、企业管理费、利润以及包含一定范围风险因素的价格表示，即

综合单价=人工费+材料费+机械使用费+管理费+利润+承包商承担的风险

综合单价的项目是工程量清单项目，而不是预算定额中按施工工序划分的定额项目。工程量清单项目的划分，一般是以一个“综合实体”来划分，一般包括多项定额项目的工作内容，而现行定额项目划分一般是以施工工序进行设置，工作内容基本是单一的。

2．综合单价的计算方法

1) 人工费、材料费、机械使用费的计算

人工费、材料费、机械使用费计算方法见表 4-11。

表 4-11　人工费、材料费、机械使用费计算方法

费用名称	计算方法
人工费	$\sum$(分部分项工程量×人工消耗量定额×人工工日单价)
材料费	$\sum$(分部分项工程量×材料消耗量定额×材料单价)
机械使用费	$\sum$(分部分项工程量×机械台班消耗量定额×机械台班单价)

2) 管理费的计算

$$管理费=计算基数×管理费率 \tag{4-57}$$

管理费率按分部分项工程管理费费率表取定，具体见各省市的建设工程造价计价规则。

3) 利润的计算

$$利润=计算基数×利润率 \tag{4-58}$$

利润率(社会平均参考值)一般按照工程类别来取定，具体见各省市的建设工程造价计价规则。

4) 综合单价的计算

综合单价的计算见分部分项工程量清单综合单价分析表，见表 4-12。

表 4-12 综合单价分析表

工程名称： 标段： 第 页 共 页

项目编码		项目名称					计量单位		工程量				
清单综合单价组成明细													
定额编号	定额项目名称	定额单位	数量	单价					合价				
				人工费	材料费	机械费	管理费	利润	人工费	材料费	机械费	管理费	利润
人工单价	小计												
元/工日	未计价材料费												
清单项目综合单价													
材料费明细	主要材料名称、规格、型号				单位	数量			单价(元)	合价(元)	暂估单价(元)	暂估合价(元)	
	其他材料费								—		—		
	材料费小计								—		—		

注：1．如不使用省级或行业建设行政主管部门发布的计价依据，可不填定额项目、编号等。

2．招标文件提供了暂估单价的材料，按暂估的单价填入表内“暂估单价”栏及“暂估合价”栏。

4.3.3 综合单价法计价实例

【例 4-6】 某工程地基土为三类，钢筋混凝土独立基础下的混凝土垫层设计尺寸为3.0m×2.4m，基坑挖深为1.8m。采用人工挖土方，弃土运距为100m，试分析计算人工挖基坑综合单价(本例人工费取定27.72元/工日)。

【解】(1) 按《清单计价规范》的工程量计算规则计算的土方量为12.96m^3。

(2) 考虑各种措施后计算的实际土方量为27.34m^3。

(3) 按清单细目指导，可参考《××省建筑工程消耗量定额》的相关子目，见表4-13。

表 4-13 《××省建筑工程消耗量定额》的相关子目 单位：100m^3

定额	01010004	01010011	01010012
项目	人工挖沟槽	人工运土方	
	三类土		
	深度(m以内)	20m以内	每增加20m
	2		

续表

小计(元)				1600.04	565.49	126.4
其中	人工费(元)			1595.29	565.49	126.4
	材料费(元)			—	—	—
	机械费(元)			5.35	—	—
	名称	单位	单价	定额消耗量		
人工	综合人工	工日	27.72	57.55	20.400	4.560
机械	夯实机 20～62N·m	台班	16.93	0.316		—

(4) 综合单价列式计算如下。

【01010004】人工挖基坑(三类土、深2m以内)

人工费=57.55工日/(100m^3)×27.72元/综合工日×0.0211=33.66元/m^3

机械费=0.316台班/(100m^3)×16.93元/台班×0.0211=0.113元/m^3

【01010011】人工运土方(运距20m以内)

人工费=20.4工日/(100m^3)×27.72元/综合工日×0.0211=11.93元/m^3

【01010012】人工运土方(每增加20m，共80m)

人工费=4.56工日/(100m^3)×4×27.72元/综合工日×0.0211=10.67元/m^3

综合单价的直接费(人机费)=33.66+0.113+11.93+10.67=56.37(元/m^3)

按《××省计价规则》规定，土石方工程管理费为分部分项工程人、机费用之和的27%；若该工程划为土建二类，利润为分部分项工程人、机费用之和的21%。

综合单价=56.37+56.37×(0.27+0.21)=83.43(元/m^3)

表格计算见表4-14。

表4-14　分部分项工程量清单综合单价分析表

工程名称：　　　　标段：　　　　第　页　共　页

项目编码	010101003004	项目名称	挖基础土	计量单位	m^3	清单工程量	12.96

清单综合单价组成明细

定额编号	定额子目名称	定额单位	数量	单价					合价				
				人工费	材料费	机械费	管理费	利润	人工费	材料费	机械费	管理费	利润
01010004	人工挖基坑(三类土、深2m以内)	100m^3	0.274	1595.286	0	5.3499	432.17	336.13	436.31	0	1.46	118.2	91.93
01010011	人力运土方(运距20m以内)	100m^3	0.274	565.48	0	0	152.68	118.75	154.66	0		41.76	32.48
01010012×4	人力运土方(每增加20m，共80m)	100m^3	0.274	505.61	0.00	0.00	136.52	106.18	138.28	0.00		37.34	29.04

续表

项目编码	010101003004	项目名称	挖基础土					计量单位	m^3		清单工程量		12.96
清单综合单价组成明细													
定额编号	定额子目名称	定额单位	数量	单价					合价				
				人工费	材料费	机械费	管理费	利润	人工费	材料费	机械费	管理费	利润
(三类工)人工单价		小　计							729.26	0.00	1.46	197.29	153.45
(27．72)元/工日		未计价材料费											
清单项目综合单价									83.43				

材料费明细	主要材料名称、规格、型号	单位	数量	单价(元)	合价(元)	暂估单价(元)	暂估合价(元)
	其他材料费			—		—	
	材料费小计			—		—	

注：1．如不使用省级或行业建设行政主管部门发布的计价依据，可不填定额项目、编号等。

2．招标文件提供了暂估单价的材料，按暂估的单价填入表内“暂估单价”栏及“暂估合价”栏。

本章小结

本章主要介绍了工程造价计价模式概述及其分类。

定额计价模式的主要介绍内容是定额的概述、特点和分类，建筑安装工程人工、材料、机械台班消耗量定额的确定，建筑安装工程人工、材料、机械台班单价的确定，建筑安装工程定额费用的构成。

工程量清单计价模式主要介绍工程量概述、综合单价的概念及其计算方法。工程量清单计价模式要求熟悉工程量清单编码的设置，掌握综合单价的组成与计算。

案例分析

【案例 1】背景资料：

某预制异形梁共 4 根，每根梁截面积为 $0.3m^2$，长为 5.8m[混凝土制作按现场搅拌机拌制，为 C30 混凝土(20 石、水泥 42.5)]场内运输 2.5km。试求预制构件(异形梁)的清单工程量和综合单价。要求：按步聚写出清单工程量和计价工程量的计算过程，综合单价计算分析填入表格。预制混凝土异形梁的清单编码为 010410001，管理费按一类地区计取，利润按人工费的 30%计取，人、材、机单价全部按《广东省建筑与装饰工程综合定额(2010)》计取。

【解】计算过程如下。

1．工程量计算(表 4-15)

表 4-15　工程量计算表

工程量计算书

一、清单工程量

$$0.3\times5.8\times4=6.96(m^3)$$

二、报价工程量

1．预制混凝土构件制作

$$0.3\times5.8\times4\times(1+2.5\%)=7.134(m^3)$$

2．预制混凝土构件混凝土制作

$$7.134\times1.01=7.205(m^3)$$

3．预制混凝土构件运输

$$0.3\times5.8\times4=6.96(m^3)$$

4．预制混凝土构件安装

$$0.3\times5.8\times4=6.96(m^3)$$

2．综合单价分析(表 4-16)

表 4-16　分部分项工程量清单综合单价分析表

工程名称：　　标段：　　第　页　共　页

项目编码	010410001001	项目名称	预制钢筋混凝土异形梁	计量单位	m^3	清单工程量	6.96

清单综合单价组成明细

定额编号	定额子目名称	定额单位	数量	单价					合价				
				人工费	材料费	机械费	管理费	利润	人工费	材料费	机械费	管理费	利润
A4-211	预制混凝土构件制作	$10m^3$	0.7134	225.12	23.42	206.92	103.52	67.54	160.60	16.71	147.62	73.85	48.18
A4-53 换	预制混凝土构件混凝土制作	$10m^3$	0.7205	74.16	2143.86	60.62	32.28	22.25	53.43	1544.65	43.68	23.26	16.03
A4-279+280×2	预制混凝土构件运输	$10m^3$	0.696	70.80	10.88	775.80	202.84	21.24	49.28	7.57	539.96	141.18	14.78

续表

项目编码	010410001001		项目名称	预制钢筋混凝土异形梁					计量单位	m^3		清单工程量	6.96
清单综合单价组成明细													
定额编号	定额子目名称	定额单位	数量	单价					合价				
				人工费	材料费	机械费	管理费	利润	人工费	材料费	机械费	管理费	利润
A4-255	预制混凝土构件安装	$10m^3$	0.696	431.28	241.90	244.22	161.90	129.38	300.17	168.36	169.98	112.68	90.05
(三类工)人工单价		小　计							300.17	168.36	169.98	112.68	90.05
(24)元/工日		未计价材料费											
清单项目综合单价									534.77				
材料费明细	主要材料名称、规格、型号					单位	数量		单价(元)	合价(元)	暂估单价(元)	暂估合价(元)	
	C30 混凝土(20 石，42.5 水泥)					m^3	7.025						
	其余略												
	其他材料费								—		—		
	材料费小计								—		—		

注：1．如不使用省级或行业建设行政主管部门发布的计价依据，可不填定额项目、编号等。

2．招标文件提供了暂估单价的材料，按暂估的单价填入表内“暂估单价”栏及“暂估合价”栏。

【案例 2】背景资料：

现浇钢筋混凝土单层厂房，屋面板顶面标高 5.2m；柱基础顶面标高-0.3m；柱截面尺寸为：Z1 为 300mm×400mm，Z2 为 400mm×500mm，Z3 为 300mm×400mm，每根柱各 4 根；用 C20 商品混凝土 20 石泵送，试求矩形柱的清单工程量，填写综合单价分析表(矩形柱的清单编码为 010502001001，管理费按一类地区计取，利润按人工费的 18%计取，人、材、机单价全部按《广东省建筑与装饰工程综合定额(2010)》计取)。

【解】计算过程如下。

1．工程量计算

Z1：$0.3\times0.4\times5.5\times4=2.64(m^3)$

Z2：$0.4\times0.5\times5.5\times4=4.40(m^3)$

Z3：$0.3\times0.4\times5.5\times4=2.64(m^3)$

合计：$2.64+4.40+2.64=9.68(m^3)$

2. 综合单价分析表(表 4-17)

表 4-17 综合单价分析表

工程名称: 标段: 第 页 共 页

项目编码	010502001001	项目名称		矩形柱					计量单位	m^3	工程量		9.68
清单综合单价组成明细													
定额编号	定额项目名称	定额单位	数量	单价					合价				
				人工费	材料费	机械费	管理费	利润	人工费	材料费	机械费	管理费	利润
A4-5	矩形、多边形、异形、圆形柱	10m^3	0.1	591.6	15.27	14.37	174.22	106.49	59.16	1.53	1.44	16.864	10.31
8021903	普通商品混凝土 C20(碎石粒径 20 石)	m^3	1.01	0	240	0	0	0	0	242.4	0	0	0
A26-3	混凝土泵送增加费商品混凝土(不计算超高降效)	10m^3	0.1	8.67	50.89	47.61	16.18	1.56	0.87	5.09	4.76	1.566	0.15
人工单价		小计							60.03	249.02	6.2	18.43	10.46
综合工日 51 元/工日		未计价材料费							0				
清单项目综合单价									345.10				

材料费明细	主要材料名称、规格、型号	单位	数量	单价(元)	合价(元)	暂估单价(元)	暂估合价(元)
	水	m^3	0.575	2.8	1.61		
	其他材料费	元	0.254	1	0.25		
	普通商品混凝土 C20(碎石粒径 20 石)	m^3	1.01	240	242.4		
	中砂	m^3	0.009	49.98	0.45		
	碎石 20	m^3	0.013	65.79	0.86		
	复合普通硅酸盐水泥 P.O42.5	t	0.0058	352.77	2.05		
	圆钉 50～75	kg	0.02	4.36	0.09		
	松杂板枋材	m^3	0.001	1313.5	1.31		
	材料费小计			—	249.02	—	

注：1. 如不使用省级或行业建设行政主管部门发布的计价依据，可不填定额项目、编号等。

2. 招标文件提供了暂估单价的材料，按暂估的单价填入表内“暂估单价”栏及“暂估合价”栏。

思考与练习

一、单项选择题

1. 工程定额的分类标准通常不包括(　　)。

A. 按生产要素内容分类　　B. 按编制程序和用途分类

C. 按专业性质分类　　D. 按编制单位和适用范围分类

2. 按编制程序和定额的用途分类，工程定额包括(　　)。

A. 行业定额　　B. 国家定额　　C. 企业定额　　D. 预算定额

3. 企业定额水平应(　　)国家、行业和地区定额，才能适应投标报价，增强市场竞争能力的要求。

A. 高于　　B. 低于　　C. 等于　　D. 不高于

4. 根据《建筑安装工程费用项目组成》(建标[2013]44号)文件的规定,规费不包括(　　)。

A. 工程排污费　　B. 社会保险费　　C. 文明施工费　　D. 住房公积金

5. 根据《建筑安装工程费用项目组成》(建标[2013]44 号)文件的规定，当建筑安装工程费按照费用构成要素划分时，下列属于建筑安装工程费的是(　　)。

A. 分部分项工程费、措施项目费、土地使用费、预备费、设备购置费

B. 分部分项工程费、措施项目费、其他项目费、规费、税金

C. 人工费、材料费、施工机具使用费、预备费、利润、规费和城市维护建设税

D. 人工费、材料费、施工机具使用费、企业管理费、利润、规费和税金

6. 根据《建筑安装工程费用项目组成》(建标[2013]44 号)文件的规定，劳动保护费属于以下哪类费用？(　　)

A. 企业管理费　　B. 人工费　　C. 规费　　D. 安全保护费

7. 在项目建议书和可行性研究阶段计算投资需要量时使用的定额是(　　)。

A. 投资估算指标　　B. 预算定额　　C. 施工定额　　D. 概算指标

8. 下列方法中，属于人工定额制定方法的是(　　)。

A. 理论计算法　　B. 统计分析法　　C. 指标估算法　　D. 工种分类法

9. 机械台班消耗量中，时间定额和产量定额的关系是(　　)。

A. 正比关系　　B. 互为倒数　　C. 没有关系　　D. 反比关系

10. 一台混凝土搅拌机的纯工作正常生产率是 2t/h，其工作班延续时间 7h，机械正常利用系数为 0.85，则施工机械的时间定额为(　　)台班/t。

A. 0.0417　　B. 0.0625　　C. 0.1042　　D. 0.0840

11. 根据《建设工程工程量清单计价规范》，某项目编码为 010203004005，其中 02 的含义是(　　)。

A. 清单项目名称顺序码　　B. 分项工程名称顺序码

C. 分部工程顺序码　　D. 专业工程顺序码

12. 按《建设工程工程量清单计价规范》规定，工程量清单计价应采用(　　)。

A. 工料单价法　　B. 综合单价法　　C. 扩大单价法　　D. 预算单价法

13. 根据《建设工程工程量清单计价规范》，大型机械进出场及安拆项目应列在(　　)中。

A. 分部工程量清单　　B. 措施项目清单

C. 其他项目清单　　D. 分项工程量清单

14. 根据《建设工程工程量清单计价规范》，总承包服务费应列在(　　)中。

A. 分部工程量清单　　B. 措施项目清单

C. 其他项目清单　　D. 分项工程量清单

15. 在《建设工程工程量清单计价规范》中，其他项目清单一般包括(　　)。

A. 预备金、分包费、材料费、机械使用费

B. 预留金、材料购置费、总承包服务费、零星工作项目费

C. 总承包管理费、材料购置费、预留金、风险费

D. 预留金、总承包费、分包费、材料购置费

二、多项选择题

1. 工程定额按编制程序和用途分类，可以分为(　　)。

A. 施工定额　　B. 概算定额

C. 投资估算指标　　D. 材料消耗定额

E. 机械台班定额

2. 按照编制单位和适用范围，可将工程定额分为(　　)。

A. 国家定额　　B. 行业定额

C. 地区定额　　D. 专业专用定额

E. 企业定额

3. 按照反映的生产要素消耗内容，可将工程定额分为(　　)。

A. 建筑工程定额　　B. 安装工程定额

C. 人工定额　　D. 材料消耗定额

E. 机械台班定额

4. 机械时间定额包括(　　)。

A. 有效工作时间　　B. 不可避免的中断时间

C. 辅助工作时间　　D. 准备与结束时间

E. 不可避免的无负荷工作时间

5. 工程建设定额中属于计价性定额的有(　　)。

A. 费用定额　　B. 概算定额

C. 预算定额　　D. 施工定额

E. 投资估算定额

6. 工程量清单计价通常由(　　)组成。

A. 分部分项工程费　　B. 措施项目费

C. 项目开办费　　D. 其他项目费

E. 规费和税金

7. 根据《建筑安装工程费用项目组成》(建标[2013]44 号)文件的规定，下列费用中属于人工费的是(　　)。

A. 施工机械的司机工资　　B. 奖金
C. 计时工资或计件工资　　D. 津贴、补贴
E. 加班加点工资

8. 按建标[2013]44 号文的规定，下列各项中属于建筑安装工程施工机械使用费的有(　　)。

A. 折旧费　　B. 大修理费
C. 大型机械设备进出场及安拆费　　D. 经常修理费
E. 人工费

9. 按建标[2013]44 号文的规定，下列属于企业管理费的是(　　)。

A. 住房公积金　　B. 社会保障费　　C. 工具、用具使用费
D. 办公费　　E. 工会经费

10. 按《建设工程工程量清单计价规范》的规定，分部分项工程量清单应按统一的(　　)进行编制。

A. 项目编码　　B. 项目名称　　C. 项目特征
D. 计量单位　　E. 工程量计算规则

三、计算题

某工程现场采用出料容量为 500L 的混凝土搅拌机，每一次循环中，装料、搅拌、卸料、中断需要的时间分别为 1min、3min、1min、1min，机械正常利用系数为 0.9，则该机械的台班产量为多少？

第5章 建设项目决策和设计阶段造价的计价与控制

教学目标

本章主要介绍了建设项目投资估算、设计概算和施工图预算的编制方法。通过对本章的学习，要求学生掌握投资估算、设计概算和施工图预算的编制方法，静态投资回收期的计算；熟悉财务评价指标和指标计算，工程的设计阶段划分，限额设计；了解可行性研究报告的主要内容和作用，设计方案比选、功能评价方法，价值工程在设计方案优化中的应用和在成本控制中的应用。

教学要求

知识要点	能力要求	相关知识
建设项目投资估算、设计概算和施工图预算的编制方法	(1) 能够根据工程已知条件，利用生产能力指数法、系数估算法、比例估算法及指标估算法估算建设项目静态投资 (2) 能够应用多指标评价法、投资回收期法及价值工程法对设计方案进行评比及优化 (3) 能够根据工程已知条件，利用概算定额法、概算指标法、类似工程预算法编制单位工程概算 (4) 掌握三级概算的内容组成 (5) 能够根据工程已知条件，利用工料单价法、综合单价法编制施工图预算	(1) 静态投资估算 (2) 流动资金估算 (3) 设计方案的评价及优化方法 (4) 三级概算的内容组成 (5) 单位工程概算的编制方法 (6) 施工图预算的编制方法

引言

控制工程造价的关键在于项目实施之前的决策和设计阶段，项目决策是决定因素，而设计是关键因素。据统计资料显示，在项目决策阶段和设计阶段影响建设项目造价的可能性为30%～75%。

5.1 投资决策

5.1.1 投资决策概述

1．投资决策的含义

项目投资决策是选择和决定投资行动方案的过程，是对拟建项目的必要性和可行性进行技术经济论证，对不同建设方案进行技术经济比较并做出判断和决定的过程。项目决策正确与否，不仅关系到项目建设的成败，也关系到将来工程造价的高低，正确的决策是合理确定与控制工程造价的前提。

2．建设项目决策与工程造价的关系

1) 建设项目投资决策的正确性是工程造价合理性的前提

建设项目投资决策正确，意味着对项目建设做出科学的决断，优选出最佳投资行动方案，达到资源的合理配置，这样才能合理确定工程造价，并在实施最优投资方案过程中有效地控制工程造价，否则将造成人力、财力、物力的浪费，甚至造成不可弥补的损失。项目决策失误，主要体现在对不该建设的项目进行投资建设，或者项目建设地点的选择错误，或者投资方案的确定不合理等。因此，要达到工程造价合理性，首先就要保证建设项目决策的正确性，避免决策失误。

2) 建设项目决策的内容是决定工程造价的基础

工程造价计价与控制贯穿于建设项目的全过程，但投资决策阶段各项技术经济分析与判断对项目的造价有重大影响，特别是建设标准的高低，建设地点的选择，生产设备、工艺技术的评选及设备选用等，直接关系到工程造价的高低。据有关资料统计，在项目建设各阶段中，投资决策影响工程造价的程度最高，达到 70%～90%。因此，建设项目决策阶段是决定工程造价的基础阶段，直接影响着决策阶段之后的各个建设阶段工程造价的计价与控制是否科学、合理的问题。

3) 工程造价的高低影响项目的最终决策

决策阶段对工程造价的估算即投资估算，其结果的高低是投资方案选择的重要依据之一，同时也是决定项目是否可行以及有关部门审批的参考依据，因此，工程造价的高低也影响项目的最终决策。

4) 项目决策的深度影响投资估算的精确度，也影响工程造价的控制效果

建设项目投资决策过程，是一个由浅入深、不断深化的过程，不同决策阶段的深度不同，投资估算的精确度也不同。如投资机会研究及项目建议书阶段是初步决策阶段，投资估算的误差率在±30%左右；而详细可行性研究阶段是最终决策阶段，投资估算的误差率在±10%以内。另外，由于在项目建设各阶段中，即决策阶段、初步设计阶段、技术设计阶段、施工图设计阶段、工程招投标及承发包阶段、施工阶段及竣工验收阶段，通过工程造价的

确定与控制，相应形成投资估算、设计概算、修正概算、施工图预算、承包合同价、结算价及竣工决算。这些造价形式之间存在着前者控制后者，后者补充前者的相互作用关系。按照"前者控制后者"的制约关系，意味着投资估算对其后面的各种形式的造价起着制约作用，作为限额目标。由此可见，只有加强项目决策的深度，采用科学的估算方法和可靠的数据资料，合理地计算投资估算，保证投资估算充足，才能保证其他阶段的造价被控制在合理范围，使投资控制目标能够实现，避免"三超"现象的发生。

3. 可行性研究的概念、作用及编制内容

1) 可行性研究的概念

建设项目的可行性研究是在投资决策前，对与拟建项目有关的社会、经济、技术等各方面进行深入细致的调查研究，对各种可能拟定的技术方案和建设方案进行认真的技术经济分析和比较论证，对项目建成后的经济效益进行科学的预测和评价。在此基础上，对拟建项目的技术先进性和适用性、经济合理性和有效性、建设必要性和可行性进行全面分析、系统论证、多方案比较和综合评价，由此得出该项目是否应该投资和如何投资等结论性意见，为项目投资决策提供可靠的科学依据。

一项好的可行性研究，应该向投资者推荐技术经济最优的方案，使投资者明确项目具有多大的财务获利能力，投资风险有多高，是否值得投资建设；同时可使主管部门明确，从国家的角度看该项目是否值得支持和批准；使银行和其他资金供给者明确，该项目能否按期或者提前偿还他们提供的资金。

2) 可行性研究的作用

在建设项目的整个寿命期中，前期工作具有决定性的意义，起着极端重要的作用。而作为建设项目投资前期工作的核心和重点的可行性研究工作，一经批准，在整个项目寿命周期中，就会发挥极其重要的作用，具体体现在以下几个方面。

(1) 可行性研究可作为建设项目投资决策的依据。可行性研究作为一种投资决策方法，从市场、技术、工程建设、经济及社会等多方面对建设项目进行全面综合的分析和论证，以其结论进行投资决策可大大提高投资决策的科学性。

(2) 可行性研究可作为编制设计文件的依据。可行性研究报告一经审批通过，就意味着该项目正式批准立项，可以进行初步设计。在可行性研究工作中，对项目选址、建设规模、主要生产流程、设备选型等方面都进行了比较详细的论证和研究，设计文件的编制应以可行性研究报告为依据。

(3) 可行性研究可作为向银行贷款的依据。在可行性研究工作中，详细预测了项目的财务效益、经济效益及贷款偿还能力。世界银行等国际金融组织，均把可行性研究报告作为申请工程项目贷款的先决条件。我国的金融机构在审批建设项目贷款时，也都以可行性研究报告为依据，对建设项目进行全面、细致的分析评估，确认项目的偿还能力及风险水平后，才做出是否贷款的决策。

(4) 可行性研究可作为建设项目与各协作单位签订合同和有关协议的依据。在可行性研究工作中，对建设规模、主要生产流程及设备选型等都进行了充分的论证。建设单位在与有关协作单位签订原材料、燃料、动力、工程建筑、设备采购等方面的协议时，应以批准的可行性研究报告为基础，保证预定建设目标的实现。

(5) 可行性研究可作为环保部门、地方政府和规划部门审批项目的依据。建设项目开工前，需地方政府批拨土地，规划部门审查项目建设是否符合城市规划，环保部门审查项目对环境的影响。这些审查都以可行性研究报告中总图布置、环境及生态保护方案等方面的论证为依据。因此，可行性研究报告为建设项目申请建设执照提供了依据。

(6) 可行性研究可作为施工组织、工程进度安排及竣工验收的依据。可行性研究报告对以上工作都有明确的要求，所以可行性研究又是检验施工进度及工程质量的依据。

(7) 可行性研究可作为项目后评估的依据。建设项目后评估是在项目建成运营一段时间后，评价项目实际运营效果是否达到预期目标。建设项目的预期目标是在可行性研究报告中确定的，因此，后评估应以可行性研究报告为依据，评价项目目标的实现程度。

3) 可行性研究的编制内容

项目可行性研究是在对建设项目进行深入细致的技术经济论证的基础上做多方案的比较和优选，提出结论性意见和重大措施建议，为决策部门最终决策提供科学依据，因此，它的内容应能满足作为项目投资决策的基础和重要依据的要求。可行性研究的基本内容和研究深度应符合国家规定，一般工业建设项目的可行性研究应包含以下几个方面的内容。

(1) 总论。总论部分包括项目背景、项目概况和问题与建议三部分。

(2) 市场预测。市场预测包括产品市场供应预测、产品市场需求预测、产品目标市场分析、价格现状与预测、市场竞争力分析、市场风险。

(3) 资源条件评价。只有资源开发项目的可行性研究才包含此项。资源条件评价包括资源可利用量、资源品质情况、资源贮存条件和资源开发价值。

(4) 建设规模与产品方案。

① 建设规模。建设规模包括建设规模方案比选及其结果、推荐方案及理由。

② 产品方案。产品方案包括产品方案构成、产品方案比选及其结果、推荐方案及理由。

(5) 厂址选择。厂址选择包括厂址所在位置现状、建设条件及厂址条件比选三个方面。

(6) 技术方案、设备方案和工程方案。

① 技术方案。技术方案包括生产方法、工艺流程、工艺技术来源及推荐方案的主要工艺。

② 设备方案。设备方案包括主要设备选型、来源和推荐的设备清单。

③ 工程方案。工程方案主要包括建筑物、构筑物的建筑特征、结构及面积等。

(7) 主要原材料、燃料供应。主要原材料、燃料供应主要论述生产所需的原材料、燃料的数量及来源。

(8) 总图布置、场内外运输与公用辅助工程。

① 总图布置。总图布置包括平面布置、竖向布置、总平面布置及指标表。

② 场内外运输。场内外运输包括场内外运输量和运输方式、场内运输设备及设施。

③ 公用辅助工程。公用辅助工程包括给排水、供电、通信、供热、通风、维修、仓储等工程设施。

(9) 能源和资源节约措施。能源和资源节约措施包括提出能源和资源节约措施，并进行能源和资源消耗指标分析。

(10) 环境影响评价。环境影响评价包括厂址环境条件、项目建设和生产对环境的影响、环境保护措施方案及投资和环境影响评价。

(11) 劳动安全卫生与消防。分析论证项目建设和生产过程中存在的对劳动者和财产可能产生的不安全因素，并提出相应的防范措施。

(12) 组织机构与人力资源配置。

① 组织机构。组织机构主要包括项目法人组建方案、管理机构组织方案和体系。

② 人力资源配置。人力资源配置包括生产作业班次、劳动定员数量及技能素质要求、员工培训计划等。

(13) 项目实施进度。项目实施进度包括项目建设工期、项目实施进度计划、资金投入计划等。

(14) 投资估算。投资估算是指估算项目建设所需的总投资，包括建设投资、建设期贷款利息和流动资金三部分。

(15) 融资方案。融资方案包括研究拟建项目的资金来源、融资渠道、融资成本、融资风险等。

(16) 项目的经济评价。项目的经济评价包括项目财务评价和国民经济评价，并通过有关指标的计算，进行盈利能力分析和偿债能力分析，得出经济评价结论。

(17) 社会评价。社会评价包括项目的社会影响分析、项目与所在地区的互适性分析和社会风险分析，并得出评价结论。

(18) 风险分析。项目风险分析贯穿于项目建设和生产运营的全过程，风险分析的目的是揭示项目潜在的风险，提出规避风险的对策，降低风险损失。

(19) 研究结论与建议。在前面各项研究论证的基础上，从技术、经济、社会、财务等各个方面综合论述项目的可行性，推荐一个或几个方案供决策参考，指出项目存在的问题和改进意见，得出最终的结论性意见。

可以看出，建设项目可行性研究报告的内容可概括为三大部分：首先是市场研究，包括产品的市场调查和预测研究，这是项目可行性研究的前提和基础，其主要任务是要解决项目的“必要性”问题；第二是技术研究，即技术方案和建设条件研究，这是项目可行性研究的技术基础，它是要解决项目在技术上的“可行性”问题；第三是效益研究，即经济效益的分析和评价，这是项目可行性研究的核心部分，主要是解决项目在经济上的“合理性”问题。市场研究、技术研究和效益研究共同构成项目可行性研究的三大支柱。

5.1.2 投资估算

投资估算是指在项目投资决策过程中，依据现有的资料和特定的方法，对建设项目的投资数额进行的估计。它是项目建设前期编制项目建议书和可行性研究报告的重要组成部分，是项目决策的重要依据之一。投资估算的准确与否不仅影响到可行性研究工作的质量和经济评价结果，而且也直接关系到下一阶段设计概算和施工图预算的编制，对建设项目资金筹措方案也有直接的影响。因此，全面准确地估算建设项目的工程造价，是可行性研究乃至整个决策阶段造价管理的重要任务。

1．我国项目投资估算的阶段划分与精度要求

在我国，项目投资估算是指在做初步设计之前各工作阶段均须进行的一项工作。在做工程初步设计之前，根据需要可委托设计单位编制项目规划、项目建议书和可行性研究，同时应根据项目已明确的技术经济条件，编制和估算出精确度不同的投资估算额。我国建设项目的投资估算分为以下几个阶段。

1) 项目规划阶段的投资估算

建设项目规划阶段是指有关部门根据国民经济发展规划、地区发展规划和行业发展规划的要求，编制一个建设项目的建设规划。此阶段是按项目规划的要求和内容，粗略地估算建设项目所需要的投资额，其对投资估算精度的要求为允许误差小于±30%。

2) 项目建议书阶段的投资估算

在项目建议书阶段，是按项目建议书中的产品方案、项目建设规模、产品主要生产工艺、企业车间组成、初选建厂地点等，估算建设项目所需要的投资额，其对投资估算精度的要求为误差控制在±30%以内。此阶段投资估算的意义是可据此判断一个项目是否需要进行下一阶段的工作。

3) 初步可行性研究阶段的投资估算

初步可行性研究阶段，是在掌握了更详细、更深入的资料的条件下，估算建设项目所需要的投资额，其对投资估算精度的要求为误差控制在±20%以内。此阶段投资估算的意义是据以确定是否进行详细可行性研究。

4) 详细可行性研究阶段的投资估算

详细可行性研究阶段的投资估算至关重要，因为这个阶段的投资估算经审查批准之后，便是工程设计任务书中规定的项目投资限额，并可据此列入项目年度基本建设计划。其对投资估算精度的要求为误差控制在±10%以内。

2．投资估算的内容

根据相关规定，建设项目总投资包括建设投资、建设期贷款利息和流动资金之和。

建设投资估算的内容按照费用的性质划分，包括建筑工程费、设备及工器具购置费、安装工程费、工程建设其他费用、基本预备费、涨价预备费六个部分。其中，建筑工程费、设备及工器具购置费、安装工程费直接形成实体固定资产，被称为工程费用；工程建设其他费用可分别形成固定资产、无形资产和其他资产。基本预备费、涨价预备费、建设期贷款利息，在可行性研究阶段可简化计算，一并计入固定资产。

流动资金是指生产经营性项目投产后，用于购买原材料、燃料、支付工资及其他经营费用等所需的周转资金。它是伴随着固定资产投资而发生的长期占用的流动资产投资，流动资金=流动资产-流动负债。流动资金实际上就是财务中的营运资金。

3．建设投资估算方法

1) 建设投资中静态投资部分的估算

(1) 生产能力指数法。

它是根据已建成的类似项目的生产能力和投资额来粗略估算拟建项目投资额的方法，是对单位生产能力估算法的改进。其计算公式为：

$$C_2=C_1\left(\frac{Q_2}{Q_1}\right)^x f \tag{5-1}$$

式中：x——生产能力指数；

C_1——已建项目投资额；

C_2——拟建项目投资额；

Q_1——已建项目生产能力；

Q_2——拟建项目生产能力；

f——不同时间、不同地点定额、单价、费用变更等综合调整系数。

式(5-1)表明造价与规模(或容量)呈非线性关系，且单位造价随工程规模(或容量)的增大而减小。

生产能力指数法其误差可控制在±20%以内。

【例5-1】 已知年产25万t乙烯装置的投资额为45000万元，试估算拟建年产60万t乙烯装置的投资额(已知生产能力指数为0.7，综合调整系数为1.1)。

【解】 拟建年产60万t乙烯装置的投资额为：

$$C_2=C_1\left(\frac{Q_2}{Q_1}\right)^x f=45000\times(60\div25)^{0.7}\times1.1=91359.36(\text{万元})$$

(2) 系数估算法。

以拟建项目的主体工程费或主要设备费为基数，以其他工程费与主体工程费的百分比为系数估算项目总投资的方法。这种方法简单易行，但是精度较低，一般用于项目建议书阶段。

① 设备系数法。以拟建项目的设备费为基数，根据已建成的同类项目的建筑安装费和其他工程费等与设备价值的百分比，求出拟建项目的建筑安装工程费和其他工程费，进而求出建设项目的总投资。

$$C=E(1+f_1P_1+f_2P_2+f_3P_3+\cdots)+I \tag{5-2}$$

式中：C——拟建项目的投资；

E——拟建项目的设备费；

I——拟建项目的其他费；

P_1，P_2，$P_3\cdots$——已建项目建筑安装费及其他费所占设备费的比重；

F_1，F_2，$F_3\cdots$——是由于时间因素引起的定额、价格费用。

【例5-2】 A地于2007年8月拟兴建一年产40万t甲产品的工厂，现获得B地2003年10月投产的年产30万t甲产品类似厂的建设资料。B地类似厂的设备费为12400万元，建筑工程费为6000万元，安装工程费为4000万元，工程建设其他费用为2800万元。若拟建项目的工程建设其他费用为2500万元，考虑因2003—2007年时间因素导致的对设备费、建筑工程费、安装工程费、工程建设其他费用的综合调整系数分别为1.15、1.25、1.05、1.1，生产能力指数为0.6，估算拟建项目的静态投资。

【解】 (1) 求建筑工程费、安装工程费、工程建设其他费占设备费的百分比。

建筑工程费占设备费的百分比=6000÷12400=0.4839

安装工程费占设备费的百分比=4000÷12400=0.3226

工程建设其他费占设备费的百分比=2800÷12400=0.2258

(2) 估算拟建项目的静态投资。

$$C=E(1+f_1P_1+f_2P_2+f_3P_3+\dots)+I$$

$$=12400\times(40\div30)^{0.6}\div(1.15+1.25\div0.4839+1.05\times0.3226+1.1\times0.2258)+2500$$

$$=37011.91(\text{万元})$$

② 主体专业系数法。以拟建项目中投资比重较大，并与生产能力直接相关的工艺设备投资为基数，根据已建同类项目的有关统计资料，计算出拟建项目各专业工程(总图、土建、采暖、给排水、管道、电气、自控等)与工艺设备投资的百分比，据此求出拟建项目各专业的投资，然后加总即为项目总投资。

$$C=E(1+f_1P'_1+f_2P'_2+f_3P'_3+\cdots)+I \tag{5-3}$$

式中：P'_1，P'_2，P'_3…——已建项目各专业工程费占设备费的比重。

③ 朗格系数法。这种方法是以设备费为基数，乘以适当系数来推算项目的建设费用。

$$C=E(1+\sum K_i)K_c \tag{5-4}$$

式中：K_c——管理费、合同费、应急费等费用的总估算系数；

C——总建设费；

E——主要设备费；

K_i——管线仪表建筑物等项费用的估算系数。

总建设费用与设备费用之比为郎格系数K_L，即

$$K_L=(1+\sum K_i)K_c \tag{5-5}$$

朗格系数法的估算误差为10%～15%。

(3) 比例估算法。

根据统计资料，先求出已有同类企业主要设备投资占全厂建设投资的比例，然后再估算出拟建项目的主要设备投资，即可按比例求出拟建项目的建设投资。其表达式为：

$$I=\frac{1}{K}\sum_{i=1}^{n}Q_iP_i \tag{5-6}$$

式中：I——拟建项目的建设投资；

K——已建项目主要设备投资占拟建项目投资的比例；

N——设备种类数；

Q_i——第i种设备的数量；

P_i——第i种设备的单价(到厂价格)。

(4) 指标估算法。

这种方法是把建设项目划分为建筑工程、设备安装工程、设备及工器具购置费及其他基本建设费等费用项目或单位工程，再根据各种具体的投资估算指标，进行各项费用项目或单位工程投资的估算，在此基础上，可汇总成每一单项工程的投资。另外，再估算工程建设其他费用及预备费，即求得建设项目总投资。

2) 建设投资中动态部分的估算

建设投资动态部分主要是价格变动可能增加的投资额——涨价预备费，如果是涉外项目，还应该计算汇率的影响。动态部分的估算应以基准年静态投资的资金使用计划为基础来计算，汇率变化对涉外项目的影响包括：外币对人民币升值；外币对人民币贬值。

估计汇率变化对建设项目投资的影响，是通过预测汇率在项目建设期内的变动程度，以估算年份的投资额为基数，计算求得。

关于建设投资动态部分的估算详见第 3 章内容。

4．流动资金估算方法

1) 分项详细估算法

分项详细估算法是根据周转额与周转速度之间的关系，对构成流动资金的各项流动资产和流动负债分别进行估算。在可行性研究中，为简化计算，仅对存货、现金、应收账款、应付账款、预收账款和预付账款 6 项内容进行估算，其计算公式为：

流动资金=流动资产−流动负债

流动资产=应收账款+预付账款+存货+现金

流动负债=应付账款+预收账款

流动资金本年增加额=本年流动资金−上年流动资金

(1) 周转次数的计算。

周转次数=360/最低周转天数

各类流动资产和流动负债的最低周转天数，可参照同类企业的平均周转天数并结合项目特点确定，或按部门(行业)规定，在确定最低周转天数时应考虑储存天数，然后进行分项估算。

(2) 流动资产的估算。

① 存货的估算。

存货=外购原材料、燃料+其他材料+在产品+产成品

外购原材料、燃料=年外购原材料、燃料费用/分项周转次数

其他材料=年其他材料费用/其他材料周转次数

在产品=(年外购原材料、燃料动力费用+年工资及福利费+年修理费+年其他制造费用)/在产品周转次数

产成品=(年经营成本−年其他营业费用)/产成品周转次数

② 应收账款的估算。

应收账款=年经营成本/应收账款周转次数

③ 预付账款的估算。

预付账款=外购商品或服务年费用金额/预付账款周转次数

④ 现金需要量的估算。

现金=(年工资及福利费+年其他费用)/现金周转次数

年其他费用=制造费用+管理费用+营业费用−以上三项费用中所含的工资及福利费、折旧费、摊销费、修理费

(3) 流动负债的估算。

应付账款=年外购原材料、燃料动力及其他材料年费用/应付账款周转次数

预收账款=预收的营业收入年金额/预收账款周转次数

2) 扩大指标估算法

扩大指标估算法，是根据现有同类，将各类流动资金率乘以相对应的费用基数来估算的流动资金。一般常用的基数有销售收入、经营成本、总成本费用和固定资产投资等。

年流动资金额=年费用基数×各类流动资金率

年流动资金额=年产量×单位产品产量占用流动资金额

3) 应注意的问题

① 在不同生产负荷下的流动资金，应按不同生产负荷所需的各项费用金额，分别按照上述计算公式进行估算，而不能直接按照100%的生产负荷下的流动资金乘以生产负荷百分比求得。

② 流动资金一般要求在投产前一年开始筹措，为简化计算，可规定在投产的第一年开始按生产负荷安排流动资金需用量。

5.1.3 建设项目财务评价

1. 建设项目财务评价指标体系

建设项目财务评价指标体系根据不同的标准，可做不同的分类。

(1) 根据是否考虑资金的时间价值分类，可以分为静态经济评价指标和动态经济评价指标(图5.1)。

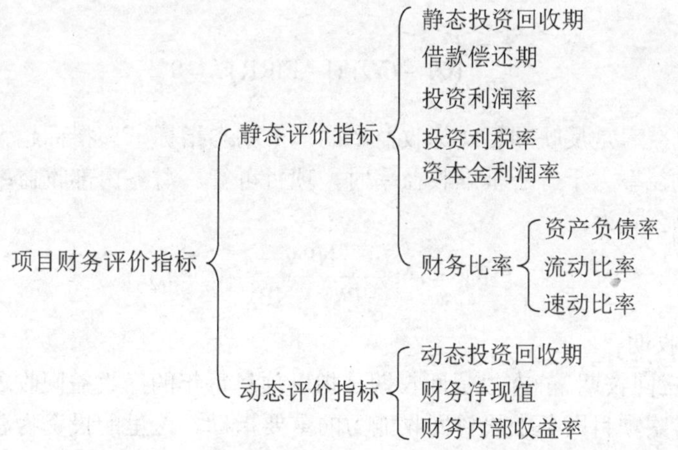

图5.1 财务评价指标体系分类之一

(2) 根据指标的性质分类，可以分为时间性指标、价值性指标和比率性指标(图5.2)。

2. 建设项目财务评价方法

1) 财务盈利能力评价

财务盈利能力评价主要考察投资项目投资的盈利水平。需编制项目投资现金流量表、项目资本金现金流量表和利润与利润分配表三个基本财务报表。计算财务内部收益率、财

务净现值、投资回收期、投资收益率、利息备付率、偿债备付率等指标。

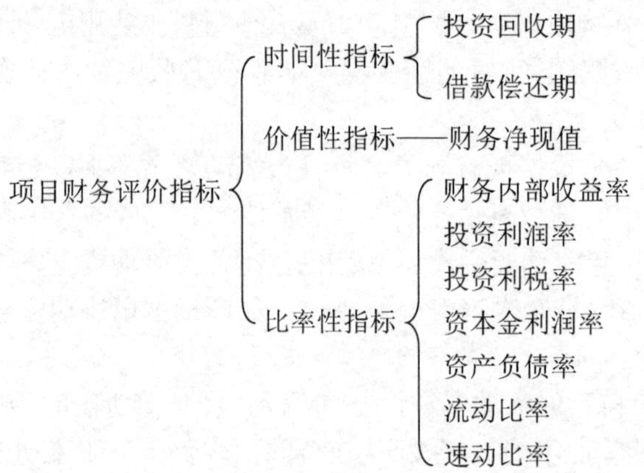

图 5.2 财务评价指标体系分类之二

(1) 财务净现值(FNPV)。财务净现值是指把项目计算期内各年的财务净现金流量，按照一个给定的标准折现率(基准收益率)折算到建设期初(项目计算期第一年年初)的现值之和。

$$\text{FNPV}=\sum_{t=0}^{n}(CI-CO)_t(1+i_{\text{c}})^{-t} \tag{5-7}$$

财务净现值表示建设项目的收益水平超过基准收益的额外收益。财务净现值大于等于零，说明项目可行。

(2) 财务内部收益率(FIRR)。财务内部收益率是指项目在整个计算期内各年财务净现金流量的现值之和等于零时的折现率，也就是使项目的财务净现值等于零时的折现率，其表达式为：

$$\sum_{t=0}^{n}(CI-CO)_t(1+\text{FIRR})^{-t}=0 \tag{5-8}$$

财务内部收益率是反映项目实际收益率的一个动态指标，该指标越大越好。一般情况下，财务内部收益率大于等于基准收益率时，项目可行。财务内部收益率一般用试算插值法计算。其计算公式为：

$$\text{FIRR}=i_1+\frac{\text{NPV}_1}{\text{NPV}_1-\text{NPV}_2}(i_2-i_1) \tag{5-9}$$

(3) 投资回收期。

① 静态投资回收期。静态投资回收期是指以项目每年的净收益回收项目全部投资所需要的时间，是考察项目财务上投资回收能力的重要指标。这里的投资为总投资，为建设投资、建设期贷款利息和流动资金投资之和。项目每年的净收益是指息税折旧摊销前的利润。

$$\sum_{t=0}^{P_t}(CI-CO)_t=0 \tag{5-10}$$

式中：P_t——静态投资回收期。

其计算公式为：

$$P_t=\text{累计净现金流量开始出现正值的年份}-1+\frac{\text{上一年累计现金流量的绝对值}}{\text{当年净现金流量}} \tag{5-11}$$

当静态投资回收期小于等于基准投资回收期时，项目可行。

② 动态投资回收期。动态投资回收期是指在考虑了资金时间价值的情况下，以项目每年的净收益回收项目全部投资所需要的时间。

$$\sum_{t=0}^{P_t'}(CI-CO)_t(1+i_c)^{-t}=0 \tag{5-12}$$

式中：P_t'——动态投资回收期。

$$P_t'=\text{累计净现金流量现值开始出现正值的年份}-1+\frac{\text{上一年累计现金流量现值的绝对值}}{\text{当年净现金流量现值}} \tag{5-13}$$

只要在项目寿命期结束之前能够收回投资，就表示项目已经获得了合理的收益。因此，只要动态投资回收期不大于项目寿命期，项目就可行。

(4) 投资收益率。投资收益率是指在项目达到设计能力后，其每年的净收益与项目全部投资的比率，是考察项目单位投资盈利能力的静态指标。其表达式为：

$$\text{投资收益率}=\frac{\text{年净收益}}{\text{项目全部投资}}\times 100\% \tag{5-14}$$

进行经济评价时，投资收益率不小于行业平均的投资收益率(或投资者要求的最低收益率)，项目即可行。投资收益率指标由于计算口径不同，又可分为投资利润率、投资利税率、资本金利润率等指标。

$$\text{投资利润率}=\frac{\text{利润总额}}{\text{投资总额}}\times 100\% \tag{5-15}$$

$$\text{投资利税率}=\frac{\text{利润总额}+\text{销售税金及附加}}{\text{投资总额}}\times 100\% \tag{5-16}$$

$$\text{资本金利润率}=\frac{\text{税后利润}}{\text{资本金}}\times 100\% \tag{5-17}$$

2) 清偿能力评价

(1) 借款偿还期。

$$\text{借款偿还期}=\text{偿清债务年份数}-1+\frac{\text{偿清债务当年应付的本息}}{\text{当年可用于偿债的资金总额}} \tag{5-18}$$

借款偿还期小于等于借款合同规定的期限时，项目可行。

(2) 利息备付率。利息备付率是指在借款偿还期内的息税前利润(EBIT)与应付利息(PI)的比值，它从付息资金来源的充裕性角度反映项目偿付债务利息的保障程度和支付能力。其计算公式如下：

$$\text{利息备付率}=\frac{\text{息税前利润}}{\text{计入总成本费用的应付利息}} \tag{5-19}$$

(3) 偿债备付率。偿债备付率是指在借款偿还期内，用于计算还本付息的资金与应还本付息金额的比值，它从还本付息资金来源的充裕性角度反映项目偿付债务本息的保障程度和支付能力。其计算公式如下：

$$\text{偿债备付率}=\frac{\text{息税折旧摊销前利润}-\text{所得税}}{\text{还本付息金额}} \tag{5-20}$$

(4) 资产负债率。资产负债率反映项目的总体偿债能力。这一比率越低，则偿债能力越强。

$$资产负债率=\frac{负债总额}{资产总额} \tag{5-21}$$

(5) 流动比率。该指标反映企业偿还短期债务的能力。该比率越高，短期偿债能力就越强。流动比率一般为2∶1较好。

$$流动比率=\frac{流动资产总额}{流动负债总额} \tag{5-22}$$

(6) 速动比率。速动比率反映了企业在很短时间内偿还短期债务的能力。速动比率越高，短期偿债能力越强。速动比率一般为1左右较好。

$$速动比率=\frac{速动资产总额}{流动负债总额} \tag{5-23}$$

$$速动资产总额=流动资产总额-存货 \tag{5-24}$$

5.2 工程设计概述

5.2.1 工程设计

1．工程设计的含义

工程设计是指在工程开始施工之前，设计者根据已批准的设计任务书，为具体实现拟建项目的技术、经济要求，拟定建筑、安装及设备制造等所需的规划、图纸、数据等技术文件的工作，工程设计是建设项目由计划变为现实的具有决定意义的工作阶段。设计文件是建筑安装施工的依据。拟建工程在建设过程中能否保证进度、保证质量和节约投资，在很大程度上取决于设计质量的优劣。工程建成后能否获得满意的经济效果，除了项目决策之外，设计工作也起着决定性的作用。设计工作的重要原则之一是保证设计的整体性。为此，设计工作必须按一定的程序分阶段进行。

2．设计阶段的划分

根据建设程序的进展，为保证工程建设和设计工作有机配合和衔接，将工程设计划分阶段进行。一般工业与民用建筑项目设计按初步设计和施工图设计两个阶段进行，称之为“两阶段设计”；对于技术上复杂而又缺乏设计经验的项目，可按初步设计、技术设计和施工图设计三个阶段进行，称之为“三阶段设计”。在各设计阶段，都需要编制相应的工程造价文件，与初步设计、技术设计对应的是设计概算、修正概算，与施工图设计对应的是施工图预算。逐步由粗到细地确定工程造价控制目标，层层控制工程造价。

工程设计的全过程如图5.3所示。

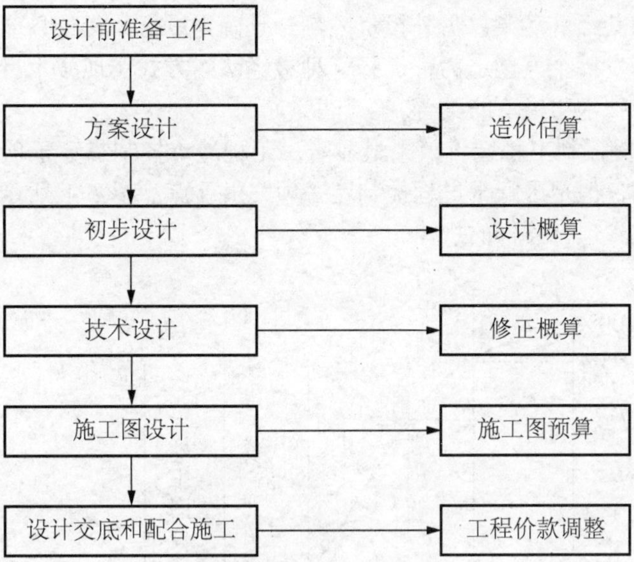

设计前准备工作 → 方案设计 → 初步设计 → 技术设计 → 施工图设计 → 设计交底和配合施工

方案设计 → 造价估算
初步设计 → 设计概算
技术设计 → 修正概算
施工图设计 → 施工图预算
设计交底和配合施工 → 工程价款调整

图 5.3 工程设计的全过程

3．设计阶段工程造价与控制的意义

在拟建项目经过投资决策阶段后，设计阶段就成为项目工程造价控制的关键环节。它对建设项目的建设工期、工程造价、工程质量及建成后能否发挥较好的经济效益，起着决定性的作用。

(1) 在设计阶段进行工程造价的计价分析可以使造价构成更合理，提高资金利用效率。设计阶段工程造价的计价形式是编制设计概预算，通过设计概预算可以了解工程造价的构成，分析资金分配的合理性，并可以利用价值工程理论分析项目各个组成部分功能与成本的匹配程度，调整项目功能与成本，使其更趋于合理。

(2) 在设计阶段进行工程造价的计价分析可以提高投资控制效率。编制设计概算并进行分析，可以了解工程各个组成部分的投资比例。投资比例大的部分应作为投资控制的重点，这样可以提高投资控制效率。

(3) 在设计阶段控制工程造价会使控制工作更主动。长期以来，人们把控制理解为目标值与实际值的比较，以及当实际值偏离目标值时分析产生差异的原因，确定下一步的对策。这对于批量性生产的制造业而言，是一种有效的管理方法。但是对于建筑业而言，由于建筑产品具有单件性、价值量大的特点，这种管理方法只能发现差异，不能消除差异，也不能预防差异的产生，而且差异一旦发生，损失往往很大，这是一种被动的控制方法。而如果在设计阶段控制工程造价，可以先按一定的质量标准，开列新建建筑物每一部分或分项的估算造价，对照造价计划中所列的指标进行审核，预先发现差异，主动采取一些控制方法消除差异，使设计更经济。

(4) 在设计阶段控制工程造价便于技术与经济相结合。工程设计工作往往是由建筑师等专业技术人员来完成的。他们在设计过程中往往更关注工程的使用功能，力求采用比较先进的技术方法实现项目所需的功能，而对经济因素考虑较少。如果在设计阶段吸收造价工程师参与全过程功能设计，使设计从一开始就建立在健全的经济基础之上，在做出重要决定时能充分认识其经济后果；另外投资限额一旦确定以后，设计只能在确定的限额内进行，有利于建筑师发挥个人创造力，选择一种最经济的方式实现技术目标，从而确保设计方案能较好地体现技术与经济的结合。

(5) 在设计阶段控制工程造价效果最显著。工程造价控制贯穿于项目建设全过程，这一点是毫无疑问的，但是进行全过程控制还必须突出重点。图 5.4 所示为国外描述的建设过程各阶段影响工程项目投资的规律。

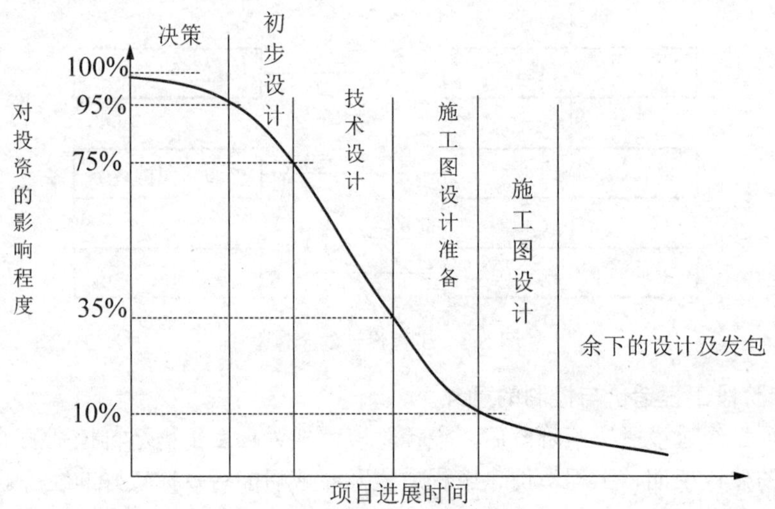

图 5.4　建设过程各阶段对投资的影响

从图中可以看出，初步设计阶段对投资的影响约为 20%，技术设计阶段对投资的影响约为 40%，施工图设计准备阶段对投资的影响约为 25%。很明显，控制工程造价的关键是在设计阶段，应从设计一开始就将控制投资的思想植根于设计人员的头脑中，以保证选择恰当的设计标准和合理的功能水平。

5.2.2 工程设计方案技术经济评价

设计方案评价的方法需要采用技术与经济比较的方法，按照工程项目经济效果，针对不同的设计方案分析其技术经济指标，从中选出经济效果最优的方案。在设计方案评价比较中，一般采用多指标评价法、投资回收期法、计算费用法等。

1. 多指标评价法

多指标评价法是通过对反映建筑产品功能和耗费特点的若干技术经济指标的计算、分析、比较，评价设计方案的经济效果。它可分为多指标对比法和多指标综合评分法。

1) 多指标对比法

多指标对比法的基本特点是使用一组适用的指标体系，将对比方案的指标值列出，然后一一进行对比分析，根据指标值的高低分析判断方案优劣，这是目前采用比较多的一种方法。

利用这种方法首先需要将指标体系中的各个指标，按其在评价中的重要性，分为主要指标和辅助指标。主要指标是能够比较充分地反映工程的技术经济特点的指标，是确定工程项目经济效果的主要依据。辅助指标在技术经济分析中处于次要地位，是主要指标的补充，当主要指标不足以说明方案的技术经济效果的优劣时，辅助指标就成为进一步进行技术经济分析的依据。但是要注意参选方案在功能、价格、时间、风险等方面的可比性。如果方案不完全符合对比条件，就要加以调整，使其满足对比条件后再进行对比，并在综合分析时予以说明。

这种方法的优点是：指标全面、分析确切，可通过各种技术经济指标直接定性或定量地反映方案技术经济性能的主要方面。其缺点是：不便于考虑对某一功能的评价，不便于综合定量分析，容易出现某一方案有些指标较优另一些指标较差，而另一方案则可能是有些指标较差另一些指标较优。这样就使分析工作复杂化，有时，也会因方案的可比性而产生客观标准不统一的现象。因此在进行综合分析时，要特别注意检查对比方案在使用功能和工程质量方面的差异，并分析这些差异对各指标的影响，避免导致错误的结论。

通过综合分析，最后应给出如下结论：

(1) 分析对象的主要技术经济特点及适用条件；

(2) 现阶段实际达到的经济效果水平；

(3) 提高经济效果的潜力和途径，以及相应采取的主要技术措施；

(4) 预期经济效果。

【例 5-3】 以内浇外砌建筑体系为对比标准，用多指标对比法评价内外墙全现浇大模板建筑体系。其评价结果详见表 5-1。

由表 5-1 两类建筑体系的建筑特征对比分析可知，它们具有可比性。然后比较其技术经济特征，可以看出：与内浇外砌建筑体系比较，全现浇大模板建筑体系的优点是有效面积大、用工省、自重轻、施工周期短等；其缺点是造价高、主要材料消耗量多等。

表 5-1 全现浇大模板建筑体系与内浇外砌建筑体系评价表

项目名称			对比标准	评价对象	比较	备注
建筑特征	设计型号(m^2)		内浇外砌	全现浇大模板建筑		
	有效面积(m^2)		8500	8500	0	
	建筑面积(m^2)		7140	7215	75	
	层数(层)		6	6		
	外墙厚度(cm)		36	30	−6	浮石混凝土外墙
	外墙装修		勾缝，一层水刷石	干粘石，一层水刷石		
技术经济指标	±0.00 以上土建造价(元/m^2 建筑面积)		80	90	+10	
	±0.00 以上土建造价(元/m^2 有效面积)		95.2	106	+10.8	
	主要材料消耗量	水泥(kg/m^2)	130	150	−20	
		钢材(kg/m^2)	9.17	20	+10.83	
	施工周期(天)		220	210	−10	

续表

项目名称		对比标准	评价对象	比　较	备　注
技术经济指标	±0.00 以上用工(工日/m²)	2.78	2.23	−0.55	
	建筑自重(kg/m²)	1294	1070	−224	
	房屋服务年限(年)	100	100		

2) 多指标综合评分法

这种方法首先对需要进行分析评价的设计方案设定若干个评价指标，并按其重要程度确定各指标的权重，然后确定评分标准，并就各设计方案对各指标的满足程度打分，最后计算各方案的加权得分，以加权得分高者为最优设计方案。这种方法是定性分析、定量打分相结合的方法，该方法的关键是评价指标的选取和指标权重的确定。

其计算公式为：

$$S=\sum_{i=1}^{n}W_iS_i \tag{5-25}$$

式中：S ——设计方案总得分；

S_i ——某方案在评价指标 i 上的得分；

W_i——评价指标 i 的权重；

N ——评价指标数。

这种方法非常类似于价值工程中的加权评分法，区别就在于：加权评分法中不将成本作为一个评价指标，而将其单独拿出来计算价值系数；多指标综合评分法则不将成本单独剔除，如果需要，成本也是一个评价指标。

【例 5-4】 某建筑工程有四个设计方案，选定的评价指标为实用性、平面布置、经济性、美观性四项。各指标的权重及各方案的得分(10 分制)见表 5-2，试选择最优设计方案。

表 5-2　建筑方案各指标权重及评价得分表

评价指标	权重	方案 A		方案 B		方案 C		方案 D	
		得分	加权得分	得分	加权得分	得分	加权得分	得分	加权得分
实用性	0.4	9	3.6	8	3.2	7	2.8	6	2.4
平面布置	0.2	8	1.6	7	1.4	8	1.6	9	1.8
经济性	0.3	9	2.7	7	2.1	9	2.7	8	2.4
美观性	0.1	7	0.7	9	0.9	8	0.8	9	0.9
合计	1		8.6		7.6		7.9		7.5

由表 5-2 可知，方案 A 的加权得分最高，因此方案 A 最优。

这种方法的优点在于避免了多指标间可能发生相互矛盾的现象，评价结果是唯一的，但是在确定权重及评分过程中存在主观臆断成分。同时，由于分值是相对的，因而不能直接判断各方案的各项功能实际水平。

2. 投资回收期法

设计方案的比较与选择往往是比较各个方案的功能水平及成本。一般来说功能水平先进的设计方案所需的投资较多，方案实施过程中的效益也比较好。

用方案实施过程中的效益回收投资，即投资回收期反映初始投资补偿速度，衡量设计方案优劣也是非常必要的。投资回收期越短的设计方案越好。

不同设计方案能满足相同的需要时，就只需要比较它们的投资和经营成本的大小，用差额投资回收期比较。

差额投资回收期是指在不考虑资金时间价值的情况下，用投资大的方案比投资小的方案所节约的经营成本，回收差额投资所需要的时间。其计算公式为：

$$\Delta P_t = \frac{K_2 - K_1}{C_1 - C_2} \tag{5-26}$$

式中：K_2——方案2的投资额；

K_1——方案1的投资额，且 $K_2 > K_1$；

C_2——方案2的年经营成本；

C_1——方案1的年经营成本，且 $C_1 > C_2$；

ΔP_t——差额投资回收期。

当$\Delta P_t \leqslant P_t$(基准投资回收期)时，投资大的方案优；反之，则投资小的方案优。

如果两个比较方案的年业务量不同时，则需将投资和经营成本转化为单位业务量的投资和成本，然后再计算差额投资回收期，进行方案的比选，此时差额投资回收期的计算公式为：

$$\Delta P_t = \frac{\dfrac{K_2}{Q_2} - \dfrac{K_1}{Q_1}}{\dfrac{C_1}{Q_1} - \dfrac{C_2}{Q_2}} \tag{5-27}$$

式中：Q_1、Q_2——各比较方案的年业务量；

其他符号意义同前。

【例5-5】 某新建企业有两个设计方案，甲方案总投资为1500万元，年经营成本为400万元，年产量为1000件；乙方案总投资为1000万元，年经营成本为360万元，年产量为800件。基准投资回收期为6年，试选择最优方案。

【解】 $K_{甲}/Q_{甲}$=1500÷1000=1.5(万元/件)

$K_{乙}/Q_{乙}$=1000÷800=1.25(万元/件)

$C_{甲}/Q_{甲}$=400÷1000=0.4(万元/件)

$C_{乙}/Q_{乙}$=360÷800=0.45(万元/件)

ΔP_t=(1.5−1.25)÷(0.45−0.4)=5(年)

ΔP_t<6年，所以甲方案较优。

5.2.3 工程设计优化

1. 设计优化的目的和步骤

工程设计的整体性原则要求我们，不仅要追求工程设计各个部分的优化，而且要注意各个部分的协调配套。设计方案的优化是设计阶段的重要步骤，是控制工程造价的有效方法，其目的是通过论证拟采用的设计方案技术上是否先进可行，功能上是否满足需要，经济上是否合理，使用上是否安全可靠，从而有效地从源头上控制工程造价。

设计优化的步骤如图 5.5 所示。

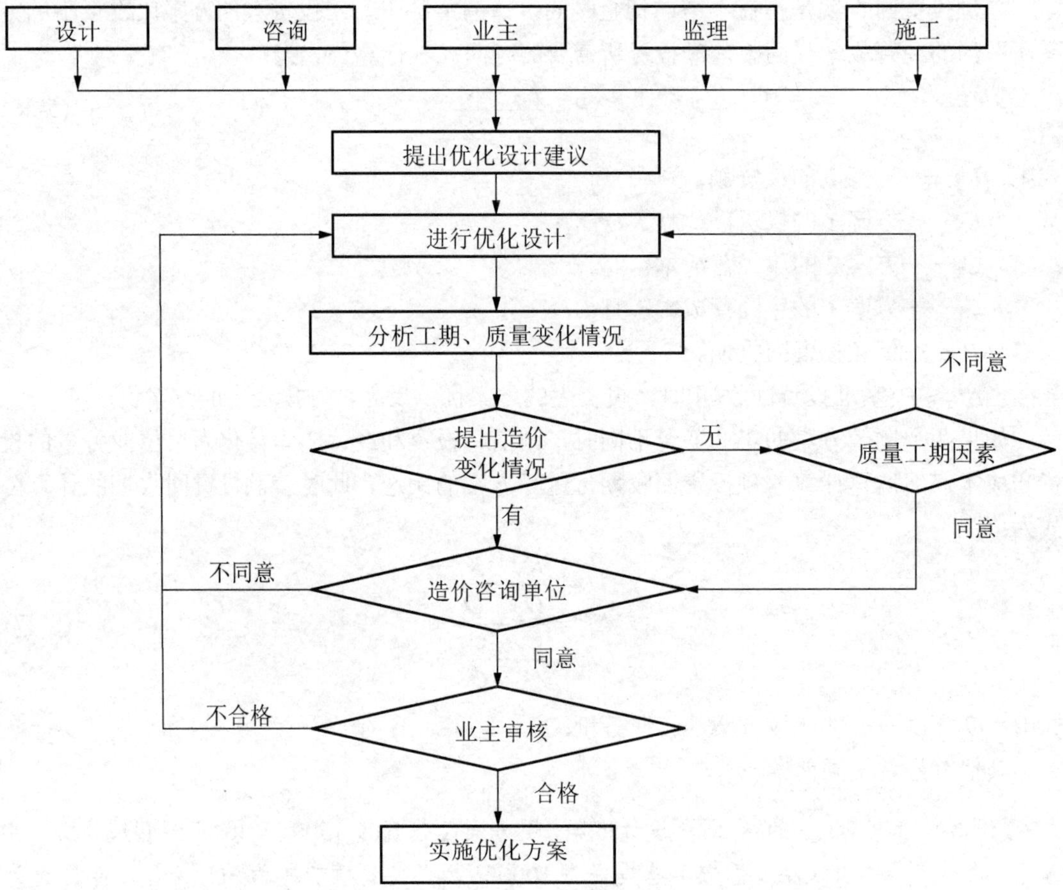

设计
咨询
业主
监理
施工
提出优化设计建议
进行优化设计
分析工期、质量变化情况
提出造价变化情况
无
质量工期因素
不同意
同意
有
不同意
造价咨询单位
同意
不合格
业主审核
合格
实施优化方案

图 5.5 设计优化的步骤

2. 设计优化的途径和方法

实际工作中可通过设计招投标和方案竞选、推广标准化设计、限额设计、运用价值工程等方法对工程设计进行优化。

1) 通过设计招投标和方案竞选优化设计方案

建设单位就拟建工程的设计任务通过报纸、期刊、信息网络或其他媒介发布公告，吸引设计单位参加设计招标或设计方案竞选，以获得众多的设计方案；然后组织评标专家小组，采用科学的方法，按照经济、适用、美观的原则，以及技术先进、功能全面、结构合理、安全适用、满足建筑节能及环境等要求，综合评定各设计方案优劣，从中选择最优的设计方案，或将各方案的可取之处重新组合，提出最佳方案。建设单位使用未中选单位的设计成果时，必须征得该单位同意，并实行有偿转让，转让费由建设单位承担。中选单位完成设计方案后如建设单位另选其他设计单位承担初步设计和施工图设计，建设单位则应付给中选单位方案设计费。专家评价法有利于多种方案的比较与选择，能集思广益，吸取众多设计方案的优点，使设计更完美。同时这种方法有利于控制建设工程造价，因为选中的项目投资概算一般能控制在投资者限定的投资范围内。

2) 推广标准化设计优化设计方案

标准化设计又称定型设计、通用设计，是工程建设标准化的组成部分。各类工程建设的构件、配件、零部件、通用的建筑物、构筑物、公用设施等，只要有条件的，都应该实施标准化设计。

因为标准化设计来源于工程建设实际经验和科技成果，是将大量成熟的、行之有效的实际经验和科技成果，按照统一简化、协调选优的原则，提炼上升为设计规范和设计标准。所以设计质量都比一般工程设计质量要高。另外，由于标准化设计采用的都是标准构配件，建筑构配件和工具式模板的制作过程可以从工地转移到专门的工厂中批量生产，使施工现场变成“装配车间”和机械化浇筑场所，把现场的工程量压缩到最低程度。

广泛采用标准化设计，可以提高劳动生产率，加快工程建设进度。设计过程中，采用标准构件，可以节省设计力量，加快设计图纸的提供速度，大大缩短设计时间，一般可以加快设计速度 1～2 倍，从而使施工准备工作和定制预制构件等生产准备工作提前，缩短整个建设周期。另外，由于生产工艺定型，生产均衡，统一配料，劳动效率提高，因而使标准配件的生产成本大幅度降低。

广泛采用标准化设计，可以节约建筑材料，降低工程造价。由于标准构配件的生产是在场内大批量生产，便于预制厂统一安排，合理配置资源，发挥规模经济的作用，节约建筑材料。

标准化设计是经过多次反复实践，加以检验和补充完善的，所以能较好地贯彻国家技术经济政策，密切结合自然条件和技术发展水平，合理利用能源资源，充分考虑施工生产、使用维修的要求，既经济又优质。

3) 限额设计

所谓限额设计就是按照设计任务书批准的投资估算额进行初步设计，按照初步设计概算造价限额进行施工图设计，按施工图预算造价对施工图设计的各个专业设计文件做出决策。

限额设计是建设项目投资控制系统中的一个重要环节，或称为一项关键措施。在整个设计过程中，设计人员与经济管理人员密切配合，做到技术与经济的统一。设计人员在设计时要考虑经济支出，做出方案比较，有利于强化设计人员的工程造价意识，进行优化设计。经济管理人员应及时进行造价计算，为设计人员提供信息，使设计小组内部形成有机整体，克服相互脱节现象，达到动态控制投资的目的。

限额设计的全过程实际上就是建设项目投资目标管理的过程，即目标分解与计划、目标实施、目标实施检查、信息反馈的控制循环过程。

3．价值工程的应用

1) 价值工程的概念

价值工程是一门科学的技术经济分析方法，是现代科学管理的组成部分，是研究用最少的成本支出，实现必要的功能，从而达到提高产品价值的一门科学。价值工程中的“价值”是功能与成本的综合反映，其表达式为：

$$价值=\frac{功能(效用)}{成本(费用)} \tag{5-28}$$

或

$$V=\frac{F}{C}$$

一般来说，提高产品的价值，有以下5种途径。

(1) 提高功能，降低成本。这是最理想的途径。

(2) 保持功能不变，降低成本。

(3) 保持成本不变，提高功能水平。

(4) 成本稍有增加，但功能水平大幅度提高。

(5) 功能水平稍有下降，但成本大幅度下降。

必须指出，价值分析并不是单纯追求降低成本，也不是片面追求提高功能，而是力求处理好功能与成本的对立统一关系，提高它们之间的比值，研究产品功能和成本的最佳配置。

2) 价值工程工作程序

价值工程工作可以分为4个阶段：准备阶段、分析阶段、创新阶段、实施阶段。大致可以分为8项工作内容：价值工程对象选择、收集资料、功能分析、功能评价、提出改进方案、方案的评价与选择、试验证明、决定实施方案。

价值工程主要回答和解决下列问题。

(1) 价值工程的对象是什么？

(2) 它是干什么用的？

(3) 其成本是多少？

(4) 其价值是多少？

(5) 有无其他方案实现同样的功能？

(6) 新方案成本是多少？

(7) 新方案能满足要求吗？

围绕这7个问题，价值工程的一般工作程序见表5-3。

表5-3　价值工程的一般工作程序

阶　段	步　骤	说　明
准备阶段	1．对象选择	应明确目标、限制条件及分析范围
	2．组成价值工作领导小组	一般由项目负责人、专业技术人员、熟悉价值工程的人员组成
	3．制订工作计划	包括具体执行人、执行日期、工作目标等

续表

阶　段	步　骤	说　明
分析阶段	4．收集、整理信息资料	此项工作应贯穿于价值工程的全过程
	5．功能系统分析	明确功能特性要求，绘制功能系统图
	6．功能评价	确定功能目标成本，确定功能改进区域
创新阶段	7．方案创新	提出各种不同的实现功能的方案
	8．方案评价	从技术、经济和社会等方面综合评价各方案达到预定目标的可行性
	9．提案编写	将选出的方案及有关资料编写成册
实施阶段	10．审批	由主管部门组织进行
	11．实施与检查	制订实施计划，组织实施，并跟踪检查
	12．成果鉴定	对实施后取得的技术经济效果进行鉴定

3) 在设计阶段实施价值工程的意义

工程设计决定建筑产品的目标成本，目标成本是否合理，直接影响产品的效益。在施工图确定以前，确定目标成本可以指导施工成本控制，降低建筑工程的实际成本，提高经济效益。建筑工程在设计阶段实施价值工程的意义如下。

(1) 可以使建筑产品的功能更合理。工程设计实质上就是对建筑产品的功能进行设计，而价值工程的核心就是功能分析。通过实施价值工程，可以使设计人员更准确地了解用户所需，及建筑产品各项功能之间的比重，同时还可以考虑设计专家、建筑材料和设备制造专家、施工单位及其他专家的建议，从而使设计更加合理。

(2) 可以有效地控制工程造价。价值工程需要对研究对象的功能与成本之间的关系进行系统分析。设计人员参与价值工程，就可以避免在设计过程中只重视功能而忽视成本的倾向，在明确功能的前提下，发挥设计人员的创造精神，提出各种实现功能的方案，从中选取最合理的方案。这样既保证了用户所需功能的实现，又有效地控制了工程造价。

(3) 可以节约社会资源。价值工程着眼于寿命周期成本，即研究对象在其寿命期内所发生的全部费用。对于建设工程而言，寿命周期成本包括工程造价和工程使用成本。价值工程的目的是以研究对象的最低寿命周期成本，可靠地实现使用者所需的功能。实施价值工程，其可以避免一味地降低工程造价而导致研究对象功能水平偏低的现象，也可以避免一味地提高使用成本而导致功能水平偏高的现象，使工程造价、使用成本及建筑产品功能合理匹配，节约社会资源消耗。

4) 价值工程在项目设计方案评价优选中的应用

一般来说，同一个工程项目，可以有不同的设计方案，不同的设计方案会产生功能和成本上的差别，这时可以用价值工程的方法选择优秀设计方案。在设计阶段实施价值工程的步骤一般如下。

(1) 功能分析。建筑功能是指建筑产品满足社会需要的各种性能的总和。不同的建筑产品有不同的使用功能，它们通过一系列建筑因素体现出来，反映建筑物的使用要求。建筑产品的功能一般分为社会功能、适用性功能、技术性功能、物理性功能和美学功能五类。

功能分析首先应明确项目各类功能具体有哪些，哪些是主要功能，并对功能进行定义和整理，绘制功能系统图。

(2) 功能评价。功能评价主要是比较各项功能的重要程度，计算各项功能的功能评价系数，作为该功能的重要度权数。其方法主要有：0～1 评分法、0～4 评分法、环比评分法等。

(3) 方案创新。根据功能分析的结果，提出各种实现功能的方案。

(4) 方案评价。针对第(3)步方案创新提出的各种方案对各项功能的满足程度进行打分，然后以功能评价系数作为权数计算各方案的功能评价得分，最后再计算各方案的价值系数，以价值系数最大者为最优。

【例 5-6】 某厂有三层砖混结构住宅 14 幢，随着企业的不断发展，职工人数逐年增加，职工住房条件日趋紧张。为了改善职工居住条件，该厂决定在原有住宅区内新建住宅。设计人员针对该项目的建设方案应用价值工程分析如下。

(1) 新建住宅功能分析。为了使住宅扩建工程达到投资少、效益高的目的，价值工程小组工作人员认真分析了住宅扩建工程的功能，认为增加住房户数(F_1)、改善居住条件(F_2)、增加使用面积(F_3)、利用原有土地(F_4)、保护原有林木(F_5)五项功能作为主要功能。

(2) 功能评价。经价值工程小组集体讨论，认为增加住户数是最重要的功能，其次改善居住条件与增加使用面积有同等重要的功能，再次是利用原有土地与保护原有林木有同等重要的功能。即 $F_1>F_2=F_3>F_4=F_5$，利用 0～4 评分法，各项功能的评价系数见表 5-4。

表 5-4　0～4 评分法计算功能评价系数

功　能	F_1	F_2	F_3	F_4	F_5	得　分	功能评价系数
F_1	×	3	3	4	4	14	0.35
F_2	1	×	2	3	3	9	0.225
F_3	1	2	×	3	3	9	0.225
F_4	0	1	1	×	2	4	0.1
F_5	0	1	1	2	×	4	0.1
合　计						40	1.0

(3) 方案创新。在对该住宅功能评价的基础上，为确定住宅扩建工程设计方案，价值工程人员走访了住宅原设计施工任务负责人，调查了解住宅的居住情况和建筑物的自然状况，认真审核住宅楼的原设计图纸和施工记录，最后认定原住宅地基条件较好，地下水位深且地基承载力大；原建筑虽经多年使用，但各承重构件尤其原基础十分牢固，具有承受更大荷载的潜力。价值工程人员经过严密计算分析和征求各方意见，提出两个不同的设计方案。

方案甲：在对原住宅楼实施大修理的基础上加层。工程内容包括：屋顶地面翻修，内墙粉刷、外墙抹灰，增加厨房、厕所($333m^2$)，改造给排水工程，增建两层住房($605m^2$)。工程需投资 50 万元，工期为 4 个月，施工期间住户需全部迁出。工程完工后可增加住户 18 户，原有绿化林木 50%被破坏。

方案乙：拆除旧住宅，建设新住宅。工程内容包括：拆除原有住宅两栋，可新建一栋，新建住宅每栋60套，每套80m^2，工程需投资100万元，工期8个月，施工期间住户需全部迁出。工程完工后可增加住户18户，原有绿化林木全部被破坏。

(4) 方案评价。利用加权评分法对甲乙两个方案进行综合评价，结果见表5-5和表5-6。

经计算，修理加层方案价值系数为1.513，大于拆旧建新方案(0.744)，据此选定方案甲为最优方案。

表5-5　各方案的功能评价表

项目功能	重要度权数	方案甲		方案乙	
		功能得分	加权得分	功能得分	加权得分
F_1	0.350	10	3.5	10	3.5
F_2	0.225	7	1.575	10	2.25
F_3	0.225	9	2.025	9	2.025
F_4	0.100	10	1	6	0.6
F_5	0.100	5	0.5	1	0.1
方案加权得分和		8.6		8.475	
方案功能评价系数		0.5037		0.4963	

表5-6　各方案价值系数计算表

方案名称	功能评价系数	成本费用(万元)	成本指数	价值系数
修理加层(甲)	0.5037	50	0.333	1.513
拆旧建新(乙)	0.4963	100	0.667	0.744
合计	1	150	1	

5) 价值工程在设计阶段工程造价控制中的应用

价值工程在设计阶段工程造价控制中应用的程序如下。

(1) 对象选择。在设计阶段应用价值工程控制工程造价，应以对控制造价影响较大的项目作为价值工程的研究对象。因此，可以应用ABC分析法，将设计方案的成本分解并分成A、B、C三类，A类成本比重大，品种数量少，作为实施价值工程的重点。

(2) 功能分析。分析研究对象具有哪些功能，各项功能之间的关系如何。

(3) 功能评价。评价各项功能，确定功能评价系数，并计算实现各项功能的现实成本是多少，从而计算各项功能的价值系数。价值系数小于1的，应该在功能水平不变的条件下降低成本，或在成本不变的条件下提高功能水平；价值系数大于1的，如果是重要的功能，应该提高成本，保证重要功能的实现，如果该功能不重要，可以不做改变。

(4) 分配目标成本。根据限额设计的要求，确定研究对象的目标成本，并以功能评价系数为基础，将目标成本分摊到各项功能上，与各项功能的现实成本进行对比，确定成本改进期望值，成本改进期望值大的，应首先重点改进。

(5) 方案创新及评价。根据价值分析结果及目标成本分配结果的要求，提出各种方案，并用加权评分法选出最优方案，使设计方案更加合理。

【例 5-7】 某房地产开发公司拟用大模板工艺建造一批高层住宅，设计方案完成后造价超标，需运用价值工程分析和降低工程造价。

(1) 对象选择。分析其造价构成，发现结构造价占土建工程的 70%，而外墙造价又占结构造价的 1/3，外墙体积在结构混凝土总量中只占 1/4。从造价构成上看，外墙是降低造价的主要矛盾，应作为实施价值工程的重点。

(2) 功能分析。通过调研和功能分析，了解到外墙的功能主要是抵抗水平力(F_1)、挡风防雨(F_2)、隔热防寒(F_3)。

(3) 功能评价。目前该设计方案中，使用的是长 330cm、高 290cm、厚 28cm，重约 4t 的配钢筋陶粒混凝土墙板，造价为 345 元，其中抵抗水平力功能的成本占 60%，挡风防雨功能的成本占 16%，隔热防寒功能的成本占 24%。这三项功能的重要程度比为 $F_1:F_2:F_3$=6∶1∶3，各项功能的价值系数计算结果见表 5-7 和表 5-8。

表 5-7 功能评价系数计算表

功　能	重 要 度 比	得　分	功能评价系数
F_1	$F_1:F_2$=6∶1	6	0.6
F_2	$F_2:F_3$=1∶3	1	0.1
F_3		3	0.3
合计		10	1.0

表 5-8 各项功能价值系数计算表

功　能	功能评价系数	成 本 指 数	价值系数
F_1	0.6	0.6	1.0
F_2	0.1	0.16	0.625
F_3	0.3	0.24	1.25

由表 5-8 的计算结果可知，抵抗水平力功能与成本匹配较好；挡风防雨功能不太重要，但是成本比重偏高，应降低成本；隔热防寒功能比较重要，但是成本比重偏低，应适当增加成本。假设相同面积的墙板，根据限额设计的要求，目标成本是 320 元，则各项功能的成本改进期望值计算结果见表 5-9。

表 5-9 目标成本的分配及成本改进期望值的计算

功能	功能评价系数①	成本指数②	目前成本 ③=345×②	目标成本 ④=320×①	成本改进期望值 ⑤=③-④
F_1	0.6	0.6	207.0	192	15
F_2	0.1	0.16	55.2	32	23.2
F_3	0.3	0.24	82.8	96	-13.2

由表 5-9 的计算结果可知，应首先降低 F_2 的成本，其次是 F_1 的成本，最后适当增加 F_3 的成本。

5.3 设计概算

5.3.1 设计概算概述

1. 设计概算的含义及作用

1) 设计概算的含义

建设项目设计概算是初步设计文件的重要组成部分，它是在投资估算的控制下由设计单位根据初步设计或扩大初步设计的图纸及说明，利用国家或地区颁发的概算指标、概算定额或综合指标预算定额、设备材料预算价格等资料，按照设计要求，概略地计算建筑物或构筑物造价的文件。其特点是编制工作较为简单，在精度上没有施工图预算准确。采用两阶段设计的建设项目，初步设计阶段必须编制设计概算；采用三阶段设计的，技术设计阶段必须编制修正概算。

2) 设计概算的作用

(1) 设计概算是编制建设项目投资计划、确定和控制建设项目投资的依据。国家规定，编制年度固定资产投资计划，确定计划投资总额及其构成数额，要以批准的初步设计概算为依据，没有批准的初步设计及其概算的建设工程不能列入年度固定资产投资计划。

经批准的建设项目设计总概算的投资额，是该工程建设投资的最高限额。在工程建设过程中，年度固定资产投资计划安排，银行拨款或贷款、施工图设计及其预算、竣工决算等，未经按规定的程序批准，都不能突破这一限额，以确保国家固定资产投资计划的严格执行和有效控制。

(2) 设计概算是控制施工图设计和施工图预算的依据。经批准的设计概算是建设项目投资的最高限额，设计单位必须按照批准的初步设计及其总概算进行施工图设计，施工图预算不得突破设计概算。如确需突破总概算时，应按规定程序报经审批。

(3) 设计概算是衡量设计方案技术经济合理性和选择最佳设计方案的依据，设计概算可以用来对不同的设计方案进行技术与经济合理性的比较，以便选择最佳的设计方案。

(4) 设计概算是工程造价管理及编制招标标底和投标报价的依据。设计总概算一经批准，就作为工程造价管理的最高限额，并据此对工程造价进行严格的控制。以设计概算进行招投标的工程，招标单位编制标底是以设计概算造价为依据的，并以此作为评标定

标的依据。承包单位为了在投标竞争中取胜，也必须以设计概算为依据，编制出合适的投标报价。

(5) 设计概算是考核建设项目投资效果的依据。通过设计概算与竣工决算对比，可以分析和考核投资效果的好坏，同时还可以验证设计概算的准确性，有利于加强设计概算管理和建设项目的造价管理工作。

2．设计概算的内容

设计概算可分单位工程概算、单项工程综合概算和建设项目总概算三级。各级概算之间的相互关系如图 5.6 所示。

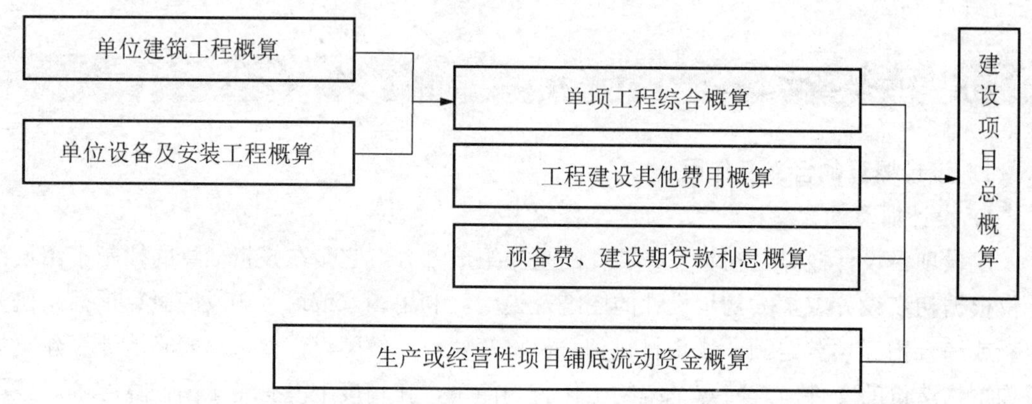

图 5.6　设计概算的三级概算关系图

1) 单位工程概算

单位工程概算是确定各单位工程建设费用的文件，是编制单项工程综合概算的依据，是单项工程综合概算的组成部分。单位工程概算按其工程性质分为建筑工程概算和设备及安装工程概算。建筑工程概算包括土建工程概算，给排水、采暖工程概算，通风、空调工程概算，电气、照明工程概算，弱电工程概算，特殊构筑物工程概算等；设备及安装工程概算包括机械设备及安装工程概算，电气设备及安装工程概算，热力设备及安装工程概算，工具、器具及生产家具购置费概算等。

2) 单项工程综合概算

单项工程综合概算是确定一个单项工程所需建设费用的文件，它是由单项工程中的各单位工程概算汇总编制而成的，是建设项目总概算的组成部分。单项工程综合概算的组成内容如图 5.7 所示。

3) 建设项目总概算

建设项目总概算是确定整个建设项目从筹建到竣工验收所需全部费用的文件，它是由各单项工程综合概算、工程建设其他费用概算、预备费概算、建设期贷款利息概算汇总编制而成的，如图 5.8 所示。

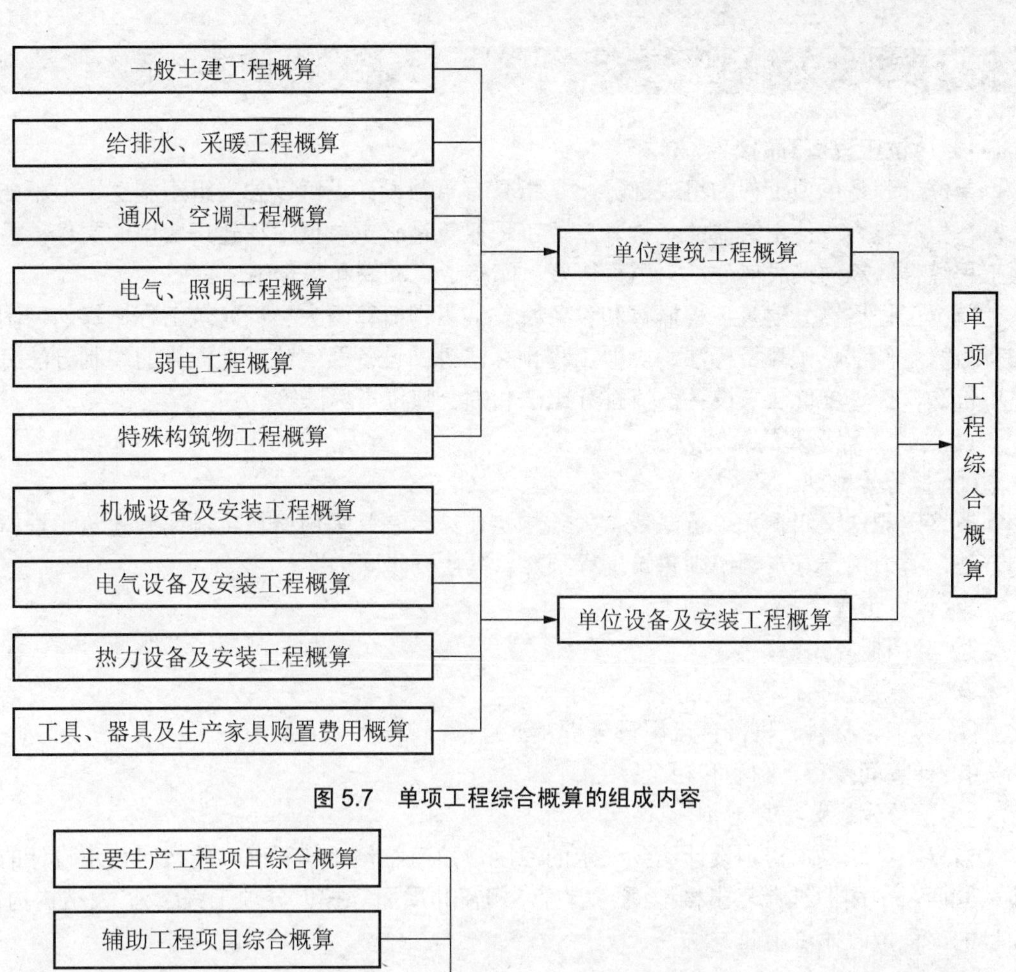

图 5.7 单项工程综合概算的组成内容

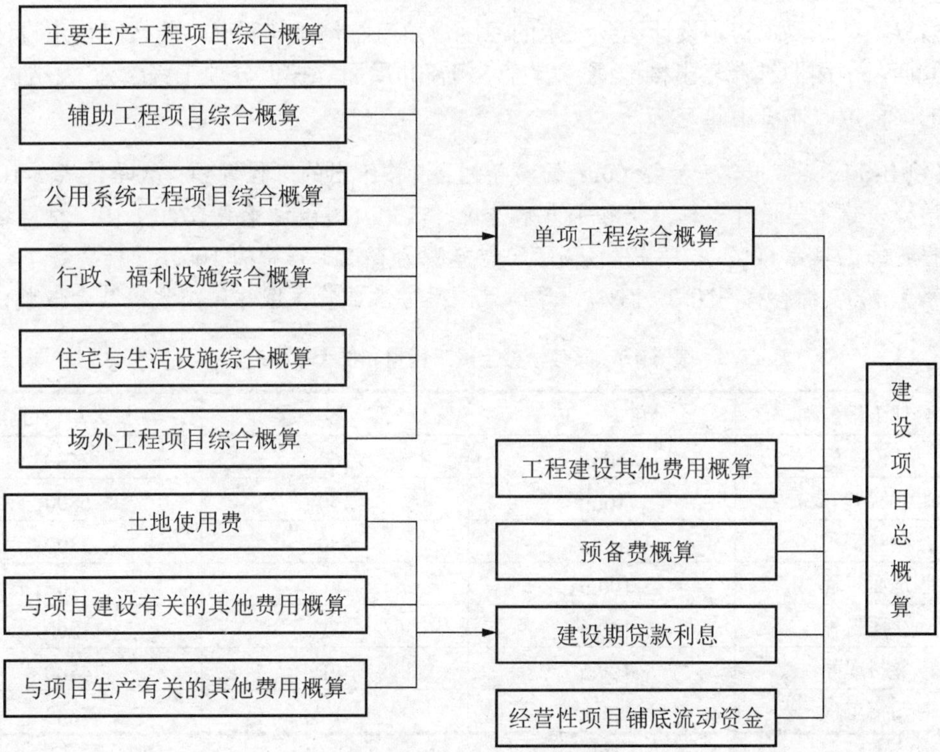

主要生产工程项目综合概算
辅助工程项目综合概算
公用系统工程项目综合概算
行政、福利设施综合概算
住宅与生活设施综合概算
场外工程项目综合概算
土地使用费
与项目建设有关的其他费用概算
与项目生产有关的其他费用概算
单项工程综合概算
工程建设其他费用概算
预备费概算
建设期贷款利息
经营性项目铺底流动资金
建设项目总概算

图 5.8 建设项目总概算的组成

5.3.2 设计概算编制的方法

1. 单位工程概算的编制方法

单位工程是单项工程的组成部分，是指具有单独设计，可以独立组织施工，但不能独立发挥生产能力或使用效益的工程。单位工程概算是确定单位工程建设费用的文件，是单项工程综合概算的组成部分，它由直接费、间接费、利润和税金组成。

单位工程概算分建筑工程概算和设备及安装工程概算两大类。建筑工程概算的编制方法有概算定额法、概算指标法、类似工程预算法等；设备及安装工程概算的编制方法有预算单价法、扩大单价法、设备价值百分比法和综合吨位指标法等。

1) 建筑工程概算的编制方法

(1) 概算定额法。

概算定额法又叫扩大单价法或扩大结构定额法。它是采用概算定额编制建筑工程概算的方法，类似用预算定额编制建筑工程预算，其主要步骤为：

① 计算工程量；

② 套用概算定额；

③ 计算直接费；

④ 人工、材料、机械台班用量分析及汇总；

⑤ 计算间接费、利润和税金；

⑥ 汇总为概算综合造价。

概算定额法要求初步设计达到一定的深度，建筑结构比较明确，能按照初步设计的平面、立面、剖面图纸计算出楼地面、墙身、门窗和屋面等扩大分项工程(或扩大结构构件)项目的工程量时才可用此方法。

【例 5-8】 某市拟建一座 7560m^2 的教学楼，请按给出的工程量和扩大单价表 5-10 编制该教学楼土建工程设计概算造价和平方米造价。其中，材料调整系数为 1.10，材料费占直接工程费的比率为 60%。各项费率分别为：措施费为直接工程费的 10%，间接费费率为 5%，利润率为 7%，综合税率为 3.413%(计算结果：平方米造价保留一位小数，其余取整)。

表 5-10　某教学楼土建工程量和扩大单价表

分部工程名称	单　位	工　程　量	扩大单价(元)
基础工程	10m^3	160	2500
混凝土及钢筋混凝土	10m^3	150	6800
砌筑工程	10m^3	280	3300
地面工程	100m^2	40	1100
楼面工程	100m^2	90	1800
卷材屋面	100m^2	40	4500
门窗工程	100m^2	35	5600

【解】 根据已知条件和表 5-10 中的数据，求得该教学楼土建工程造价见表 5-11。

表 5-11　某教学楼土建工程概算造价计算表

序　号	分部工程或费用名称	单　位	工 程 量	扩大单价(元)	合价(元)
1	基础工程	$10m^3$	160	2500	400000
2	混凝土及钢筋混凝土	$10m^3$	150	6800	1020000
3	砌筑工程	$10m^3$	280	3300	924000
4	地面工程	$100m^2$	40	1100	44000
5	楼面工程	$100m^2$	90	1800	162000
6	卷材屋面	$100m^2$	40	4500	180000
7	门窗工程	$100m^2$	35	5600	196000
A	直接工程费小计(1～7之和)				2926000
B	措施费=A×10%				292600
C	间接费=$(A+B)$×5%				160930
D	利润=$(A+B+C)$×7%				236567
E	材料价差=A×60%×10%				175560
F	税金=$(A+B+C+D+E)$×3.413%				129409
概算造价=$A+B+C+D+E+F$					3921066
平方米造价=3921066/7560(元)					518.66

(2) 概算指标法。

当设计图纸较为简单，无法根据图纸计算出详细的实物工程量时，可以选择恰当的概算指标来编制概算，其主要步骤为：

① 根据拟建工程的具体情况，选择恰当的概算指标；

② 根据选定的概算指标计算拟建工程的概算造价；

③ 根据选定的概算指标计算拟建工程的主要材料用量。

概算指标法的适用范围是当初步设计深度不够，不能准确地计算出工程量，但工程设计是采用技术比较成熟而又有类似工程概算指标可以利用时，可采用此法。

由于拟建工程往往与类似工程的概算指标的技术条件不尽相同，而且概算指标编制年份的设备、材料、人工等价格与拟建工程当时当地的价格也不会一样。因此，必须对其进行调整，其调整的方法如下。

① 设计对象的结构特征与概算指标有局部差异时的调整。

$$结构变化修正概算指标(元/m^2)=J+Q_1P_1-Q_2P_2 \tag{5-29}$$

式中：J——原概算指标；

Q_1——换入新结构的含量；

Q_2——换出旧结构的含量；

P_1——换入新结构的单价；

P_2——换出旧结构的单价。

或

$$\begin{array}{c}\text{结构变化修正概算指标的}\\ \text{人工、材料、机械数量}\end{array}=\begin{array}{c}\text{原概算指标的人工、}\\ \text{材料、机械数量}\end{array}+\begin{array}{c}\text{换入结构构}\\ \text{件的工程量}\end{array}\times\begin{array}{c}\text{相应定额人工、材}\\ \text{料、机械消耗量}\end{array}-\begin{array}{c}\text{换出结构构}\\ \text{件的工程量}\end{array}\times\begin{array}{c}\text{相应定额人工、}\\ \text{材料、机械消耗量}\end{array}$$

以上两种方法，前者是直接修正结构构件指标单价，后者是修正结构构件指标人工、材料、机械数量。

② 设备、人工、材料、机械台班费用的调整。

$$\begin{array}{c}\text{设备、人工、材料、}\\ \text{机械修正概算费用}\end{array}=\begin{array}{c}\text{原概算指标的设备、}\\ \text{人工、材料、机械费用}\end{array}+\sum\left(\begin{array}{c}\text{换入设备、人工、}\\ \text{材料、机械数量}\end{array}\times\begin{array}{c}\text{拟建地区}\\ \text{相应单价}\end{array}\right)-\sum\left(\begin{array}{c}\text{换出设备、人工、}\\ \text{材料、机械数量}\end{array}\times\begin{array}{c}\text{原概算指标设备、人}\\ \text{工、材料、机械单价}\end{array}\right) \quad (5\text{-}30)$$

【例 5-9】 某市一栋普通办公楼为框架结构 2700m^2，建筑工程直接费为 378 元/m^2，其中毛石基础单价为 39 元/m^2。而今拟建一栋办公楼 3000m^2，采用钢筋混凝土带型基础，单价为 51 元/m^2，其他结构相同。求该拟建新办公楼建筑工程直接费造价。

【解】 调整后的概算指标为:

$$378-39+51=390(\text{元/m}^2)$$

拟建新办公楼建筑工程直接费为:

$$3000\times390=1170000(\text{元})$$

然后按上述概算定额法的计算程序和方法，计算出措施费、间接费、利润和税金，便可求出新建办公楼的建筑工程造价。

(3) 类似工程预算法。

类似工程预算法是利用技术条件与设计对象相类似的已完工程或在建工程的工程造价资料来编制拟建工程设计概算的方法。

如果找不到合适的概算指标，也没有概算定额时，可以考虑采用类似的工程预算来编制设计概算。其主要编制步骤如下。

① 根据设计对象的各种特征参数，选择最合适的类似工程预算。

② 根据本地区现行的各种价格和费用标准计算类似工程预算的人工费修正系数、材料费修正系数、机械费修正系数、措施费修正系数、间接费修正系数等。

③ 根据类似工程预算修正系数和五项费用占预算成本的比重，计算预算成本总修正系数，并计算出修正后的类似工程平方米预算成本。

④ 根据类似工程修正后的平方米预算成本和编制概算地区的利税率计算修正后的类似工程平方米造价。

⑤ 根据拟建工程的建筑面积和修正后的类似工程平方米造价，计算拟建工程概算造价。

用类似工程编制概算时，应选择与所编概算结构类型、建筑面积基本相同的工程预算为编制依据，并且设计图纸应能满足计算工程量的要求，只有个别项目需要按设计图纸调整。由于所选工程预算提供的各项数据齐全、准确，概算编制的速度较快。

用类似工程预算编制概算的计算公式为：

$$D=AK \tag{5-31}$$

$$K=a\%K_1+b\%K_2+c\%K_3+d\%K_4+e\%K_5 \tag{5-32}$$

拟建工程概算造价$=DS$

式中：D——拟建工程单方概算造价；

A——类似工程单方预算造价；

K——综合调整系数；

S——拟建工程建筑面积；

$a\%$、$b\%$、$c\%$、$d\%$、$e\%$——类似工程预算的人工费、材料费、机械台班费、措施费、间接费占预算造价的比重，如$a\%$=类似工程人工费(或工资标准)/类似工程预算造价，$b\%$、$c\%$、$d\%$、$e\%$类同；

K_1、K_2、K_3、K_4、K_5——拟建工程地区与类似工程预算造价在人工费、材料费、机械台班费、措施费和间接费之间的差异系数，如K_1=拟建工程概算的人工费(或工资标准)/类似工程预算人工费(或地区工资标准)，K_2、K_3、K_4、K_5类同。

【例 5-10】 某市 2007 年拟建住宅楼，建筑面积为 6500m^2，编制土建工程概算时采用 2004 年建成的 6000m^2 某类似住宅楼工程预算造价资料，见表 5-12。由于拟建住宅楼与已建成的类似住宅楼在结构上做了调整，拟建住宅楼每平方米建筑面积比类似住宅楼工程增加直接工程费 25 元。拟建新住宅楼工程所在地区的利润率为 7%，综合税率为 3.413%。试求：

(1) 计算类似住宅楼工程成本造价和平方米成本造价。

(2) 用类似工程预算法编制拟建新住宅楼工程的概算造价和平方米造价。

表 5-12 2004 年某住宅楼工程类似工程预算造价资料

序号	名　称	单位	数量	2004 年单价(元)	2007 年第一季度单价(元)
1	人工	工日	37908	13.5	20.3
2	钢筋	t	245	3100	3500
3	型钢	t	147	3600	3800
4	木材	m^3	220	580	630
5	水泥	t	1221	400	390
6	砂子	m^3	2863	35	32
7	石子	m^3	2778	60	65
8	红砖	千块	950	180	200
9	木门窗	m^3	1171	120	150
10	其他材料	万元	18		调增系数 10%
11	机械台班费	万元	28		调增系数 7%
12	措施费占直接工程费比例	%		15	17
13	间接费率	%		16	17

【解】(1) 计算类似住宅楼工程成本造价和平方米成本造价。

类似住宅楼工程人工费=37908×13.5=511758(元)

类似住宅楼工程材料费=245×3100+147×3600+220×580+1221×400+2863×35+2778×60+950×180+1171×120+180000=2663105(元)

类似住宅楼工程机械台班费=280000 元

类似住宅楼工程直接工程费=人工费+材料费+机械台班费

=511758+2663105+280000=3454863(元)

措施费=3454863×15%=518229(元)

直接费=直接工程费+措施费=3454863+518229=3973092(元)

间接费=3973092×16%=635694(元)

类似住宅楼工程的成本造价=直接费+间接费=3973092+63569=4608786(元)

类似住宅楼工程平方米成本造价=4608786÷6000=768.1(元/m^2)

(2) 计算拟建新住宅楼工程的概算造价和平方米造价。

首先求出类似住宅楼工程人工、材料、机械台班费占其预算成本造价的比重，然后求出拟建新住宅楼工程的人工费、材料费、机械台班费、措施费、间接费与类似住宅楼工程之间的差异系数，进而求出综合调整系数(K)和拟建新住宅工程的概算造价。

① 求类似住宅楼工程各费用占其预算成本造价的比重。

人工费占预算成本造价的百分比=(511758÷4608786)×100%=11.10%

材料费占预算成本造价的百分比=(2663105÷4608786)×100%=57.78%

机械台班费占预算成本造价的百分比=(280000÷4608786)×100%=6.08%

措施费占预算成本造价的百分比=(518229÷4608786)×100%=11.24%

间接费占预算成本造价的百分比=(635694÷4608786)×100%=13.79%

② 求拟建新住宅楼工程与类似住宅楼工程在各项费用上的差异系数。

人工费差异系数 K_1=20.3÷13.5=1.5

材料费差异系数 K_2=(245×3500+147×3800+220×630+1221×390+2863×32+2778×65+950×200+1171×150+180000×1.1)÷2663105=1.08

机械台班差异系数 K_3=1.07

措施费差异系数 K_4=17%÷15%=1.13

间接费差异系数 K_5=17%÷16%=1.06

③ 求综合调整系数 K=11.10%×1.5+57.78%×1.08+6.08%×1.07+11.24%×1.13+13.78%×1.06=1.129

④ 求拟建新住宅楼工程平方米造价。

拟建新住宅楼工程平方米造价=[768.1×1.129+25×(1+17%)×(1+17%)]×(1+7%)×(1+3.413%)

=(867.18+34.22)×(1+7%)×(1+3.413%)

=997.4(元/m^2)

⑤ 求拟建新住宅楼的总造价。

拟建新住宅楼的总造价=997.4×6500=64832069(元)=648.32 万元

2) 设备及安装工程概算的编制方法

(1) 设备购置费概算。

设备购置费是根据初步设计的设备清单计算设备原价，并汇总求出设备总原价，然后按有关规定的设备运杂费率乘以设备总原价，两项相加即为设备购置费概算，其公式为：

$$设备购置费概算=\sum(设备清单中的设备数量\times设备原价)\times(1+运杂费率) \tag{5-33}$$

或

$$设备购置费概算=\sum设备清单中的设备数量\times设备预算价格 \tag{5-34}$$

(2) 设备安装工程费概算。

设备安装工程费概算的编制方法是根据初步设计深度和要求明确的程度来确定的，其主要编制方法有以下几种。

① 预算单价法。当初步设计较深，有详细的设备清单时，可直接按安装工程预算定额单价编制安装工程概算，概算编制程序基本同于安装工程施工图预算。该法具有计算比较具体，精确性较高的优点。

② 扩大单价法。当初步设计深度不够，设备清单不完备，只有主体设备或仅有成套设备重量时，可采用主体设备、成套设备的综合扩大安装单价来编制概算。

上述两种方法的具体操作与建筑工程概算相类似。

③ 设备价值百分比法，又叫安装设备百分比法。当初步设计深度不够，只有设备出厂价而无详细规格、重量时，安装费可按占设备费的百分比计算。其百分比值(即安装费率)由主管部门制定，或由设计单位根据已完类似工程确定。该法常用于设备价格波动不大的定型产品和通用设备产品。其计算公式为：

$$设备安装费=设备原价\times安装费率(\%) \tag{5-35}$$

④ 综合吨位指标法。当初步设计提供的设备清单有规格和设备重量时，可采用综合吨位指标编制概算，其综合吨位指标由主管部门制定，或由设计单位根据已完类似工程资料确定。该法常用于设备价格波动较大的非标准设备和引进设备的安装工程概算。其计算公式为：

$$设备安装费=设备重量\times每吨设备安装费指标(元/t) \tag{5-36}$$

2．单项工程综合概算的编制方法

单项工程综合概算是确定单项工程建设费用的综合性文件，它是由该单项工程各专业的单位工程概算汇总而成的，是建设项目总概算的组成部分。

单项工程综合概算文件一般包括编制说明(不编制总概算时列入)和综合概算表(含其所附的单位工程概算表和建筑材料表)两大部分。当建设项目只有一个单项工程时，综合概算文件(实为总概算)除包括上述两大部分外，还应包括工程建设其他费用和预备费的概算。

(1) 编制说明。编制说明应列在综合概算表的前面，其包括以下内容。

① 编制依据。包括国家和有关部门的规定、设计文件、现行概算定额或概算指标、设备材料的预算价格和费用指标等。

② 编制方法。说明设计概算是采用概算定额法还是采用概算指标法等。

③ 主要设备、材料(钢材、木材、水泥)的数量。

④ 其他需要说明的问题。

(2) 综合概算表。综合概算表是根据单项工程所辖范围内的各单位工程概算等基础资料，按照国家或部委所规定的统一表格进行编制。

(3) 综合概算的费用组成。综合概算的费用组成一般应包括建筑工程费、安装工程费、设备购置及工器具和生产家具购置费。当不编制总概算时，还应包括工程建设其他费用和预备费等项目。

【例 5-11】 单项工程综合概算实例。某地区铝厂电解车间工程项目综合概算是按工程所在地现行概算定额和价格编制的，见表 5-13，单位工程概算表和建筑材料表从略。

表 5-13　单项工程概算表

序号	工程或费用名称	概算价值(元)					技术经济指标	
		建筑工程费	安装工程费	设备及工器具购置费	工程建设其他费用	合计	数量(m^2)	单位价值(元/m^2)
①	②	③	④	⑤	⑥	⑦	⑧	⑨
1	建筑工程	4857914				4857914	3600	1349.4
1.1	一般土建	3187475				3187475		
1.2	电解槽基础	203800				203800		
1.3	氧化铝	120000				120000		
1.4	工业炉窑	1268700				1268700		
1.5	工艺管道	25646				25646		
1.6	照明	34293				34293		
2	设备及安装工程		3843972	3188173		7032145	3600	1953.4
2.1	机械设备及安装		2005995	3153609		5159604		
2.2	电解系列母线安装		1778550			1778550		
2.3	电力设备及安装		57337	30574		87911		
2.4	自控系统设备及安装		2090	3990		6080		
3	工器具和生产家具购置			47304		47304	3600	13.1
4	合计	4857914	3843972	3235477		11937363		3315.9
5	占综合概算造价比例(%)	40.7	32.2	27.1		100		

3. 建设项目总概算的编制方法

建设项目总概算是设计文件的重要组成部分，是确定整个建设项目从筹建到竣工交付使用所预计花费的全部费用的文件。它是由各单项工程综合概算、工程建设其他费用、预备费、建设期贷款利息和经营性项目的铺底流动资金概算所组成，按照主管部门规定的统一表格进行编制而成。

设计总概算文件一般应包括：封面、签署页及目录，编制说明，总概算表，各单项工程综合概算表，工程量计算表和工料数量汇总表，工程建设其他费用概算表，主要建筑安装材料汇总表，分年度投资汇总表等。现将有关主要情况说明如下。

(1) 封面、签署页及目录。封面、签署页格式见表5-14。

(2) 编制说明。编制说明应包括下列内容。

① 工程概况。简述建设项目性质、特点、生产规模、建设周期、建设地点等主要情况。引进项目要说明引进内容以及与国内配套工程等主要情况。

② 资金来源及投资方式。

③ 编制依据及编制原则。

④ 编制方法。说明设计概算是采用概算定额法还是采用概算指标法等。

⑤ 投资分析。主要分析各项投资的比重、各专业投资的比重等经济指标。

⑥ 其他需要说明的问题。

表5-14 封面、签署页格式

建设项目设计概算文件

建设单位：
建设项目名称：
设计单位(或工程造价咨询单位)：
编制单位：
编制人(资格证号)：
审核人(资格证号)：
项目负责人：
总工程师：
单位负责人：

年 月 日

(3) 总概算表。总概算表应反映静态投资和动态投资两个部分。静态投资是按设计概算编制期价格、费率、利率、汇率等确定的投资；动态投资是指概算编制时期到竣工验收前因价格变化等多种因素所需的投资。总概算表格式详见表5-15。

表5-15 总概算表

序号	概算表编号	工程项目或费用名称	概算价值(元)						技术经济指标				占投资比例(%)
			建筑工程费	设备购置费	安装工程费	其他费用	合计	其中外汇(美元)	计量指标	单位	数量	单位造价(元)	

审定： 审核： 审校： 编制： 编制日期：

(4) 工程建设其他费用概算表。工程建设其他费用概算按国家、地区或部委所规定的项目和标准确定，并按统一格式编制。

(5) 各单项工程综合概算表和建筑安装单位工程概算表。

(6) 工程量计算表和工料数量汇总表。

(7) 主要建筑安装材料汇总表。针对每一个单项工程列出钢筋、型钢、水泥、木材等主要建筑安装材料的消耗量。

(8) 分年度投资汇总表，示例详见表 5-16。

表 5-16　分年度投资汇总表

序号	主页号	工程项目或费用名称	总投资(万元)		分年度投资(万元)								备注
			总计	其中外币	第一年		第二年		第三年		…		
					总计	其中外币	总计	其中外币	总计	其中外币	总计	其中外币	

审定：　　　　审核：　　　　审校：　　　　编制：　　　　编制日期：

5.4　施工图预算

5.4.1　施工图预算概述

1．施工图预算的含义

施工图预算是施工图设计预算的简称，又叫设计预算。它是由设计单位在施工图设计完成后，根据施工图设计图纸、现行预算定额、费用定额，以及地区设备、材料、人工、施工机械台班等预算价格编制和确定的建筑安装工程造价的文件。

2．施工图预算的作用

施工图预算主要有以下作用。

(1) 施工图预算是设计阶段控制工程造价的重要环节，是控制施工图设计不突破设计概算的重要措施。

(2) 施工图预算是编制或调整固定资产投资计划的依据。

(3) 对于实行施工招标的工程，施工图预算既是工程量清单的编制依据，也是编制标底的依据，是承包企业投标报价的基础。

(4) 施工图预算是施工单位在施工前组织材料、机具、设备及劳动力供应的重要参考，是施工企业编制进度计划、统计完成工作量、进行经济核算的参考依据，是甲乙双方办理工程结算和拨付工程款的参考依据，也是施工单位拟定降低成本措施和按照工程量清单计算结果、编制施工预算的依据。

(5) 对于工程造价管理部门来说，施工图预算是监督、检查执行定额标准，合理确定工程造价，测算造价指数的依据。

3．施工图预算的内容

施工图预算包括单位工程预算、单项工程预算和建设项目总预算。单位工程预算是根据施工图设计文件、现行预算定额、费用定额，以及人工、材料、设备、机械台班等预算价格资料，编制单位工程的施工图预算；然后汇总所有各单位工程施工图预算，成为单项工程施工图预算；再汇总所有单项工程施工图预算，便是一个建设项目建筑安装工程的总预算。

单位工程预算包括建筑工程预算和设备安装工程预算。建筑工程预算按其工程性质分为一般土建工程预算、卫生工程预算(包括室内外给排水工程、采暖通风工程、煤气工程等)、电气照明工程预算、弱电工程预算、特殊构筑物如炉窑等工程预算和工业管道工程预算等。设备安装工程预算可分为机械设备安装工程预算、电气设备安装工程预算和热力设备安装工程预算等。

5.4.2 施工图预算的编制方法

施工图预算的编制方法可采用工料单价法和综合单价法。其编制程序为：

(1) 编制前的准备工作；

(2) 熟悉图纸和预算定额；

(3) 划分工程项目、计算工程量；

(4) 套单价(计算定额基价)；

(5) 工料分析；

(6) 计算主要材料费；

(7) 按费用定额取费；

(8) 计算工程造价。

施工图预算编制程序如图5.9所示。

1．工料单价法

工料单价法是目前施工图预算普遍采用的方法。它是根据建筑安装工程施工图和预算定额，按分部分项的顺序，先算出分项工程量，然后再乘以对应的定额基价，求出分项工程直接工程费；将分项工程直接工程费汇总为单位工程直接工程费，直接工程费汇总后另加措施费、间接费、利润、税金生成施工图预算造价的一种方法。

取费基数(计费基数)有三种，即直接费、人工费加机械费和人工费。

(1) 以直接费为取费基数的计算程序(表5-17)。

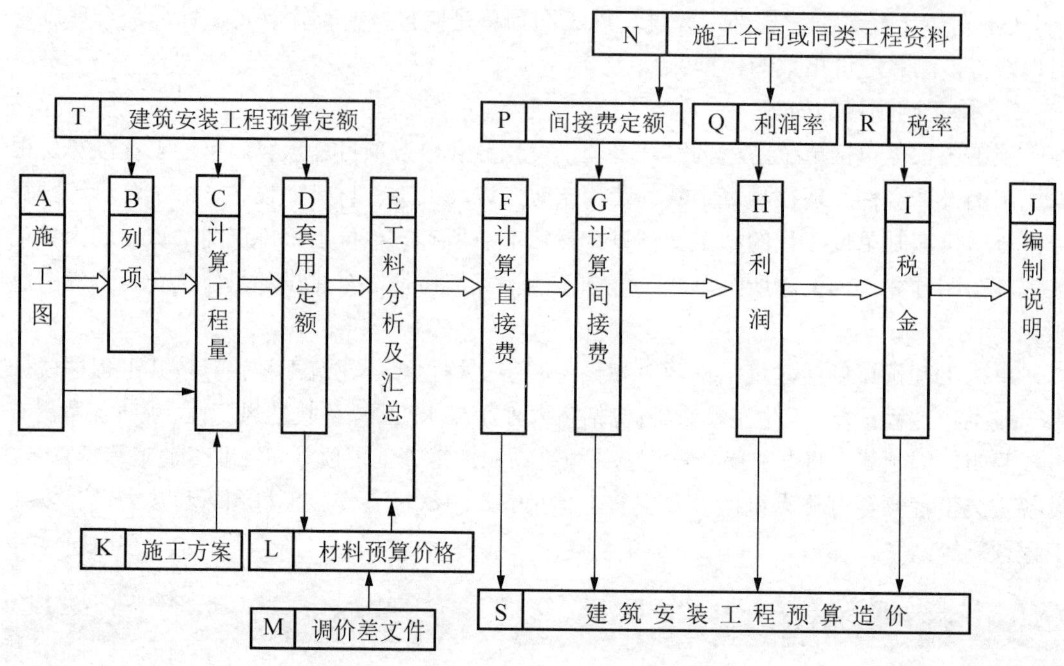

图 5.9　施工图预算编制程序示意图

注：(1) 双线箭头“⟹”表示的是施工图预算编制的主要程序。

(2) 施工图预算编制依据的代号有：A、T、K、L、M、N、P、Q、R。

(3) 施工图预算编制内容的代号有：B、C、D、E、F、G、H、I、S、J。

表 5-17　以直接费为取费基数的计算程序

序　号	费 用 项 目	计 算 方 法	备　注
(1)	直接工程费	按预算表计取	
(2)	措施费	按规定标准计算	
(3)	直接费小计	(1)+(2)	
(4)	间接费	(3)×相应费率	
(5)	利润	[(3)+(4)]×相应利润率	
(6)	合计	(3)+(4)+(5)	
(7)	含税造价	(6)×(1+相应税率)	

(2) 以人工费和机械费为取费基数的计算程序(表 5-18)。

表 5-18　以人工费和机械费为取费基数的计算程序

序　号	费 用 项 目	计 算 方 法	备　注
(1)	直接工程费	按预算表计取	
(2)	其中：人工费和机械费	按预算表计取	
(3)	措施费	按规定标准计算	

续表

序　号	费 用 项 目	计 算 方 法	备　注
(4)	其中：人工费和机械费	按规定标准计算	
(5)	直接费小计	(1)+(3)	
(6)	人工费和机械费小计	(2)+(4)	
(7)	间接费	(6)×相应费率	
(8)	利润	(6)×相应利润率	
(9)	合计	(5)+(7)+(8)	
(10)	含税造价	(9)×(1+相应税率)	

(3) 以人工费为取费基数的计算程序(表 5-19)。

表 5-19　以人工费为取费基数的计算程序

序　号	费 用 项 目	计 算 方 法	备　注
(1)	直接工程费	按预算表计取	
(2)	直接工程费中的人工费	按预算表计取	
(3)	措施费	按规定标准计算	
(4)	措施费中的人工费	按规定标准计算	
(5)	直接费小计	(1)+(3)	
(6)	人工费小计	(2)+(4)	
(7)	间接费	(6)×相应费率	
(8)	利润	(6)×相应利润率	
(9)	合计	(5)+(7)+(8)	
(10)	含税造价	(9)×(1+相应税率)	

2．综合单价法

所谓综合单价，即分项工程全费用单价，它综合了人工费、材料费、机械费，有关文件规定的调价、利润、税金，现行取费中有关费用、材料价差，以及采用固定价格的工程所测算的风险金等全部费用。

这种方法与工料单价法相比较，主要区别在于：间接费、利润和税金是用一个综合管理费率分摊到分项工程单价中，从而形成分项工程全费用单价(综合单价)，某分项工程综合单价乘以工程量即为该分项工程的完全价格。

综合单价法下建筑安装工程预算的数学公式如下：

$$建筑安装工程预算造价=(\sum 分项工程完全价格)+措施项目完全价格$$

其中，分项工程完全价格包括完成该分项工程的直接费以及分摊在该分项工程上的间接费、利润和税金(措施项目完全价格的形成与此类似)。

由于各分部分项工程中的人工、材料、机械各项费用所占比例不同，各分项工程造价可根据其材料费占分项直接工程费的比例(以字母“C”代表该项比值)在以下三种计算程序中选择一种计算其综合单价。

(1) 当 $C>C_0$(C_0 为本地区原费用定额测算所选典型工程材料费占分项直接工程费的比例)时，可采用以分项直接工程费为基数计算该分项工程的间接费和利润，见表 5-20。

表 5-20　以直接费为计算基础计算间接费和利润

序　　号	费 用 项 目	计 算 方 法	备　　注
(1)	分项直接工程费	人工费+材料费+机械费	
(2)	间接费	(1)×相应费率	
(3)	利润	[(1)+(2)]×相应利润率	
(4)	合计	(1)+(2)+(3)	
(5)	含税造价	(4)×(1+相应税率)	

(2) 当 $C<C_0$ 值的下限时，可采用以人工费和机械费合计为基数计算该分项工程的间接费和利润，见表 5-21。

表 5-21　以人工费和机械费为计算基础计算间接费和利润

序　　号	费 用 项 目	计 算 方 法	备　　注
(1)	分项直接工程费	人工费+材料费+机械费	
(2)	其中：人工费和机械费	人工费+机械费	
(3)	间接费	(2)×相应费率	
(4)	利润	(2)×相应利润率	
(5)	合计	(1)+(3)+(4)	
(6)	含税造价	(5)×(1+相应税率)	

(3) 如该分项的直接工程费仅为人工费，无材料费和机械费时，可采用以人工费为基数计算该分项工程的间接费和利润，见表 5-22。

表 5-22　以人工费为计算基础计算间接费和利润

序　　号	费 用 项 目	计 算 方 法	备　　注
(1)	分项直接工程费	人工费+材料费+机械费	
(2)	直接工程费中的人工费	人工费	
(3)	间接费	(2)×相应费率	
(4)	利润	(2)×相应利润率	
(5)	合计	(1)+(3)+(4)	
(6)	含税造价	(5)×(1+相应税率)	

本 章 小 结

本章主要内容由两大部分构成：第一部分是建设项目决策阶段工程造价的管理，主要讲述投资决策的含义，建设项目决策与工程造价的关系，可行性研究的概念、作用及编制内容，我国项目投资估算的阶段划分与精度要求，建设项目投资估算的内容及方法，财务评价指标体系与方法等；第二部分是建设项目设计阶段工程造价的管理，主要讲述工程设计的含义、设计阶段的划分、设计阶段工程造价与控制的意义、工程设计方案技术经济评价、工程设计优化的途径和方法、价值工程的应用、设计概算的含义及作用、设计概算的内容及编制方法、设计施工图预算的基本概念、施工图预算的编制方法等。

案例分析

【案例1】背景资料：

某企业拟建一工厂，计划建设期为3年，第四年建成投产，投产当年的生产负荷达到设计生产能力的60%，第五年达到设计生产能力的85%，第六年达到设计生产能力。项目运营期为20年。

该项目所需设备分为进口设备与国产设备两部分。进口设备重1000t，其装运港船上交货价为600万美元，海运运费为300美元/t，海运保险费和银行手续费分别为货价的2‰和5‰，外贸手续费率为1.5%，增值税税率为17%，关税税率为25%，美元兑人民币汇率为1∶7.0。设备从到货口岸至安装现场有500km，运输费为0.5元人民币/(t·km)，装卸费为50元人民币/t，国内运输保险费率为抵岸价的1‰，设备的现场保管费率为抵岸价的2‰。国产设备均为标准设备，其带有备件的订货合同价为9500万元人民币。国产标准设备的设备运杂费率为3‰。

该项目的工具、器具及生产家具购置费率为4%。

该项目建筑安装工程费用估计为5000万元人民币，工程建设其他费用估计为3100万元人民币。建设期间的基本预备费费率为5%，涨价预备费为2000万元人民币。流动资金估计为5000万元人民币。

项目的资金来源分为自有资金与贷款，其贷款计划为：建设期第一年贷款3100万元人民币、350万美元；建设期第二年贷款4000万元人民币、250万美元；建设期第三年贷款2000万元人民币。贷款的人民币部分从中国建设银行获得，年利率10%(按季度计息)；贷款的外汇部分从中国银行获得，年利率为8%(按年计息)。

问题：

1. 估算设备及工器具购置费用。
2. 估算建设期贷款利息。
3. 估算工厂建设的总投资。

分析要点：

本案例涉及第3章建设工程造价构成的有关知识，主要知识点为：

(1) 设备购置费的概念与计算。

(2) 名义利率与实际利率的概念与计算。

(3) 年度均衡贷款的含义。

(4) 建设期贷款利息的计算。

(5) 建设项目总投资的构成与计算。

参考答案:

问题 1:

【解】(1) 进口设备原价为进口设备的抵岸价，其计算公式为:

进口设备原价=FOB 价+国际运费+运输保险费+银行财务费+外贸手续费+关税+增值税+消费税+海关监管手续费+车辆购置附加费

① 进口设备 FOB 价=600×7.0=4200(万元)

② 国际运费=1000×0.03×7.0=210(万元)

③ 根据题意，本案例运输保险费=FOB 价×2‰

=4200×2‰=8.4(万元)

④ 银行财务费=FOB 价×5‰

=4200×5‰=21(万元)

⑤ 外贸手续费=(FOB 价+国际运费+运输保险费)×1.5%

=(4200+210+8.4)×1.5%=66.28(万元)

⑥ 关税=(FOB 价+国际运费+运输保险费)×25%

=(4200+210+8.4)×25%=1104.6(万元)

⑦ 增值税=(FOB 价+国际运费+运输保险费+关税+消费税)×17%

=(4200+210+8.4+1104.6)×17%=938.91(万元)

本案例进口设备原价=FOB 价+国际运费+运输保险费+银行财务费+外贸手续费+关税+增值税

=4200+210+8.4+21+66.28+1104.6+938.91=6549.19(万元)

(2) 国产设备原价=9500 万元

(3) 国产设备运杂费=设备原价×设备运杂费率

=9500×3‰=28.5(万元)

(4) 进口设备运杂费=运输费+装卸费+国内运输保险费+设备现场保管费

=1000×500×0.5+1000×50+65491900×1‰+65491900×2‰

=49.65(万元)

(5) 设备购置费=设备原价+设备运杂费

=6549.19+9500+28.5+49.65=16127.34(万元)

(6) 工具、器具及生产家具购置费=设备购置费×定额费率

=16127.34×4%=645.09(万元)

(7) 设备及工器具购置费=设备购置费+工具、器具及生产家具购置费

=16127.34+645.09=16772.43(万元)

问题 2:

【解】(1) 人民币部分贷款利息。

① 有效年利率。

$$有效年利率=\left(1+\frac{名义年利率}{年计息次数}\right)^{年计息次数}-1$$

$$=\left(1+\frac{10\%}{4}\right)^{4}-1$$

$$=10.38\%$$

② 建设期各年贷款利息。

第一年贷款利息=2500×1/2×10.38%=129.75(万元)

第二年贷款利息=(2500+129.75+4000×1/2)×10.38%=480.57(万元)

第三年贷款利息=(2500+129.75+4000+480.57+2000×1/2)×10.38%
=841.85(万元)

人民币部分建设期贷款利息=129.75+480.57+841.85=1452.17(万元)

(2) 外汇部分贷款利息。

第一年贷款利息=350×1/2×8%=14(万美元)

第二年贷款利息=(350+14+250×1/2)×8%=39.12(万美元)

外汇部分建设期贷款利息=14+39.12=53.12(万美元)

折合人民币=53.12×7.0=371.84(万元)

(3) 建设期贷款利息合计=1452.17+371.84=1824.01(万元)

问题 3:

【解】建设项目总投资=建设投资+建设期贷款利息+流动资金

(1) 建设投资=设备及工器具购置费+建筑安装工程费+工程建设其他费用+预备费

设备及工器具购置费=16772.43 万元

建筑安装工程费=5000 万元

工程建设其他费用=3100 万元

预备费=基本预备费+涨价预备费

基本预备费=(设备及工、器具购置费+建筑安装工程费+工程建设其他费用)×
基本预备费率
=(16772.43+5000+3100)×5%=1243.62(万元)

涨价预备费=2000 万元

预备费=1243.62+2000=3243.62(万元)

建设投资=16772.43+5000+3100+3243.62=28116.05(万元)

(2) 建设期贷款利息=1824.01 万元

(3) 流动资金=5000 万元

建设项目总投资=28116.05+1824.01+5000=34940.069(万元)

【案例 2】背景资料:

某政府办公楼主体为一幢地上 6 层，地下一层的框剪结构建筑物。假定该工程的土建工程直接工程费为 2800500 元。该工程取费系数为：措施费为直接工程费的 5%，间接费为直接费的 8%，利润按直接费和间接费的 4%计取，税率为 3.51%。土建、水暖电、工器具、

设备购置、设备安装等单位工程造价占单项工程综合造价的比例分别为 48.49%、19.36%、1%、26.65%、4.5%。

问题：

1. 确定该办公楼的土建工程预算造价。
2. 确定各单位工程造价和整个单项工程综合造价。

分析要点：

建筑安装工程造价的构成及费用计算。

参考答案：

问题 1:

【解】直接工程费=2800500 元

措施费=直接工程费×5%=2800500×5%=140025(元)

直接费=直接工程费+措施费=2800500+140025=2940525(元)

间接费=直接费×8%=2940525×8%=235242(元)

利润=(直接费+间接费)×4%=(2940525+235242)×4%=127030.68(元)

税金=(直接费+间接费+利润)×3.51%

=(2940525+235242+127030.68)×3.51%=115928.2(元)

土建工程预算造价=直接费+间接费+利润+税金

=2940525+235242+127030.68+115928.2=3418725.88(元)

问题 2:

【解】土建工程预算造价为 3418725.88 元，占单项工程综合造价的比例为 48.49%

因此，单项工程综合造价=3418725.88/48.49%=7050373.03(元)

水暖电工程预算造价=7050373.03×19.36%=1364952.22(元)

工器具费用=7050373.03×1%=705037.3(元)

设备购置费用=7050373.03×26.65%=1878924.41(元)

设备安装费用=7050373.03×4.5%=317266.79(元)

思考与练习

一、单项选择题

1. 建设项目可行性研究报告的主要内容是(　　)。

   A. 市场研究、技术研究和风险研究

   B. 经济研究、技术研究和综合研究

   C. 市场研究、技术研究和效益研究

   D. 经济研究、技术研究和资源研究

2. 关于项目决策与工程造价的关系，下列说法中不正确的是(　　)。

   A. 项目决策的深度影响投资决策估算的精确度

B. 工程造价合理性是项目决策正确性的前提

C. 项目决策的深度影响工程造价的控制效果

D. 项目决策的内容是决定工程造价的基础

3. 建设项目可行性研究报告可作为(　　)的依据。

A. 调整合同价　　B. 项目后评估

C. 编制标底和投标报价　　D. 工程结算

4. 下列不属于工程建设投资的是(　　)。

A. 建筑安装工程费　　B. 购买生产所需原材料的费用

C. 涨价预备费　　D. 基本预备费

5. 某建设项目有4个方案，其评价指标见表5-23，根据价值工程原理，最好的方案是(　　)方案。

表5-23　方案评价指标表

方　案	甲	乙	丙	丁
功能评价总分	12	9	14	13
成本系数	0.22	0.18	0.35	0.25

A. 甲　　B. 乙　　C. 丙　　D. 丁

6. 某工程共有3个方案，方案一的功能评价系数为0.61，成本评价系数为0.55；方案二的功能评价系数为0.63，成本评价系数为0.6；方案三的功能评价系数为0.69，成本评价系数为0.50。则根据价值工程原理确定的最优方案为(　　)。

A. 方案一　　B. 方案二　　C. 方案三　　D. 无法确定

7. 当初步设计达到一定的深度，建筑结构比较明确时，编制建筑工程概算可以采用(　　)。

A. 单位工程指标法　　B. 概算指标法

C. 概算定额法　　D. 类似工程预算法

8. 拟建砖混结构住宅工程，其外墙采用贴釉面砖，每平方米建筑面积消耗量为0.9m^2，釉面砖全费用单价为50元/m^2。类似工程概算指标为58050元/100m^2，外墙采用水泥砂浆抹面，每平方米建筑面积消耗量为0.92m^2，水泥砂浆抹面全费用单价为9.5元/m^2，则该砖混结构住宅工程修正概算指标为(　　)元/m^2。

A. 571.22　　B. 616.76　　C. 625.00　　D. 633.28

9. 在用单价法编制施工图预算过程中，单价是指(　　)。

A. 人工日工资单价　　B. 材料单价

C. 施工机械台班单价　　D. 人工、材料、机械台班单价

10. 在用单价法编制施工图预算时，当施工图纸的某些设计要求与定额单价特征相差甚远或完全不同时，应(　　)。

A. 直接套用　　B. 按定额说明对定额基价进行调整

C. 按定额说明对定额基价进行换算　　D. 编制补充单位估价表或补充定额

二、多项选择题

1. 建设项目可行性研究的作用表现在(　　)。

A. 作为建设项目决策的依据　　B. 作为编制设计文件的依据

C. 作为前期投资的依据　　D. 作为向银行贷款的依据

E. 作为项目后评估的依据

2. 流动资金就是周转资金，它的用途是(　　)。

A. 购买原材料　　B. 购买燃料

C. 支付工人工资　　D. 用作保险金

E. 作为涨价预备费

3. 项目财务动态评价指标包括(　　)。

A. 资产负债率　　B. 财务净现值

C. 流动比率　　D. 动态投资回收期

E. 财务内部收益率

4. “三阶段设计”是指(　　)。

A. 总体设计　　B. 初步设计

C. 技术设计　　D. 修正设计

E. 施工图设计

5. 建筑单位工程设计概算的编制方法包括(　　)。

A. 预算单价法　　B. 概算定额法

C. 造价指标法　　D. 类似工程预算法

E. 概算指标法

6. 采用类似工程预算法编制单位工程概算时，应考虑修正的主要差异包括(　　)。

A. 拟建对象与类似预算设计结构上的差异

B. 地区工资、材料预算价格及机械使用费的差异

C. 间接费用的差异

D. 建筑企业等级的差异

E. 工程隶属关系的差异

7. 在设计阶段实施价值工程可以(　　)。

A. 使建筑产品的功能更为合理

B. 有效地控制工程造价

C. 节约社会资源

D. 使建筑产品的造价达到最低

E. 使建筑产品功能更好，造价最低

三、计算题

【案例1】背景资料：

某企业拟投资建设一个新型建筑材料加工厂，该项目的主要数据如下。

(1) 该项目设计生产能力为45万t，已知生产能力为30万t的同类项目投入设备费用为30000万元，设备综合调整系数为1.1，该项目的生产能力指数估算为0.8。

(2) 该项目的建筑工程费用是设备费的 10%，安装工程费用是设备费的 20%，其他工程费用是设备费的 10%，这三项的综合调整系数为 1.0，其他投资费用估算为 1000 万元。

(3) 项目建设期为 3 年，投资进度计划为：第一年为 30%，第二年为 50%，第三年为 20%。

(4) 基本预备费率为 10%，建设期内生产资料涨价预备费率为 5%。

(5) 该项目的自有资金为 50000 万元，其余通过银行贷款获得，年利率为 8%，按季计息，贷款发放进度与项目投资进度一致。

(6) 根据已建成同类资料，每万吨产品占用流动资金为 50 万元。

问题：

1. 估算项目建设投资。
2. 估算建设期贷款利息。
3. 用扩大指标估算法估算项目流动资金。
4. 估算建设项目的总投资。

注：计算结果保留小数点后 2 位。

【案例 2】背景资料：

某地区 2015 年年初拟建一工业项目，有关资料如下。

(1) 该项目生产线设备中，国产设备购置费为 2000 万元人民币，进口设备费折合人民币 FOB 价为 2500 万元，CIF 价为 3020 万元；进口设备国内运输费为 100 万元，银行财务费率为 0.5%，外贸手续费率为 1.5%，关税税率为 10%，增值税税率为 17%。

(2) 本地区 2012 年已建成类似工程项目中，土建建筑工程费为设备投资的 23%，有关资料及 2015 年年初预测相关信息详见表 5-24。项目所在行业建筑工程综合费率为 24.74%。设备安装工程费用为设备投资的 9%，其他费用为设备投资的 8%，2012—2015 年由于时间因素所引起的综合调整系数分别为 0.98 和 1.16。基本预备费率为 8%。

(3) 已建类似工程建筑面积为 $10000m^2$，拟建工程建筑面积为 $15000m^2$。计划利润为 7%，综合税率为 3.413%。

表 5-24 已建类似工程造价资料及 2015 年年初预算价格信息表

名　称	单　位	数　量	2012 年预算单价(元)	2015 年年初预算单价(元)
人工	工日	24000	28	32
钢材	t	440	2410	4100
木材	m^3	120	1251	1250
水泥	t	850	352	383
名　称	单　位	合　价		调 整 系 数
其他材料费	万元	198.50		1.10
机械台班费	万元	66.00		1.06
措施费率	%		15	1.15
间接费率	%		16	1.20

问题：

1. 根据背景材料计算拟建项目进口设备购置费和设备投资费。

2. 计算类似工程直接工程费和建筑工程费。

3. 计算拟建项目的建筑工程综合调整系数，估算静态投资。

4. 计算类似工程成本造价和平方米成本造价，拟建工程与类似工程费用综合差异系数，估算拟建工程建筑工程总造价。

注：计算结果保留小数点后 2 位。

第6章 建设项目发承包阶段合同价款的约定

教学目标

本章介绍了工程招投标的概念，招标文件的组成与内容，招标程序；招标控制价概念及内容，招标控制价价格编制方法；施工投标报价的编制方法，投标的程序；建设工程施工合同与承包合同价。通过对本章的学习，要求学生掌握建设工程招标工程量清单的编制方法，工程招标控制价和投标报价的编制方法；熟悉建设项目招标投标程序，招标文件的组成与内容，评标方法和合同价款的确定；了解工程招投标对工程造价的影响。

教学要求

知识要点	能力要求	相关知识
招标	(1) 招标文件的编制 (2) 招标文件的编制内容 (3) 招标工程量清单 (4) 招标控制价的编制	(1) 招标文件的组成与内容、招标程序 (2) 招标控制价的概念及内容、招标控制价的编制方法
投标	(1) 投标报价书的编制 (2) 投标文件的编制内容 (3) 投标报价分析	(1) 投标报价的概念、投标报价书的编制内容、方法和步骤 (2) 投标报价策略的应用
评标	(1) 评标 (2) 评标程序 (3) 评标标准及方法 (4) 中标人确定	评标方法、评标程序
合同价款约定	(1) 合同类型 (2) 合同价款约定	(1) 施工合同分类、各类合同特点及适用条件 (2) 合同约定内容

引言

工程招标流程是指为某项工程建设或大宗商品买卖，邀请愿意承包或交易的厂商出价以从中选择承包或交易的行为。程序一般为：选择邀请厂商，并发给招标文件，或附上图纸和样品；投标人按要求递交投标文件；然后在公证人的主持下当众开标、评标，以全面符合条件者为中标人；最后双方签订承包或交易合同。

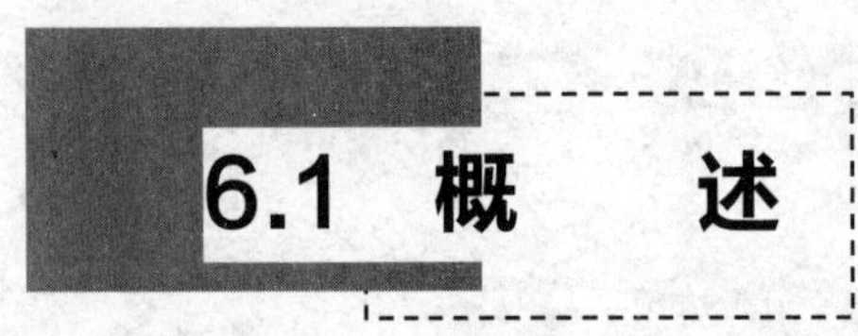

6.1 概　述

6.1.1 工程招投标的概念

1．工程招标的概念

建设工程招标是指招标人在发包建设项目之前，依据法定程序，以公告招标或邀请招标的方式提出有关招标项目的要求和条件，投标人依据招标文件的要求参与投标报价，然后通过评定，择优选取优秀的投标人为中标人的一种交易活动。

2．工程投标的概念

建设工程投标是工程招标的对称概念，指具有合法资格和能力的投标人，根据招标条件，在指定期限内填写标书，提出报价，并等候开标，决定能否中标的经济活动。

6.1.2 工程招投标的范围、方式及种类

1．工程招投标的范围

《中华人民共和国招标投标法》规定，在我国境内进行的、必须进行招标的项目有如下几类，包括勘察、设计、施工、监理及有关重要设备、材料采购等。

(1) 大型基础设施、公用事业等关系社会公共利益、公众安全的项目。

(2) 全部或者部分使用国有资金投资或国家融资的项目。

(3) 使用国际组织或外国政府贷款、援助资金的项目。

但涉及国家安全、秘密或抢险救灾且不适宜招标的工程项目，或以工代赈需要使用农民工的项目，或施工企业自建自用的工程等可以不招标。

2．工程招投标的方式

1) 公开招标

公开招标是由招标单位通过报纸、期刊、广播、电视等方式公开发布招标信息，是一种无限制的竞争方式，有意的承包商均可参加资格审查，合格的承包商可购买招标文件，参加投标的招标方式。

优点：范围广，承包商多，竞争激烈，择优率高，业主有更多的选择余地，有利于降低工程造价，提高工程质量和缩短工期，同时也在较大程度上避免招标过程中的贿标行为。

缺点：招标工作量大，投入的人力、物力多，招标时间长。参加竞争的投标者越多，中标机会就小，投标风险就越大，损失的费用也就越多，这种损失必然会反映在标价中，最终会由招标人承担，且当参与投标的单位少于 3 家时需重新再招标。

2) 邀请招标

邀请招标又称有限竞争性招标，是招标人以投标邀请书的方式邀请具备招标项目能力、资质良好的特定法人或者其他组织(多于3家)投标。

优点：不用发布招标公告，不用进行资格预审，简化招标程序，工作量较小，减少了承包商违约风险。特别适合采购标的较小的工程项目。同时不宜公开招标的项目也应采用邀请招标方式。

缺点：范围窄，承包商少，竞争不太激烈，业主选择的余地较少，降低工程造价等方面的机会较少。

3) 两种方式招标程序的异同

公开招标与邀请招标方式程序的异同见表6-1。

表6-1 两种方式招标程序的异同

招标方式	不同	相同
公开招标	承包商获得招标信息的方式不同	都要经过招标准备，资格审查，投标、开标、评标三个阶段
邀请招标	对投标人资格审查的方式不同	

3．工程招投标的种类

1) 工程总承包招投标

工程总承包招投标又叫建设项目全过程招投标，在国外也称“交钥匙”承包方式，是从项目建议书开始，对可行性研究、项目决策、项目勘察、项目设计(初步设计、技术设计、施工设计)、设备材料的采购、工程施工、试运行全面实行招标的法律行为。

工程总承包单位根据建设单位提出的工程使用要求，对项目建议书、可行性研究、勘察设计、设备询价与选购、材料订货、工程施工、生产准备、试生产、竣工投产等全面投标报价。

2) 勘察招投标

建设工程勘察招标是指招标人就拟建工程的勘察任务发布通告，以法定方式吸引勘察单位参加竞争，经招标人审查获得投标资格的勘察单位按照招标文件的要求，在规定时间内向招标人填报标书，招标人从中选择条件优越者完成勘察任务的法律行为。

3) 设计招投标

建设工程设计招标是指招标人就拟建工程的设计任务发布通告，以吸引设计单位参加竞争，经招标人审查获得投标资格的设计单位按照招标文件的要求，在规定时间内向招标人填报标书，招标人择优确定中标单位来完成工程设计任务的法律行为。

4) 施工招投标

建设工程施工招标是指招标人就拟建工程的工程发布公告或邀请，以法定方式吸引施工企业参加竞争，经招标人审查获得投标资格的设计单位按照招标文件的要求，在规定时间内向招标人填报标书，招标人择优确定中标单位来完成工程施工任务的法律行为。这是本书的重点。

5) 监理招投标

建设工程监理招标是指招标人为了委托监理任务的完成，以法定方式吸引监理单位参加竞争，招标人择优确定中标单位来完成工程监理任务的法律行为。

6) 工程材料设备招投标

建设工程材料设备招标是指招标人就拟购买的材料设备发布公告或邀请，以法定方式吸引建设工程材料设备供应商参加竞争，招标人从中择优确定条件优越者购买其材料设备的法律行为。

6.1.3 工程招投标的程序

1. 施工招标程序

(1) 招标准备。

① 项目报建，建设单位资质审查。

② 确定招标方式。

③ 标段划分。

④ 招标申请。

(2) 招标公告和投标邀请书的编制与发布。

(3) 对投标人的资格审查。

(4) 编制和发售招标文件。

施工招标程序如图 6.1 所示。

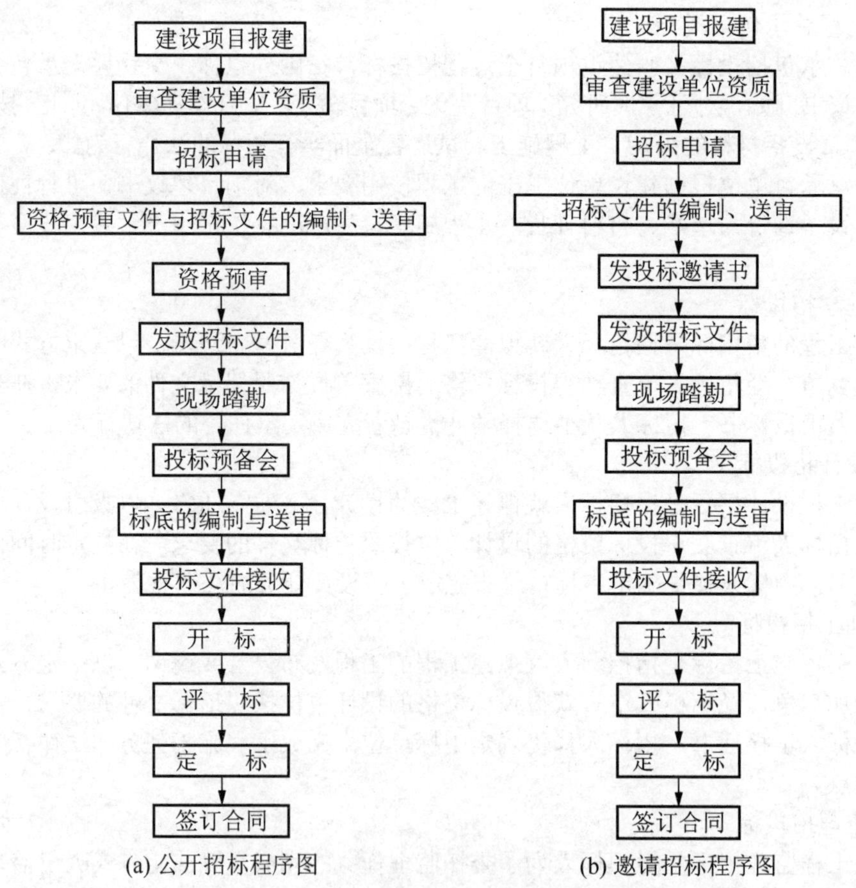

(a) 公开招标程序图　　(b) 邀请招标程序图

图 6.1　施工招标程序图

2．施工投标报价程序

投标人决定参加投标的任何一个施工项目，都必须经历三个阶段，即前期准备阶段→调查询价阶段→报价编制阶段。具体流程如图 6.2 所示。

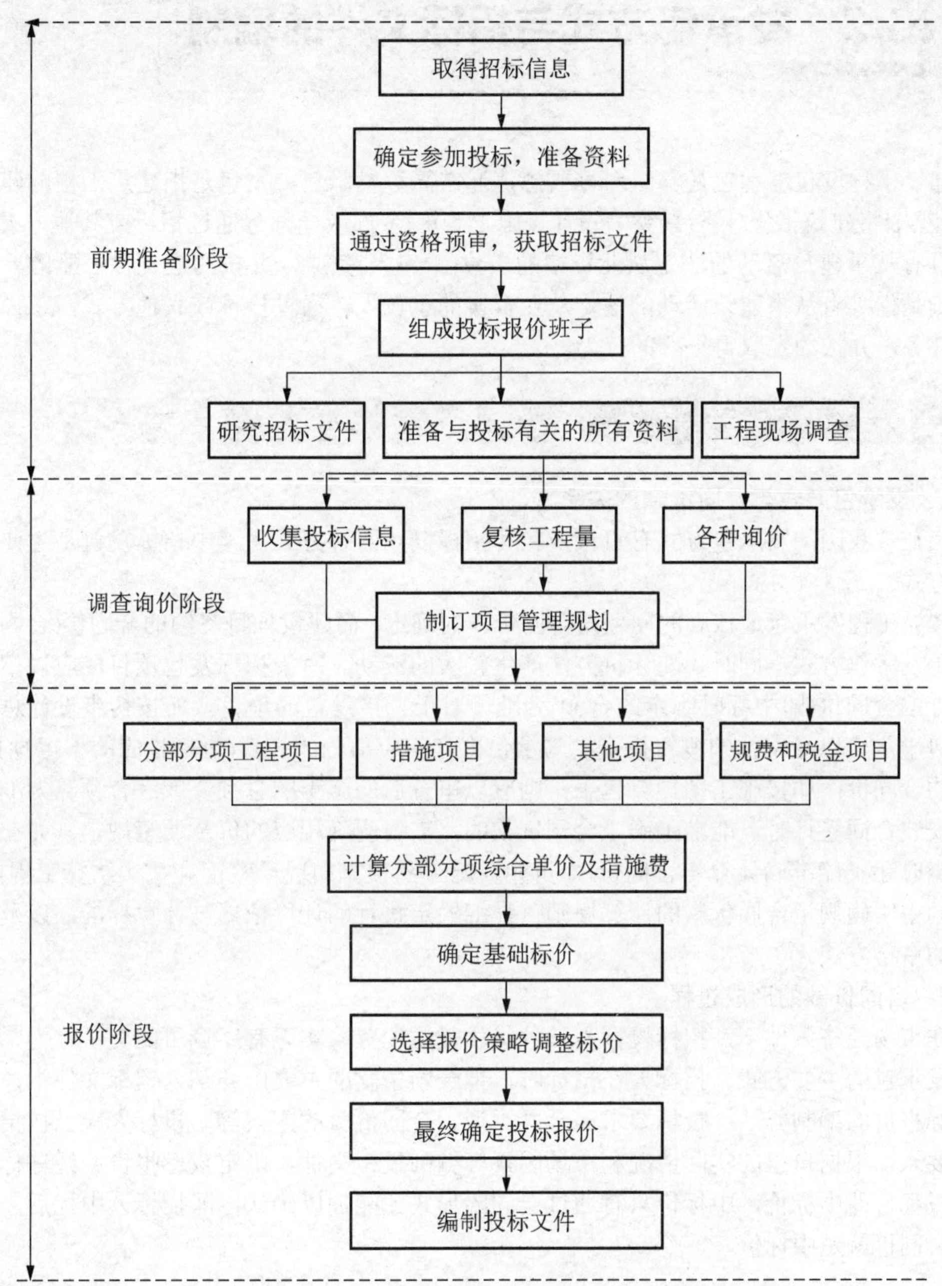

图 6.2　施工投标流程图

6.2 发承包方式与招标文件的编制

建设工程发包与承包是一组对称概念，通常简称发承包。发包是指建筑工程的建设单位(发包人)将建筑工程任务(勘察、设计、施工等)的全部或一部分通过招标或其他方式，交付给具有从事建筑活动的法定从业资格的单位(承包人)完成，并按约定支付报酬的行为。承包则是指具有从事建筑活动的法定从业资格的承包人，通过投标或其他方式，承揽建筑工程任务，并按约定取得报酬的行为。

6.2.1 发承包方式与合同价款

1. 发承包方式与合同价款的关系

当前，我国的发承包方式有直接发包和招标发包两种方式。其中招标发包是主要的发承包方式。

建设工程发承包最核心的问题是合同价款的确定。而建设项目签约的合同价(合同价款)取决于发承包方式，同时还随计价方法产生较大的波动。对于招标发包项目，应以招标投标签订的合同价(即中标时确定的金额)为准。对于直接发包的项目，如按初步设计总概算投资包干，应以经审批的概算投资中与承包内容相应部分的投资(包括相应的不可预见费)为签约合同价；如按施工图预算包干，则应以审查后的施工图总预算或综合预算为准。在建筑安装合同签订时，能准确确定合同价款的，需要明确相应的价款调整规定；如在合同签订当时还不能准确计算出合同价款的(如发施工图预算加现场签证和按实结算工程)，应在合同中明确规定合同价款的计算原则，详细约定执行的计价依据与计算标准，以及合同价款的审定方式。

2. 合同价款的形成过程

在市场经济条件下，招标投标是一种优化资源配置、实现有序竞争的交易行为，也是工程发承包的主要方式。招标人在招标时，把合同条款的主要内容纳入招标文件中，规定了投标报价的编制方法、投标要求、合同类型、合同价款的方式等。投标人应当按招标文件的要求，根据自己的实际情况和市场因素等编制投标文件，确定投标报价。经评标被认可的投标价即中标价，中标价只有通过合同的形式才能加以确认，即投标人中标后，所签订的合同价就是中标价。

6.2.2 招标文件的组成、编制内容及澄清与修改

按照《中华人民共和国招标投标法》的规定，招标文件包括招标项目的技术要求、对投标人资格审查的标准、投标报价的要求和评标标准等所有实质性要求和条件以及拟签合

同的主要条款。建设项目施工招标文件是由招标人(或其委托的咨询机构)编制，由招标人发布，它既是投标人编制投标文件的依据，也是招标人与中标人签订发承包合同的基础。

1．施工招标文件的组成

《中华人民共和国招标投标法》规定，招标文件必须由以下文件构成。

(1) 招标公告(或投标邀请书)。

(2) 投标须知。

(3) 评标办法。

(4) 合同条款及格式。

(5) 工程量清单。

(6) 图纸。

(7) 技术标准和要求。

(8) 投标文件格式。

(9) 规定的其他资料。

2．施工招标文件及施工招标过程其他文件的编制内容

1) 施工招标文件编制的主要内容

施工招标文件由上述9个文件组成，各文件编制的主要内容见表6-2。

表6-2 建设项目施工招标文件的编制

序号	招标文件构成	主 要 内 容
1	招标公告(或投标邀请书)	当未进行资格预审时，招标文件应包括招标公告，当进行资格预审时，招标文件应包括投标邀请书，该邀请书可代替资格预审通知书，以明确投标人已具备的投标资格。其内容包括招标文件的获取、投标文件的递交
2	投标须知	投标人须知包括10个方面内容：总则；招标文件；投标文件；投标；开标；评标；合同授予；重新招标和不再招标；纪律和监督；需要补充的其他内容
3	评标办法	有经评审的最低投标价法和综合评估法两种
4	合同条款及格式	拟采用的通用合同条款、专用合同条款以及各种合同附件格式
5	工程量清单	拟建工程实体性项目、非实体性项目和其他项目名称和相应数量的明细清单，以满足工程项目具体量化和计量支付的需要。它是招标人编制招标控制价和投标人编制投标价的重要依据
6	图纸	应由招标人提供的用于计算招标控制价和投标人计算投标报价所需的各种图纸
7	技术标准和要求	招标文件规定的各项技术标准应符合国家强制标准。这些标准不得要求或示明某一特定的专利、商标、名称、设计、原产地或生产供应商，不得含有偏向或排斥潜在投标人的其他内容
8	投标文件格式	提供各种投标文件编制所应依据的参考格式
9	规定的其他资料	如需其他材料，应在“投标人须知前附表”中规定

2) 施工招标过程其他文件的编制内容

建设项目施工招标过程其他文件主要涉及资格审查文件和公告。若未进行资格预审，可以单独发布招标公告。资格审查文件主要包括资格预审文件和资格预审申请文件；而公告则包括资格预审公告和招标公告。资格审查分为资格预审和资格后审。资格预审是指在投标前对潜在投标人进行的资质条件、业绩、信誉、技术、资金等多方面进行资格审查，而资格后审是指在开标后对投标人进行的资格审查。采取资格预审的，招标人应当在资格预审文件中载明资格预审的条件、标准和方法；若采用资格后审，则招标人应当在招标文件中载明对投标人资格要求的条件、标准和方法。其具体内容见表6-3。

表6-3　建设项目施工招标过程其他文件

序号	公　　告		资格审查文件	
	招标公告	资格预审公告	资格预审文件	资格预审申请文件
1	招标条件	招标条件	资格预审公告	资格预审申请函
2	项目概况与招标范围	项目概况与招标范围	申请人须知	法定代表人身份证明或附有法定代表人身份证明的授权委托书
3	投标人的资格要求	申请人的资格要求	资格审查办法	联合体协议书
4	—	资格预审的方法	资格预审申请文件格式	申请人基本情况表
5	招标文件获取	资格预审文件获取	项目建设概况	近年财务状况表
6	投标文件的递交	资格预审申请文件的递交	资格预审文件的澄清和修改说明	近年完成的类似项目情况表
7	发布公告的媒体	发布公告的媒体	—	正在施工和新承接的项目情况表
8	联系方式	联系方式	—	近年发生的诉讼及仲裁情况
9	—	—	—	其他材料

3. 招标文件的澄清和修改

1) 招标文件的澄清

投标人应仔细阅读和检查招标文件内容。如发现缺页或附件不全，应及时向招标人提出，以便补齐。如有疑问，应在规定时间内以书面形式要求招标人对招标文件进行澄清。

招标文件的澄清应在投标截止时间前 15d 以书面形式发给所有购买招标文件的投标人，但不指明澄清问题的来源。如果澄清发出的时间距投标截止时间不足 15d，则应相应推迟投标截止时间。

投标人收到澄清后，应在规定时间内以书面形式通知招标人，确认已收到该澄清。投标人收到澄清后的确认时间，可以采用一个相对时间，如招标文件澄清发出后 15h 以内；也可以采用一个绝对时间，如2016年1月10日。

2) 招标文件的修改

招标人对已发出的招标文件进行必要的修改，应在投标截止时间 15d 前。招标人可以以书面形式修改招标文件，并通知所有已购买招标文件的投标人。如果修改招标文件时间距投标截止时间不足 15d，则应相应推迟投标截止时间。投标人收到修改内容后，应在规定时间内以书面形式通知招标人，确认已收到该修改文件。

6.3 招标工程量清单与招标控制价

6.3.1 相关概念

1. 招标工程量清单

招标工程量清单是招标人依据国家标准、招标文件、设计文件以及施工现场实际情况编制的，与招标文件一起发布供投标报价的工程量清单，包括分部分项工程量清单、措施项目清单、其他项目清单、规费和税金清单以及对其的说明和表格。

2. 招标控制价

招标控制价是根据国家或省级、行业建设行政主管部门颁发的有关计价依据和计价办法，以及拟定的招标文件和招标工程量清单，结合工程具体情况编制并随招标文件一起发布的工程最高投标限价。根据住房与城乡建设部颁布的《建筑工程施工发包与承包计价管理办法》(住建部令第16号)的规定，国有资金投资的建筑工程招标的，应当设有最高投标限价，非国有资金投资的建筑工程招标的，可以设有最高投标限价或招标标底。

6.3.2 招标工程量清单的编制

招标工程量清单由招标人或其委托的工程咨询人根据工程项目设计文件、编制出招标工程项目的工程量清单，并作为招标文件的组成部分。 招标工程量清单的编制原则是“量价分离”的“风险分担”。招标工程量清单的准确性和完整性由招标人负责，投标人根据招标文件并结合实际，参考市场有关价格信息完成清单项目的组合报价，并承担相应风险。

1. 招标工程量清单的编制依据及准备工作

1) 招标工程量清单的编制依据

(1)《建设工程工程量清单计价规范》(GB 50500—2013)以及各专业工程计量规范等。

(2) 国家或省级、行业建设主管部门颁布的计价定额和办法。

(3) 建设工程设计文件及相关资料。

(4) 与建设工程有关的标准、规范、技术资料。

(5) 拟定的招标文件。

(6) 施工现场情况、地勘水文资料、工程特点及常规施工方案。

(7) 其他相关资料。

2) 招标工程量清单编制前的准备工作

在收集资料和编制依据基础上，还应经过初步设计、现场踏勘、拟订常规施工组织设计三个准备阶段。具体内容见表6-4。

表 6-4　招标工程量清单编制前的准备工作

<table>
<tr><th>工程阶段</th><th colspan="2">具体内容</th><th>目　的</th></tr>
<tr><td>初步研究</td><td colspan="2">① 熟悉编制依据及设计文件，掌握工程总体概况
② 熟悉招标文件及图纸，确定工程量清单编审范围
③ 收集相关市场价格信息，为暂估价的确定提供依据
④ 收集清单缺项资料，为补充项目的制订提供依据</td><td>研究各种资料，为工程量清单的编制做准备</td></tr>
<tr><td>现场踏勘</td><td colspan="2">① 调查自然地理条件(包括工程所在地地理环境、气象和水文、地势情况、地质构造及自然灾害等)
② 调查施工条件(包括道路、进出场条件、临时设施、大型机具、材料堆放，现场邻近建筑物、市政给排水管线位置、工程通信线路连接情况等)</td><td>现场踏勘，以便充分了解施工现场情及工程特点，选用合理施工组织设计和施工技术方案</td></tr>
<tr><td rowspan="2">拟订常规施工组织设计</td><td>编制依据</td><td>招标文件中的相关要求，设计文件中的图纸及相关说明，现场踏勘资料，有关定额，现行有关技术标准，施工规范或规则等</td><td rowspan="2">根据项目的具体情况编制施工组织设计，拟定工程的施工方案、施工顺序、施工方法等，便于工程量清单的编制及准确计算</td></tr>
<tr><td>注意事项</td><td>① 估算整体工程量
② 拟定施工总方案
③ 确定施工顺序
④ 编制施工进度
⑤ 计算人、材、机资源需要量
⑥ 施工平面的设置</td></tr>
</table>

2. 招标工程量清单的编制内容

招标工程量清单包括工程量清单总说明、分部分项工程量清单、措施项目清单、其他项目清单、规费和税金项目清单。

1) 工程量清单总说明

工程量清单总说明应包括以下 5 个方面的内容。

(1) 工程概况。要对项目的建设规模、工程特征、计划工期、施工现场实际情况、自然地理条件、环境保护要求等做描述，具体见表 6-5。

表 6-5　工程概况描述一览表

序　号	描述事项	具体内容
①	建设规模	是指建筑总面积
②	工程特征	应说明基础及结构类型、建筑层数、高度、门窗类型及各部位装饰、装修做法
③	计划工期	按施工工期定额计算的施工天数
④	施工现场实际情况	是指施工现场场地的地表状况
⑤	自然地理条件	是指建筑物所处地理位置的气候及交通运输条件
⑥	环境保护要求	是针对施工噪声及材料运输可能对周围环境造成的影响和污染所提出的防护要求

(2) 工程招标及分包范围。招标范围是指单位工程的招标范围，如建筑工程招标范围为“全部建筑工程”，装饰装修工程招标范围为“全部装饰装修工程”，或招标范围不含桩基础、幕墙、门窗等。工程分包是指特殊工程项目的分包，如招标人自行采购安装“铝合金闸窗”等。

(3) 工程量清单编制依据。包括建设工程工程量清单计价规范、设计文件、招标文件、施工现场情况、工程特点及常规施工方案等。

(4) 工程质量、材料、施工等物殊要求。工程质量要求，是指招标人要求拟建工程的质量应达到合格或优良标准；材料要求，是指招标人根据工程的重要性、使用功能及装饰装修标准提出，如水泥的品牌、钢筋的生产厂家等；施工要求，一般是指建设项目中对单项工程的施工顺序等的要求。

(5) 其他需要说明的事项。

2) 分部分项工程量清单

分部分项工程量清单是指所要拟建工程的分项实体工程项目名称和相应数量的明细清单。它包括项目编码、项目名称、项目特征、计量单位和工程量5项内容，具体见表6-6。

表6-6 分部分项工程量清单的组成及编制内容

序号	构成要素	描述内容	注意事项
1	项目编码	应根据拟建工程的工程量清单项目名称，从对应的计量规范附录中找出对应的编码(即前9位数)，然后按规定增加后3位数	同一招标工程的项目编码不得有重码，必须为12位数
2	项目名称	按专业工程量计量规范附录的项目名称结合拟建工程实际确定(可不与附录中的项目名称完全一致)	(1) 当在拟建工程施工图纸中有体现，且在计量规范中也有相应项目时，可按规范附录中名称直接列项 (2) 当在拟建工程施工图纸中有体现，但在计量规范中没有相应项目，并且在附录项目的“项目特征”或“工程内容”中也没有提示时，则必须编制针对这些分项工程的补充项目，在清单中单独列项并在清单的编制说明中注明
3	项目特征①	按清单计量规范附录中的规定，结合拟建项目实际情况进行描述。 描述原则：①项目特征描述的内容应按附录中的规定，结合拟建工程的实际，满足确定综合单价的需要。②若采用标准图集或施工图纸能全部或部分满足项目特征描述的要求时，可采用详见××图集或××图号的方式。对不能满足项目特征描述要求的部分，仍应用文字描述	是确定一个清单项目综合单价不可缺少的重要依据，必须准确和全面描述

续表

序号	构成要素	描述内容	注意事项
4	计量单位	分部分项工程量清单的计量单位与有效位数应遵守《建设工程工程量清单计价规范》规定	有两个或以上单位时应结合实际选择其中一个确定
5	工程量	严格按工程量清单计量规范进行计算	对补充的清单项，应补充其工程量计算规则，保证计算结果的唯一性。 另外应注意：工程量计算应按一定顺序计算。按顺时针或逆时针顺序计算；按先横后纵顺序计算；按轴线编号顺序计算；按施工先后顺序计算；按定额分部分项顺序计算

① 工程量清单中的项目特征描述可归纳为三种情况：一是必须描述的内容；二是可不描述的内容；三是可不详细描述的内容。具体如图 6.3 所示。

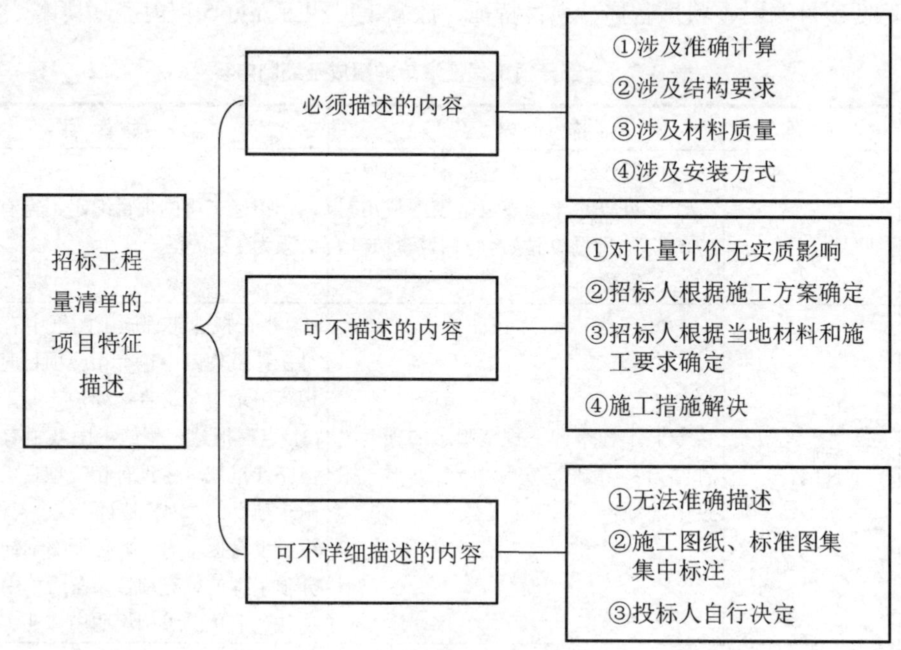

图 6.3 项目特征及描述内容图

3) 措施项目清单

措施项目清单是指为完成工程项目施工，发生于该工程施工前和施工过程中技术、生活、安全、环境保护等方面的非工程实体项目清单。它分为单价措施项目(即可计量措施项目)和总价措施项目(不可计量措施项目)。

措施项目清单设置应考虑拟建工程的施工组织设计、施工技术方案，相关的施工规范与施工验收规范，招标文件中提出的某些需通过一定技术措施才能实现的要求与内容。措施项目清单必须根据项目实际情况列项。同样，若工程量计量规范附录中没有的项，也可根据工程实际进行补充。

对于可以准确计算工程量的技术措施项目可采用与分部分项工程量清单编制相同的方式，编制“分部分项工程和单价措施项目清单与计价表”。而一些措施项目费用的发生和金额的大小与使用时间、施工方法或两个以上的工序相关，与实际完成的实体工程量的多少关系不大，如安全文明施工、冬雨季施工、已完工程设备保护等，应编制“总价措施项目清单与计价表”。

4) 其他项目清单

其他项目清单是应招标人的特殊要求而发生的与拟建工程有关的其他费用项目和相应的数量清单，主要包括暂列金额、暂估价、计日工和总承包服务费。这些费用都是包括除规费、税金以外的管理费、利润等。具体项目内容及其编制见表6-7。当出现下表未列项目时可根据实际情况进行补充。

表6-7 其他项目清单的组成、编制内容及工程量计算规则

序号	组成内容	编制内容	计算规则
1	暂列金额	暂列金额是指标人暂定并包括在合同中的一笔款项。用于工程合同签订时尚未确定或者不可预见的所需材料、工程设备、服务的采购，施工中可能发生的工程变更、合同约定调整因素出现的工程价款调整、工程索赔、现场签证等费用。 此项费用可能发生，也可能不发生，实际发生后才得以支付	由招标人填写项目名称、计量单位、暂定金额等。若不能详列时，也可暂定金额总额。 一般为分部分项工程费的10%～15%
2	暂估价	暂估价是招标人在招标文件中提供的用于支付必然要发生但暂时不能确定价格的材料、工程设备的单价以及专业工程的金额。包括材料暂估价和专业暂估价	其中的材料暂估价需纳入分部分项工程费中。暂估价由招标人确定
3	计日工	计日工是为解决现场发生的零星工作或项目的计价而设立的。计日工对完成零星工作所消耗的人工工时、材料数量、机械台班进行计量，并按照计日工表中填报的适用项目的单价进行计价和支付	计日工数量和单位由招标人填写，投标人只报单价和相应金额。工程结算时按承包人实际完成的工作量计算，单价按约定的计日工单价
4	总承包服务费	总承包服务费是指招标人在法律法规允许的条件下，进行专业工程发包以及自行采购供应材料、设备时，要求总承包人对发包的专业工程提供协调和配合服务，对供应的材料、设备提供收发和保管服务，以及对施工现场进行统一管理，对竣工资料进行统一汇总整理等发生并向承包人支付的费用	① 仅要求对招标人发包的专业工程进行总承包管理和协调时，按专业工程造价的1.5%计算 ② 要求对招标人发包的专业工程进行总承包管理和协调，并同时要求提供配合和服务时，按专业工程造价的3%～5%计算 ③ 配合招标人自行供应材料的，按招标人供应材料价值的1%计算(不含建设单位供应材料的保管费)

5) 规费和税金项目清单

规费和税金项目清单是按照规定的内容列项，当出现规范中没有的项目时，应根据省级政府或有关部门的规定列项。规费和税金的计算基础和费率均应按国家或地方相关规定执行。

【例 6-1】 某工程(× ××厂房)招标文件中的分部分项工程工程量清单(部分清单)，其部分内容见表 6-8。

表 6-8 分部分项工程量清单与计价表(招标工程量清单)

工程名称：×××厂房 第 页 共 页

序号	项目编码	项目名称	项目特征描述	计量单位	工程量	金额(元)		
						综合单价	合价	其中：暂估价
1	010101004001	挖基坑土方	土壤类别：三类土 基础类型：桩承台 挖土深度：1.8m	m^3	160.66	—	—	—
2	010502001001	矩形柱	柱截面尺寸：300×500 现浇混凝土采用 C30 商品混凝土	m^3	12.78	—	—	—
3	010402001001	砌块墙	灰砂砖外墙，厚 180，采用 M5 水泥砂浆砌筑	m^3	31.25	—	—	—

6.3.3 招标控制价的编制

根据住房和城乡建设部颁布的《建筑工程施工发包与承包计价管理办法》(住建部令第 16 号)的规定，国有资金投资的建筑工程招标时，应当设有最高投标限价(即应编制招标控制价)，非国有资金投资的建筑工程招标时，可以设有最高投标限价或招标标底。

1．招标控制价的规定

(1) 国有资金投资的工程应实行工程量清单招标，招标人应编制招标控制价，招标控制价不得上浮或下调。招标控制价作为投标报价的最高限价，投标人的投标报价不得高于招标控制价，否则作为废标处理。

(2) 招标控制价应由具有编制能力的招标人或受其委托、具有相应资质的工程造价咨询人编制。工程造价咨询人不得同时接受招标人和投标人对同一工程的招标控制价和投标报价的编制。

(3) 招标控制价应当在招标文件中公布，在公布招标控制价时，不仅要公布总价，还应公布招标控制价的各个组成部分，即各单位工程的分部分项工程费、措施项目费、其他项目费、规费和税金。

(4) 招标控制价超过批准的概算时，招标人应将其报原概算审批部门重新审核。因我国当前对国有资金投资项目实行的是设计概算审批制度，国有资金投资的工程原则上不能超过批准的设计概算。

(5) 投标人复核招标文件发现公布的招标控制价未按照《建设工程工程量清单计价规范》(GB 50500—2013)的规定进行编制的，应在招标控制价公布后5d内向招标投标监督机构和工程造价管理机构投诉。工程造价管理机构受理后，应立即对招标控制价进行复查，组织投诉人、被投诉人或其委托的招标控制价编制人等单位对投诉问题逐一核实。当招标控制价复查结论与原公布的招标控制误差大于±3%时，应责成招标人改正，重新公布招标控制价。若重新公布之日到原投标截止期不足15d的应延长投标截止期。

2．招标控制价的编制依据

招标控制价的编制依据总结如下。

(1) 现行国家标准《建设工程工程量清单计价规范》(GB 50500—2013)与专业工程计量规范。

(2) 国家或省级、行业建设行政主管部门颁发的计价定额和计价办法。

(3) 工程设计文件及相关资料。

(4) 招标文件及招标工程量清单。

(5) 与建设项目有关的标准、规范、技术资料。

(6) 施工现场情况、工程特点及常规施工方案。

(7) 工程造价机构发布的工程造价信息；若没有信息价，可参照市场价。

(8) 其他相关资料。

3．招标控制价文件的组成

(1) 招标控制价的综合编制说明。

(2) 招标控制价价格的审定书、计算书、带有价格的工程量清单、现场因素、各种施工措施费的测算明细，以及采用固定价格工程的风险系数测算明细表。

(3) 主要人工、材料、机械设备用量表。

(4) 招标控制价附件：如各项交底纪要、各种材料及设备的价格来源、现场地质、水文条件等。

(5) 招标控制价价格编制的有关表格。

4．招标控制价费用内容及其编制要求

招标控制价费用内容及其编制要求详见表6-9。

表6-9 招标控制价费用内容及编制要求

序号	费用内容	编制要求
1	分部分项工程费	分部分项工程费=$\sum$(分部分项工程量×综合单价) 其编制要求规定如下： (1) 按招标文件和工程量清单计价规范要求确定综合单价； (2) 工程量按招标文件提供的工程量确定； (3) 招标文件提供了暂估单价的材料，应按暂估的单价计入综合单价，并入分部分项工程费中； (4) 分部分项综合单价除包括人、材、机、管理费和利润外，还应包括招标文件中载明的投标人所承担的风险内容

续表

序号	费用内容	编制要求
2	措施项目费	(1) 安全文明施工费应按国家或省级、行业建设行政主管部门规定的标准计价，不得作为竞争性费用，不得上浮或下调； (2) 措施项目应按招标文件中的措施项目清单，分别对应以“量”计算和以“项”计算两种。 其中以“量”计算的，计算公式如下。其综合单价同分部分项工程量清单综合单价确定方法。 措施项目清单费=$\sum$(措施项目工程量×综合单价) 而以“项”计算的可按下面公式计算。 措施项目清单费=计费基础(一般为分部分项工程费)×费率 费率按有关规定计算
3	其他项目费	(1) 暂列金额。一般按分部分项工程费的10%～15%取定。 (2) 暂估价。暂估价中的材料单价应按工程造价管理机构发布的工程造价信息中的材料单价计算，未发布材料单价的，参考市场价。暂估价中的专业工程暂估价应分不同专业按有关规定估算。 (3) 计日工。计日工中的人工单价或施工机械台班单价应按省级、行业建设主管部门或其授权的工程造价管理机构公布的单价计算；材料应按工程造价管理部门公布的信息价计算，未发布材料单价的，参考市场价。 (4) 总承包服务费。按省级、行业建设主管部门的规定计算。可参考以下标准： ① 仅要求对招标人发包的专业工程进行总承包管理和协调时，按专业工程造价的1.5%计算； ② 要求对招标人发包的专业工程进行总承包管理和协调，并同时要求提供配合和服务时，按专业工程造价的3%～5%计算； ③ 配合招标人自行供应材料的，按招标人供应材料价值的1%计算(不含建设单位供应材料的保管费)
4	规费和税金	按国家或省级、行业建设主管部门的规定计算。 规费=(分部分项工程费+措施项目费+其他项目费)×规费费率 税金=(分部分项工程费+措施项目费+其他项目费+规费)×税率

5．招标控制价的计价程序

招标控制价的计价程序见表6-10。

表6-10　单位工程招标控制价(投标报价)计价程序表

工程名称：　　　　标段：　　　　第　页　共　页

序号	汇总内容	金额(元)	其中：暂估价(元)	计算规则
1	分部分项工程			(1.1+1.2+1.3+…)
1.1				
1.2				
1.3				
…				

续表

序号	汇 总 内 容	金额(元)	其中：暂估价(元)	计算规则
2	措施项目			(2.1+2.2)
2.1	安全文明施工费			(1)×安全文明施工费率
2.2	其他措施项目费			
3	其他项目费			(3.1+3.2+3.3+3.4+3.5)
3.1	暂列金额			(1)×10−15%
3.2	专业工程暂估价			
3.3	计日工			
3.4	总承包服务费			
3.5	(索赔费用)			
4	规费			(1+2+3)×费率
5	税金			(1+2+3+4)×税率
6	招标控制价(投标报价)			(1+2+3+4+5)

注：本表适用于单位工程招标控制价或投标报价的汇总，如无单位工程划分，单项工程也使用本汇总表。

6．招标控制价的编制方法

招标控制价的编制方法主要有定额计价法和工程量清单计价法两种。国有资金投资项目采用清单计价法，非国有资金投资项目可采用定额计价法，也可采用工程量清单计价法。

1) 定额计价法编制招标控制价

(1) 单位估价法：就是先算出定额工程量，然后套(概)预算定额，用工程量乘以定额单价(定额基价)得出直接工程费，再加措施费得出直接费，再以直接费或人工费为基础计算出间接费，最后求出利润、税金和价差并汇总即为工程建筑安装费用。然后在此基础上综合考虑工期、质量、自然地理、工程风险等因素所增加的费用就是招标控制价价格。

(2) 实物计价法：就是首先算出工程量然后套消耗量定额计算出工程所需的人工、材料、机械台班数量，然后再分别乘以工程所在地的人工、材料、机械台班单价，然后相加得出直接工程费，再算措施费，进而算出直接费、间接费、利润、税金，最后得出工程建筑安装费用。然后在此基础上综合考虑工期、质量、自然地理、工程风险等因素所增加的费用就是招标控制价价格。

2) 工程量清单计价法编制招标控制价

工程量清单计价法编制招标控制价就是根据统一项目设置的划分，按照统一的工程量计算规则先计算出分项工程的清单工程量和措施项目的清单工程量(并注明项目编码、项目名称、计量单位)，然后再分别计算出对应的综合单价，再把两者相乘就得到合价，即分部分项工程费和措施费用，进而求出其他项目费用、规费和税金，汇总就是招标控制价价格。

其中综合单价应包括人工费、材料费、机械费、管理费、利润及一定范围内的风险。其计算公式如下：

$$综合单价=\frac{\sum(定额项目合价)+未计价材料}{清单工程量} \tag{6-1}$$

$$\begin{aligned}\sum(定额项目合价)=&项目定额工程量\times[\sum(定额人工消耗量\times人工单价)+\\&\sum(定额材料消耗量\times材料单价)+\\&\sum(定额机械台班消耗量\times机械台班单价)+\\&管理费+利润]\end{aligned} \tag{6-2}$$

招标控制价在确定综合单价时，应考虑一定范围内的风险因素。这个风险因素如招标文件有说明则按招标文件说明规定确定，若未做规定说明时按下列原则确定。

(1) 对于技术难度较大和管理复杂的项目，可考虑一定的风险费用，纳入综合单价中。

(2) 对于工程设备、材料价格的市场风险，应依据招标文件的规定，工程所在地或行业工程造价管理机构的有关规定，以及市场价格趋势考虑一定的风险费用，纳入综合单价中(其中工程设备考虑 10%以内的风险，材料考虑 5%以内的风险)。

(3) 综合单价中不考虑因税金、规费等法律、法规、规章和政策变化风险以及人工单价涨跌的风险。此风险由发包人完全承担。

7．招标控制价编制应注意的问题

(1) 材料价格。招标控制价采用的材料价格应是工程造价管理机构发布的材料信息价，若没有材料信息价，应参照市场调查价确定。另外，未采用信息价的，需在招标文件或答疑补充文件中予以说明；若采用市场价格的要有可靠的信息来源。

(2) 施工机械设备的选型影响到综合单价水平。应根据工程项目特点和施工条件，本着经济实用、先进高效的原则确定。

(3) 不可竞争的措施项目和规费、税金等费用计算均属强制性条款，编制招标控制价时应按国家有关规定计算。

(4) 对于竞争性的措施项目费用，招标控制价编制人应按常规的施工组织设计或施工方案并经专家论证确认后再合理确定。

8．招标控制价与标底的区别

国有资金投资项目应设有最高投标限价，即招标控制价。非国有资金投资项目可以设最高投标限价或招标标底。招标控制价是在工程量清单计价过程中对传统标底概念的性质进行界定后所设置的专业术语。它的出现使评标定价的管理方式发生了巨大变化。实行这两种方式的利弊分析如下。

1) 设有标底的招标

(1) 设有标底时容易泄露标底及出现暗箱操作的现象，失去招标的公平、公正性，容易诱发违规行为。

(2) 编制的标底是预期价格，因较难考虑施工方案、技术措施对造价的影响，容易与市场造价水平脱节，不利于引导投标人理性竞争。

(3) 标底在评标过程的特殊地位使标底成为左右工程造价的杠杆，不合理的标底会使合理的投标报价在评标中显得不合理，有可能成为地方或行业的保护手段。

(4) 将标底作为衡量投标人报价的基准，导致投标人尽力地去迎合标底，因此在招投标过程中反映的不是投标人实力的竞争，而是投标人编制预算能力的竞争，或者各种合法或非法的“投标策略”竞争。

2) 无标底的招标

(1) 无标底时，容易出现围标、串标现象，各投标人哄抬价格，给招标人带来投资失控的风险。

(2) 容易出现低价中标偷工减料，以牺牲质量来降低工程成本，或产生先低价中标、后高额索赔等不良后果。

(3) 评标时，招标人对投标人的报价没有参考依据和评判基准。

3) 招标控制价招标

(1) 采用招标控制价的优点。

① 可有效控制投资，防止恶性哄抬报价带来的投资风险。

② 提高了透明度，避免了暗箱操作、寻租等违法活动的产生。

③ 可使各投标人自主报价、公平竞争、符合市场规律。投标人自主报价，不受标底左右。

④ 既设置了控制上限又尽量地减少了业主依赖评标基准价的影响。

(2) 采用招标控制价的缺点。

① 若“最高限价”大大高于市场平均价时，就标志着中标后利润丰厚，只要投标不超过公布的限额都是有效投标，从而可能诱导投标人串标、围标。

② 若公布的最高限价远远低于市场平均价，就会影响招标效率。可能出现只有一两家投标人参与投标或出现无投标人投标的现象，从而会使招标人不得不修改招标控制价而进行二次招标。

6.4 施工投标文件与投标报价文件的编制

施工投标是一种要约，它符合要约的所有条件。应严格遵守关于招投标的法律规定及程序，并对招标文件做出实质性响应。

投标报价是在工程招标发包过程中，由投标人按照招标文件的要求，根据工程特点并结合自身的施工技术力量、经济实力、设备装备、管理水平等，按有关计价规定自主确定的工程造价。

6.4.1 施工投标文件的编制

1. 施工投标文件编制过程各阶段的工作内容

投标文件编制分前期准备工作阶段、询价与工程量复核阶段、制订项目管理规划阶段、报价编制阶段。各阶段工作具体内容和注意事项等详述如下。

1) 前期准备工作阶段

在取得招标信息后，投标人首先决定是否参加投标，如果参加投标，就马上进入前期准备工作。准备投标资料，申请并参加资格预审；购买招标文件；组建投标报价小组；研究招标文件，工程现场踏勘并准备与投标所有有关的资料。具体工作如下。

(1) 招标文件的研究与分析。

① 熟悉与分析投标人须知。投标人须知它反映了招标人对投标的要求，特别要注意项目的资金来源、投标书的编制和递交、投标保证金、更改或备选方案、评标方法等，重点在于防止废标。

② 合同分析。

a. 合同背景分析。了解业主单位、监理方式、合同法律依据等。

b. 合同形式分析。主要了解承包方式，如分项承包、施工承包、设计与施工总承包等；合同的类型，如是固定合同、单价合同还是成本加酬金合同等。

c. 合同条款分析。主要包括承包商的任务、工作范围和责任；工程变更及相应的合同价款调整；付款方式、时间；预付款、结算款的支付方式、支付时间和结算方式；施工工期；发承包双方风险承担划分等。

d. 技术标准和要求分析。工程技术标准与要求对工程项目特征描述有很大影响，对技术方案、措施手段等也有很大影响，因此也影响投标报价。

e. 图纸分析。图纸是确定工程范围、内容和技术要求的重要文件，是投标者确保施工方案、进度计划的主要依据。

(2) 现场踏勘与调查分析。

① 自然条件调查分析。如气象、水文资料、地震、洪水、地质情况及其他自然条件。

② 施工条件调查分析。现场用地条件、地形、地貌、地上地下障碍物、现场三通一平、管线位置等。

③ 其他条件调查分析。主要包括各种构件及商品混凝土的供应能力和价格，以及现场附近的生活设施、治安情况等。

2) 询价与工程量复核阶段

(1) 询价。

投标报价之前，投标人必须通过各种渠道对工程所需的材料、机械设备等的价格、质量、供应等进行系统全面的调查。同时要了解分包项目的分包形式、分包范围、分包人报价及分包人履约的能力与信誉。询价时特别注意要亲自确认产品质量，还要确认供货方式、供货数量是否满足、备用供货方式等。

(2) 工程量复核。

是否复核工程量清单中的工程量，要看招标文件的要求。有要求复核的才要复核。不要求复核的就不用复核了。复核时可以参照以下做法。

① 应根据图纸及招标文件、地质资料等按一定顺序进行，避免漏算或重算。

② 复核工程量发现有错误的，不要擅自修改，要书面通知招标人，由招标人统一修改，并通知所有投标人。

③ 针对工程量清单中工程量的遗漏或错误，是否向招标人提出修改取决于反标策略。

④ 通过工程量计算与复核，可以准确确定订货及采购物资数量。

3) 制订项目管理规划阶段

项目管理规划是工程投标报价的重要依据。项目管理规划分项目管理规划大纲和项目管理实施规划。承包商可以编制施工组织设计代替项目管理规划时，施工组织设计必须满足管理规划的要求。

(1) 项目管理规划大纲。

项目管理规划大纲是投标人管理层在投标之前编制的，是投标的重要依据。其内容包括：项目概况、项目范围管理规划、项目管理目标规划、项目管理组织规划、项目成本管理规划、项目进度管理规划、项目质量管理规划、项目安全环境管理规划、项目采购与资源管理规划、项目信息管理规划、项目风险管理规划等。

(2) 项目管理实施规划。

项目管理实施规划是在开工之前由项目经理主持编制的，是指导施工项目实施阶段的管理文件。其内容包括：项目概况、总体工作计划、组织方案、技术方案、进度计划、质量计划、施工安全与环境管理计划、成本计划、资源需求计划、风险管理计划、信息管理计划、现场平面布置图、项目目标控制措施、技术经济指标等。

4) 报价编制阶段

报价编制阶段工作的具体内容详见第 6.4.2 节施工投标报价编制。

2．投标文件内容组成

投标文件内容组成包括以下内容。

(1) 投标函及投标函附录。

(2) 法定代表人身份证明或附有法定代表人身份证明的授权委托书。

(3) 联合体协议书(如工程允许采用联合体投标的)。

(4) 投标保证金。

(5) 已标价的工程量清单。

(6) 施工组织设计。

(7) 项目管理机构。

(8) 拟分包项目情况表。

(9) 资格审查资料。

(10) 规定的其他材料。

3．投标文件的编制要求

(1) 投标文件应按“投标文件格式”进行编写。如有必要，可增加附页。另外，投标函附录在满足招标文件实质性要求后，可以提出比招标文件要求更能吸引招标人的承诺。

(2) 投标文件应对招标文件有关工期、质量、投标有效期、技术标准、招标范围等实性内容做出响应。

(3) 投标文件应由投标人的法定代表人或其委托代理人签字和单位盖章。委托代理人签字的，投标文件应附法定代表人签署的授权委托书。投标文件如有涂改，必须在修改处加盖单位章或由投标人的法定代表人或其授权的代理人签字确认。

(4) 投标文件的修改与撤回。在规定的投标截止时间前，投标人可以修改或撤回已递交的投标文件，并以书面形式通知招标人。但是招标文件规定的投标有效期内，投标人不得要求撤回或修改其投标文件。

(5) 投标文件正本一份。副本份数按招标文件有关规定。正、副本的封面上应清楚地标记“正本”或“副本”的字样，并分别装订成册。当正本与副本不一致时，以正本为准。

(6) 投标人对招标文件和投标文件中的商业和技术等秘密保密，违者对造成的后果承担法律责任。

(7) 招标文件另有规定的除外，投标人不得递交备选投标方案。允许投标人递交备选投标方案的，只有中标人所递交的备选投标方案可以考虑。若评标委员会认为中标人的备选方案优于其按招标文件要求编制的投标方案的，可以采用备选投标方案。

4．投标文件的递交

投标人应当在招标文件规定的投标文件提交截止时间前，将投标文件密封送达投标地点。招标人收到投标文件后，应当向投标人出具标明签收人和签收地间的凭证，在开标前任何单位和个人不得开启投标文件。在招标文件要求提交投标文件的截止时间后送达或未送达指定地点的投标文件，为无效文件，招标人不予受理。投标人递交投标文件时应注意的事件如下。

(1) 投标人在递交投标文件的同时，应按规定的金额、形式递交投标保证金，并作为其投标文件的组成部分。投标保证金可以是现金，也可以是银行汇票、银行保函、保兑支票等。投标保证金不得超过投标总价的 2%，且最高不超过 80 万元。联合体投标的，其投标保证金由牵头人递交，并应符合规定。

(2) 投标有效期。投标有效期从投标截止时间开始计算，主要用作评标委员会评标、定标、发出中标通知书以及签订合同等工作。投标有效期：一般项目投标有效期为 60～90d，大型项目为 120d 左右。投标保证金的有效期与投标有效期一致。出现特殊情况需延长投标有效期的，招标人应以书面形式通知所有投标人。投标人同意延长的，应相应延长投标保证金的有效期，但不得要求或被允许修改或撤销其投标文件；投标人拒绝延长的，其投标作为废标，但投标人有权收回投标保证金。

(3) 投标文件的密封和标识。投标文件的正本与副本应分开装订，加贴封条，并在封条上标记“正本”或“副本”字样，于封口处加盖投标单位章。

5．联合体投标

两个以上法人或其他组织可以组成一个联合体，以一个投标人的身份共同投标。联合体投标应遵循的相关规定见招投标相关课程，这里不再详述。

6.4.2 施工投标报价的编制

1．投标报价的编制原则

投标工作的关键是报价，报价是否合理关系到投标的成败，还影响到投标企业的盈亏。其编制原则如下。

(1) 投标报价由投标人自主确定，但必须执行清单规范强制性规定。投标报价应由投标人或受投标人委托有资质的工程造价咨询人员编制。

(2) 投标人的投标报价不得低于成本。《评标委员会和评标方法暂行规定》(七部委第

12 号令)第二十一条规定："在评标过程中，评标委员会发现投标人的报价明显低于其他投标报价或在设有标底时明显低于标底，使得其投标报价可能低于其个别成本的，应当要求投标人做出书面说明并提供相关证明材料。投标人不能合理说明或不能提供相关证明材料的，由评标委员会认定为低于成本投标，其投标做废标处理。"

(3) 投标报价要以招标文件中设定的发承包双方责任划分，作为投标报价费用项目和费用计算的基础。发承包双方的责任划分不同，会导致合同风险不同的分摊。要根据发承包模式考虑投标报价的费用内容和计算深度。

(4) 以施工方案、技术措施等作为投标报价计算的基本条件，以反映企业技术和管理水平的企业定额作为计算人工、材料、机械台班消耗量的基本依据。充分利用现场考察、调研成果、市场价格信息和行情资料，编制基础标价。

(5) 报价计算方法要科学严谨，简明适用。

2．投标报价的编制依据

(1)《建设工程工程量清单计价规范》(GB 50500—2013)。

(2) 国家或地区、行业建设主管部门颁发的计价办法及现行建筑、安装工程预算定额及与之相配套执行的各种费用定额等。

(3) 企业定额及企业内部制定的有关取费、价格等的规定、标准。

(4) 招标人提供的招标文件、工程量清单及有关的技术说明书等。

(5) 工程设计文件、图纸及相关资料。

(6) 施工现场情况、工程特点及投标时拟定的施工组织设计或施工方案等。地方现行材料预算价格、采购地点及供应方式等。

(7) 因招标文件及设计图纸等不明确经咨询后由招标人书面答复的有关资料。

(8) 其他与报价计算有关的各项政策、规定及调整系数等。

(9) 在报价的计算过程中，对于不可预见费用的计算必须慎重考虑，不要遗漏。

3．施工投标与报价书的内容

(1) 投标函。

(2) 投标报价。

(3) 施工组织设计。

(4) 商务和技术偏差表。

(5) 响应招标文件要求的其他投标文件。

4．投标报价的编制方法

与招标控制价编制方法类似，也分定额计价法与工程量清单计价法。

1) 定额计价法投标报价

通常采用的是单位估价法，就是先算出定额工程量，然后套(概)预算定额，用工程量乘以定额单价(定额基价)得出直接工程费，再加措施费得出直接费，再以直接费或人工费为基础计算出间接费，最后求出利润、税金和价差并汇总即为工程建筑安装费用。然后在此基础上综合考虑工期、质量、自然地理、工程风险等因素所增加的费用就是投标报价。

2) 工程量清单计价法投标报价

目前，在我国基本上都采用了工程量清单计价模式进行招标，因此也基本都采用工程

量清单计价方式制作投标报价书，其具体做法如下。

(1) 清单工程量的审核与调整。首先投标单位要根据招标文件的规定，确定其中所列的工程量清单是否可以调整，如果可以调整，就要详细审核工程量清单所列的各项工程量，对其中误差大的，通过招标单位答疑会提出调整意见，取得招标单位同意后进行调整；如果不允许调整，则不需要对工程量进行详细审核，只对主要项目或工程量大的项目进行审核即可，发现有较大误差时可以利用调整这些项目的综合单价进行解决。

(2) 综合单价计算。投标单位根据施工现场实际情况及拟订的施工方案或施工组织设计、企业定额和市场价格信息，对招标文件中所列的工程量清单项目进行综合单价计算，综合单价包括人工费、材料费、机械台班费、管理费、利润，并适当考虑风险因素等费用。

(3) 分部分项工程费和部分措施费计算。把清单工程量乘以其对应的综合单价就得到分项工程的合价和部分措施项目费，再按费率或其他计算规则算出另一部分的措施费。

(4) 计算规费、其他费用、零星费用和税金，汇总后就是该工程投标书的报价。

【例 6-2】 某多层砖混住宅基础土方工程，土壤类别为三类土，基础为砖大放脚带形基础，基础长为 1000m，垫层宽为 1.20m，挖土深度为 1.80m，不考虑土方回填，全部土场内运输堆放在场地内。运土(采用人工装自卸汽车运)运距为 4km，其分部分项工程量清单见表 6-11。试根据已知内容报挖基础土方综合单价(一类地区，利润按人工费的 18%计，人、材、机械单价按《广东省建筑与装饰工程综合定额(2010)》取定)。

表 6-11　分部分项工程量清单

工程名称：某多层砖混住宅工程　　　　第　页　共　页

序号	项目编码	项目名称	项 目 特 征	计量单位	工程数量
1	010101003001	挖沟槽土方	土壤类别：三类土 基础类型：砖大放脚带形基础 挖土深度：1.80m 弃土运距：4km	m^3	2160.00

【解】 报价计算如下。

(1) 清单工程量审核与调整。

1000×1.2×1.8=2160(m^3)，与题目一样，不调整。

(2) 综合单价计算。

① 计价工程量。

挖沟槽土方计价工程量=1000×(1.2+0.3×2+1.2+0.3×2+0.33×1.8×2) ×1.8÷2=4788(m^3)

土方场内运输工程量=4788m^3

② 套定额。

A1-8 挖沟槽土方分项费用(已含管理费)=1343.05×4788÷100=64305.23(元)

利润=1177.22×4788÷100×18%=10145.75(元)

A1-128 人工装自卸汽车运分项费用=1804 ×4788÷100=86375.52(元)

利润=355.74×4788÷100×18%=3065.91(元)

③ 综合单价。

(64305.23+10145.75+86375.52+3065.91)÷2160=75.88(元/m^3)

(3) 清单报价见表6-12。

表6-12　分部分项工程量清单计价表

工程名称：某多层砖混住宅工程　　　　第　页　共　页

序号	项目编码	项目名称	项目特征	计量单位	工程数量	金额(元)	
						综合单价	合价
	010101003001	挖沟槽土方	土壤类别：三类土 基础类型：砖大放脚带形基础 挖土深度：1.80m 弃土运距：4km	m^3	2160.00	75.88	163900.80

5．编制投标报价时的注意事项

(1) 以项目特征描述为依据。在招标过程中，当出现招标工程量清单项目特征描述与设计图纸不符时，投标人应以招标工程量清单的项目特征描述为准确定投标报价的综合单价。当施工中施工图纸或设计变更与招标工程量清单项目特征描述不一致时，发承包双方应按实际施工的项目特征，依据合同约定重新确定综合单价。

(2) 材料、工程设备暂估价的处理。招标文件中有暂估单价的材料和设备，应按暂估单价计算综合单价。

(3) 风险分摊。招标文件有要求投标人承担的风险，其风险应考虑进入综合单价中。在施工过程中出现此类风险(在规定幅度内)时综合单价不调整；若没规定，则一般按如下方式分摊风险。

① 人工费，或对于后继法律、法规，或有关政策出现变化导致税金、规费等发生变化的风险，全由发包人承担，承包人不承担此类风险。

② 由于市场价格波动导致的材料、设备价格风险。一般处理方法是承包人承担5%以内的材料涨跌风险，10%以内的施工机具使用风险。

③ 对于承包人的管理费、利润等风险，这是由于承包人根据自身技术手段、管理水平等自主确定的，此类风险由承包人全部承担，发包人不承担此类风险。

6.4.3 工程投标报价策略

工程投标报价策略就是投标人在投标竞争中的系统工作部署及其参与投标竞争的方式和手段。它体现在整个投标活动中。具体策略如下。

1．不平衡报价法

不平衡报价法是指一个工程项目总报价基本确定后，通过调整内部各个项目的报价，以期望既不抬高总报价，不影响中标，又能在结算时得到更理想的经济效益。以下几种情况可以采用不平衡报价法。

(1) 能够早日结账收款的项目，可适当提高单价。

(2) 预计今后工程量会增加的项目，单价适当提高；将工程量可能减少的项目单价降低。

(3) 设计图纸不明确，估计修改后工程量要增加的，可以提高单价；而工程内容说明不清楚的，则可适当降低一些单价，待澄清后可再要求提价。

(4) 暂定项目，又叫任意项目或选择项目，要具体分析。

2．根据招标项目的不同特点采用不同报价

(1) 遇到某些情况报价可高一些。如施工条件差的工程，专业要求高的技术密集型工程，总价低的小工程，自己不愿做又不方便不投标的工程，特殊工程(如港口码头、地下开挖工程等)，工期急的工程，投标人少的工程，支付条件不理想的工程。

(2) 遇到某些情况报价可低一些。如施工条件好的工程；工作简单、工程量大而其他投标人都可以做的工程；机械设备等无工地转移时，招标人在附近有工程，而本项目又可利用该工程的设备劳务，或有条件短期内突击完成的工程；投标对手多，竞争激烈的工程；非急需工程；支付条件好的工程。

3．突然降价法

突然降价法是投标单位先按一般情况报价或表现出自己对该工程兴趣不大，到快投标截止时再突然降价，为最后中标打下基础。但一定要考虑好在准备投标限价的过程中降价的幅度，以便在临近投标截止前，根据所获取的信息认真分析，做出最终决策。

4．多方案报价法

投标单位在投标报价时如果发现工程范围不很明确，条款不清楚或很不公正，或技术规范要求过于苛刻时，就要在充分估计投标风险的基础上，按多方案报价法处理。也就是按原招标文件报一个价，然后再提出，如某某条款做某些变动，报价可降低多少，由此可报出一个较低的价。这样可以降低总价，吸引招标人。

5．增加建议方案

有时招标文件规定，可以提出一个建议方案，即可修改原设计方案，提出投标者的方案。投标人这时应抓住机会，组织一批有经验的设计和施工工程师，对原招标文件的设计和施工方案进行仔细研究，提出更为合理的方案以吸引业主，促成自己的方案中标。这种新建议方案可降低总造价或是缩短工期，或使工程运用更为合理。但要注意对原招标方案一定也要报价。建议方案不要写得太具体，要保留方案的技术关键，防止招标人将此方案交给其他投标人。同时要强调，建议方案一定要比较成熟，有很好的操作性。

6．可供选择的项目的报价

有些工程项目的分项工程，招标人可能要求按某一方案报价，而后再提供几种可供选择方案的比较报价。投标时，应对不同规格情况下的价格都进行调查，对于将来有可能被选择使用的规格应适当提高其报价；对于技术难度大或其他原因导致的难以实现的规格，可将价格有意抬高得更多一些，以阻挠招标人选用。但是，所谓“可供选择项目”并非由投标人任意选择，而是招标人才有权进行选择。因此，虽然适当提高了可供选择项目的报价，但并不意味着肯定可以取得较好的利润，只是提供了一种可能性，一旦招标人今后选用，投标人即可得到额外加价的利益。

7．零星用工单价的报价

如果是单纯报零星用工单价，而且不计入总价中，可以报高一些，以便在招标人额外用工或使用施工机械时可多盈利。但如果零星用工单价要计入总报价时，则需具体分析是否报高价，以免抬高总报价。总之，要分析招标人在开工后可能使用的零星用工数量，再来确定报价方针。

8．暂定工程量的报价

暂定工程量的报价有以下三种情况。

(1) 招标人规定了暂定工程量的分项内容和暂定总价款，并规定所有投标人都必须在总报价中加入这笔固定金额，但由于分项工程量不很准确，允许将来投标人按报单价和实际完成的工程量付款。在这种情况下，由于暂定总价款是固定的，对各投标人的总报价水平竞争力没有任何影响，因此，投标时应当对暂定工程量的单价适当提高。

(2) 招标人列出了暂定工程量的项目的数量，但并没有限制这些工程量的估价总价款，要求投标人既列出单价，也应按暂定项目的数量计算总价，将来结算付款时可按实际完成的工程量和所报单价支付。在这种情况下，投标人必须慎重考虑。一般来说，这类工程量可以采用正常价格，如果能确定这类工程量将来肯定增多，则可适当提高单价。

(3) 只有暂定工程的一笔固定金额，将来这笔金额做什么用，由招标人确定。这种情况对投标竞争没有实际意义，按招标文件的要求将规定的暂定款列入总报价即可。

9．分包商报价的采用

总承包商通常应在投标前先取得分包商的报价，并增加总承包商摊入的一定管理费，而后作为自己投标总价的一个组成部分一并列入报价单中。因此，总承包商在投标前就应找两家或三家分包商分别报价，而后选择其中一家信誉较好、实力较强且报价合理的分包商签订协议，同意该分包商作为本分包工程的唯一合作者，并将该分包商的姓名列到投标文件中，也要求分包商相应地提交投标保函。这样可以避免分包商在投标前可能同意接受总承包商压低其报价的要求，但等到总承包商得标后，他们常以种种理由要求提高分包价格，这将使总承包商处于十分被动的地位。

10．无利润报价

缺乏竞争优势的承包商，在不得已的情况下，只好在报价时根本不考虑利润而去投标。此办法一般适用以下条件。

(1) 有可能在得标后，将大部分工程分包给索价较低的一些分包商。

(2) 对于分期建设的项目，先以低价获得首期工程，而后赢得机会创造第二期工程中的竞争优势，并在以后的实施中盈利。

(3) 较长时期内，投标人没有在建的工程项目，如果再不得标，就难以维持生存。因此，虽然本工程无利可图，但能维持公司的正常运转，就可渡过难关，为以后发展打基础。

6.5 开标、评标、定标

6.5.1 开标

1．开标的时间和地点

(1) 时间：《中华人民共和国招标投标法》规定，开标应当在招标文件规定的提交投标文件截止时间的同一时间公开进行。特殊情况除外。

(2) 地点：开标地点应为招标文件中预先确定的地点。

2．出席开标的会议规定

开标由招标人或招标代理人主持，邀请所有投标人参加。投标单位的法定代表人或授权代表未参加开标会议的视为自动弃权。

3．开标程序和唱标顺序

(1) 开标会议开始后，首先请各投标单位确认投标文件密封性；当众宣读评标原则、定标办法。

(2) 唱标顺序：按投标人递交顺序进行，当众宣布投标人名称、投标价格、工期、质量、主材用量、修改或撤回通知、投标保证金、优惠条件等。

(3) 开标过程应记录，并应存档。

6.5.2 评标

1．评标的原则、要求及方法

1) 评标原则及保密性和独立性

评标活动应遵循公平、公正、科学、择优的原则，应当采取必要措施，保证评标在严格保密的情况下进行。

评标委员会成员名单应在开标前确定，且应当保密。

2) 评标委员会的组建与对评标委员会成员的要求

(1) 评标委员会的组建：由招标人或其委托的招标代理机构熟悉相关专业的代表，以及有关技术、经济等方面的专家组成，成员人数一般为 5 人以上的单数。且专家成员应当从省级以上人民政府有关部门专家名册或者招标代理机构专家库内的名单中确定。

(2) 对评标委员会成员的要求：评标委员会中专家应符合的条件按各省要求定。

3) 评标方法

评标方法一般在招标文件中明确规定。招标文件中没有规定的标准和方法不得作为评标依据。目前我国评标中主要采用的评审方法是经评审的最低投标价法和综合评估法。这两种方法具体如下。

(1) 经评审的最低投标价法。经评审的最低投标价法是按照评审程序，经评审后能够满足招标文件的实质性要求，投标报价最低且合理，因而被推荐为中标候选人。一般适用于通用技术、性能标准或招标人对其技术、性能没有特殊要求的招标项目。

(2) 综合评估法。不宜采用经评审的最低投标价法的招标项目，一般应采取综合评估法进行评审。综合评估法是指评标委员会对满足招标文件实质性要求的投标文件，按照规定的评分标准进行打分，并按得分由高到低的顺序推荐中标候选人，或根据招标人授权直接确定中标人。综合评分相等时，以投标报价低的优先；投标报价相等的，由招标人自行确定。

2．评标的程序

1) 评标的准备

评标委员会应当研究招标文件，了解和熟悉招标工程概况、招标范围、招标文件规定的主要技术要求、标准和商务条款、评标方法、评标标准和评标过程中应考虑的相关因素，并编制评标使用的表格。

2) 初步评审

初步评审也主要采用经评审的最低投标价法或综合评估法来进行评审。这个阶段主要工作可概括为四个方面：一是评审标准；二是投标文件的澄清与说明；三是报价有算术性错误的修正；四是初步评审后否决投标情况。初步评审阶段工作内容具体见表6-13。

表6-13　初步评审阶段工作内容一览表

名称	工作过程		评审具体内容
初步评审	1．评审标准	① 形式评审标准	包括投标人名称、营业执照、资质证书、安全生产许可证一致；投标函上有法定代表人或其委托代理人签字或加盖单位公章；投标文件格式符合要求；联合体投标人已提交联合体协议，并明确联合体牵头人；报价唯一等
		② 资格评审标准	如未进行资格预审的，应具备有效营业执照，具备有效安全生产许可证，资质等级、财政状况、类似项目业绩、信誉、项目经理、其他要求、联合体投标人等均符合规定。如已进行预审的，则按资格审查中详细审查标准来进行
		③ 响应性评审标准	主要包括投标报价校核，审查报价数据计算的正确性，报价的合理性，工期、质量、投标有效期、反标保证金、权利义务、已标价工程量清单、技术标准和要求、分包计划等均应符合招标文件的有关要求。即审查是否响应招标文件
		④ 施工组织设计和项目管理机构评审标准	主要包括施工方案与施工技术措施、质量管理体系与措施、安全管理体系与措施、环境管理体系与措施、工程进度计划与措施、资源配备计划、技术负责人、其他主要人员、施工设备等符合有关标准

续表

名称	工作过程	评审具体内容
初步评审	2．投标文件的澄清与说明	评标委员会可以以书面形式要求投标人对投标文件中含义不明确的内容做必要的澄清、说明或补正，但澄清、说明或补正不得超出投标文件的范围或改变投标文件的实质内容。但评标委员会不得向投标人提出带有暗示性或诱导性的问题，或向其说明投标文件的遗漏和错误。评标委员会不接受投标人主动提出的澄清、说明或补正
	3．报价有算术性错误的修正	投标报价有算术性错误的，评标委员会可按有关规定对投标人报价进行修正，修正后的价格经投标人书面确认后有约束力。投标人不接受修正价格的，其投标作为废标
	4．初步评审后否决投标情况	初步评审若发现未实质上响应招标文件的投标，可否决其投标。具体情况有以下几种： ① 投标文件未经投标单位盖章和单位负责人签字； ② 投标联合体没有提交共同投标协议； ③ 投标人不符合国家或者招标文件规定的资格条件； ④ 同一投标人提交两个以上不同投标文件或投标报价，但招标文件规定除外； ⑤ 投标报价低于成本或高于招标控制价； ⑥ 投标文件未对招标文件做出实质性响应； ⑦ 投标人有串通投标、弄虚作假、行贿等违法作为

3) 详细评审

经初审合格的投标文件，评标委员会应当根据招标文件确定的标准和方法，对其技术部分和商务部分做进一步评审、比较，即进入详细评审阶段。具体评审标准及工作内容见表6-14。

表6-14　详细评审阶段评审标准及工作内容一览表

名称	评审方法	评审标准及规定		评审具体内容
详细评审	经评审的最低投标报价法	按招标文件规定的量化因素和标准进行价格折算，对所有投示人的投标报价以及投标文件的商务部分做必要的价格调整。主要的量化因素和标准是单价遗漏和付款条件		通常考虑的量化因素和标准有：一定条件下的优惠(世界银行贷款项目，借款国国内投标人有7.5%的评标优惠)；工期提前的效益对报价的修正；同时投多个标段的评标修正等
	综合评估法	分值构成的4个部分	施工组织设计评分标准	内容完整性和编制水平，施工方案与技术措施、质量管理体系与措施、安全管理体系与措施、环境管理体系与措施、工程进度计划与措施、资源配备计划
			项目管理机构评分标准	项目经理任职资格与业绩、技术负责人任职资格与业绩、其他主要人员
			投标报价评分标准	$偏差率=\frac{(投标人报价-评标基准价)}{评标基准价}\times 100\%$
			和其他评分因素评分标准	—

4) 评标报告

评标委员会完成评标后，应当拟定一份价格比较一览表，连同书面评标报告提交招标人，并按得分高低推荐1～3名中标候选人。中标候选人公示后，招标人根据评标委员会提出的书面评标报告和推荐的中标候选人确定中标人。招标人也可以授权评标委员会直接确定中标人，评标只对有效投标进行评审。评标报告主要内容如下。

(1) 基本情况和数据表。

(2) 评标委员会成员名单。

(3) 开标记录。

(4) 符合要求的投标一览表。

(5) 废标情况说明表。

(6) 评标标准、评标方法或者评标因素一览表。

(7) 经评审的价格或评分比较一览表。

(8) 经评审的投标人排序。

(9) 推荐的中标候选人名单与签订合同前要处理的事宜。

(10) 澄清、说明、补正事项纪要等。

评标报告由评标委员会全体成员签字，对评标结果有不同意见的评标委员会成员，应当以书面方式说明不同意见和理由，评标报告应当注明该不同意见。评标委员会成员拒绝在评标报告上签字又不陈述其不同意见和理由的，视为同意评标结论。

6.5.3 定标

1. 公示中标候选人

经评标后，评标委员会推荐的中标候选人应当限定在1～3人，并标明顺序。招标人应当从收到评标报告之日起3日内公示中标候选人，公示期不少于3日。公示时应注意的内容具体见表6-15。

表6-15 中标候选人公示时应注意的内容

序号	公示注意方面	具体内容
1	公示范围	公示项目的范围应是依法必须进行招标的项目，其他项目是否公示由招标人自主确定。公示的对象是全部中标候选人
2	公示媒体	指定媒体和交易场所
3	公示时间	公示由招标人统一委托当地招投标中心在开标当天发布。公示时间从公示的第2天开始算起，不少于3d，在公示期满后招标人才可能签发中标通知书
4	公示内容	全部中标候选人及排名顺序。另有业绩信誉要求的项目，应公布业绩信誉情况，但不公布投标人各评分要素的得分情况
5	异议处理	公示期间，投标人及其他有利害关系人应当先向招标人提出异议，经核查后发现在招投标过程中确有违反相关法律法规且影响评标结果公正性的，招标人应当重新组织评标或招标。招标人拒绝自行纠正或无法自行纠正的，可向行政监督部门提出投诉

然后由招标人确定中标人，一般确定第一名为中标人。如第 1 名放弃或未在规定期限内提交履约保证金的可确定第 2 名中标，依次类推。

招标人也可以授权评标委员会直接确定中标人。评标委员会提出书面评标报告后，招标人一般应当在 15 日内确定中标人，但最迟应当在投标有效期结束日 30 个工作日前确定。

招标人不得向中标人提出压低报价、增加工作量、缩短工期或其他违背中标人意愿的要求，即不得以此作为发出中标通知书和签订合同的条件。

2．发出中标通知书

(1) 中标人确定后，招标人应当向中标人发出中标通知书，并同时将中标结果通知所有未中标的投标人，中标通知书对招标人和投标人具有法律效力，任何一方改变中标结果或放弃中标项目的都要依法承担法律责任。

(2) 招标人确定中标人之日起 15 日内，向有关行政监督部门提交招标投标情况的书面报告。书面报告内容详见表 6-16。

表 6-16　招投标情况书面报告内容表

序号	内　容
1	招标范围
2	招标方式和发布招标公告的媒介
3	招标文件中投标人须知、技术条款、评标标准和方法、合同主要条款等内容
4	评标委员会的组成和评标报告
5	中标结果

3．履约担保

(1) 中标人确定后并在签订合同前，中标人(或联合体的中标人)应按招标文件规定的金额，担保形式和时间，向招标人提交履约担保。其形式可以是现金、支票、汇票、履约担保书和银行保函等。履约保证金金额不超过合同金额的 10%。同时招标人应当向中标人提供工程款支付担保。

(2) 中标人不提交履约保证金的或者其他形式的履约担保的，视为放弃中标，其投标保证金不予退还，并取消中标资格。给招标人造成损失且超过投标保证金的，应当对超过部分予以赔偿。

(3) 中标后承包人应保证其履约保证金在发包人颁发工程接收证书前一直有效。

(4) 发包人应在工程接收证书颁发后 28d 内把履约保证金退还给承包人。

4．订立书面合同

1) 合同签订时间及相关规定

(1) 招标人和中标人应当自中标通知书发出之日起 30d 内，按照招标文件和中标人的投标文件订立书面合同。

(2) 中标人无正当理由不签合同的，招标人取消其中标资格，其投标保证金不退还，给招标人造成损失超过投标保证金额度的应赔偿超过部分的损失。

(3) 招标人与中标人签订合同后 5 个工作日内，应当向中标人和未中标的投标人退还投标保证金及银行同期存款利息。

2) 合同价款及其约定内容与合同类型选择

(1) 实行招标的工程，其合同价款应由发承包双方依据招标文件和中标人的投标文件在书面合同中约定。合同约定不得违背招投标文件中关于工期、造价、质量等方面的实质内容。招标文件与投标文件不一致时以投标文件为准。

(2) 合同价款约定内容。合同价款的有关事项应由发承包双方共同约定，一般包括合同价款约定方式、预付工程款、工程进度款、工程竣工价款的支付及结算方式；合同价款的调整等。一般要在合同中约定以下情况发生时的合同价款调整方法。

① 法律、法规或国家有关政策发生变化影响合同价款的。

② 工程造价管理机构发布价格调整信息的。

③ 经批准变更设计的。

④ 发包人更改经审定批准的施工组织设计造成费用增加的。

⑤ 双方约定的其他因素。

(3) 实行工程量清单计价的建筑工程，发承包双方宜采用单价合同；建设规模较小、技术难度较小、工期较短的建设工程宜采用总价合同；紧急抢险、救灾以及施工技术特别复杂的项目宜采用成本加酬金合同。

6.6 建设工程施工合同

6.6.1 建设工程施工合同的类型

以付款方式进行划分，建设工程施工合同可分为以下几种合同。

1．总价合同

总价合同是指在合同中确定一个完成项目的总价，承包单位据此完成项目全部内容的合同。它又可分为固定总价合同和可调总价合同。

总价合同的优点：能使发包人在评标时易于确定报价最低的承包人，易于实行支付计算。

总价合同的缺点：仅适用工程量不太大且能精确计算、工期较短、技术不太复杂、风险不大的项目。要求图纸全面(最好有施工详图)，能精确计算工程量。

1) 固定总价合同

固定总价合同是经常而又普遍使用的一种合同形式。其特点如下。

(1) 总价被承包人接受后，一般不得变动。

(2) 在招标签约前必须已基本完成设计工作(可达 80%～100%)，工程量和工程范围已十分明确。

(3) 规模较小，以减少风险。

(4) 工期较短(一般不超过 1 年)，对工程要求十分明确的项目。

2) 可调总价合同

可调总价合同是指报价及签订合同时，以招标文件的要求及当时的物价计算总价合同，但在合同条款中双方商定：如果在执行合同中由于通货膨胀引起工料成本增加达到某一限度时，合同总价应相应调整。其特点如下。

(1) 发包人承担了通货膨胀这一不可预见的费用因素的风险，承包人承担其他风险。

(2) 合同适用范围：规模不宜太大，项目的风险也不太大，工期较长(如 1 年以上的工程)。

2．单价合同

单价合同是指在承包人在投标时，按招标文件就分部分项工程所列出的工程量表确定各分部分项工程费用的合同类型。它又可分为固定单价合同和可调单价合同。

单价合同的优点：合同适用范围比较宽，其风险可以得到合理的分摊，能鼓励承包人提高工效、节约成本、提高利润。

单价合同的缺点：单价必须事先确定或暂定，它是工程结算最有力的依据。

单价合同的适用范围：工程较复杂，规模较大，工期较长的项目。

1) 固定单价合同

固定单价合同是经常采用的合同形式。特别是在设计或其他建设条件(如地质条件)还不太落实的情况下(技术条件应明确)，而以后又需增加工程内容或工程量时，可以按单价适当追加合同内容。在每月(或每阶段)工程结算时，根据实际完成的工程量结算，在工程全部完成时以竣工图的工程量最终结算工程总价款。

2) 可调单价合同

可调单价合同一般是在工程招标文件中规定。在合同中签订的单价，根据合同约定的条款，如在工程实施过程中物价发生变化等，可做调整。有的工程在招标或签约时，因某些不确定性因素而在合同中暂定某些分部分项工程的单价，在工程结算时，再根据实际情况和合同约定对合同单价进行调整，确定实际结算单价。

3．成本加酬金合同

成本加酬金合同是由发包人向承包人支付工程项目的实际成本，并按事先约定的某一种方式支付酬金的合同类型。其特点如下。

(1) 在这类合同中，发包人需要承担项目实际发生的一切费用，因此也就承担了项目的全部风险。

(2) 而承包人由于无风险，其报酬往往也较低。

(3) 成本加酬金合同的适用范围如下。

① 主要适用于工程内容及技术经济指标尚未全面确定，技术报价依据还不充分的情况下，发包方因工期要求紧迫，必须立即发包的工程，如震后的救灾工作。

② 承包方在某些方面具有独特的技术、特长或经验，由于签订合同时，发包方提供不出可供承包方准确报价所必需的资料，缺乏报价依据，因此只能商定酬金的计算方法的工程，如新型项目。

③ 项目风险很大的项目。

成本加酬金合同的优点：工程完成较好，质量和技术得以保证。

成本加酬金合同的缺点：发包人对工程总造价不易控制，承包方对降低成本也不太注意。

成本加酬金合同有多种表现形式，目前主要有如下几种。

(1) 成本加固定费用合同。

(2) 成本加定比费用合同。

(3) 成本加奖金合同。

(4) 成本加保证最大酬金合同。

(5) 工时及材料补偿合同。

6.6.2 建设工程施工合同选择类型时应考虑的因素

这里仅对以付款方式划分的合同类型的选择，合同的内容不作为选择。选择时应考虑以下几种因素。

(1) 项目的规模和工期长短。

(2) 项目的竞争情况。

(3) 项目的复杂程度。

(4) 项目的单项工程的确定程度。

(5) 项目准备时间的长短。

(6) 项目的外部环境因素。

总之，在选择合同类型时，一般情况下是发包人占有主动权。但发包人不能单纯考虑自己的利益，应当综合考虑项目的各种因素、考虑承包人的承受能力，确定双方都能认可的合同类型。

本章小结

本章涉及三部分内容，包括工程招标、工程投标和施工合同。

工程招标主要介绍了招标概念，招标方式、范围及种类；施工招标文件的内容、施工招标程序；招标控制价的概念，招标控制价文件的组成及内容，招标控制价价格的编制方法。本章应重点掌握招标控制价编制方法。

工程投标主要介绍了投标的概念，施工投标报价的编制依据，施工投标报价文件的组成，工程量清单计价与投标报价的编制方法，投标报价的程序及工程投标报价策略等。本章应重点掌握工程量清单计价与投标报价的编制方法和投标报价策略应用。

工程评标与定标，主要介绍了评标委员会的产生、评标方法、评标过程及评标内容；中标人确定、合同文件签订等。

施工合同主要介绍了总价合同、单价合同和成本加酬金合同。学习的重点是掌握这几种合同的特点和适用条件。

案 例 分 析

【案例 1】背景资料：

某承包商通过资格预审后，对招标文件进行了仔细分析，发现业主所提出的工期要求过于苛刻，且合同条款中规定每拖延 1 天工期罚合同价的 0.1%。若要保证实现该工期要求，必须采取特殊措施，从而大大增加成本；还发现原设计结构方案采用框架-剪力墙体系过于保守。因此，该承包商在投标文件中说明业主的工期要求难以实现，因而在工期方面按自己认为的合理工期(比业主要求的工期增加 6 个月)编制施工进度计划并据此报价；还建议采用框架体系，因为其不仅能保证工程结构的可靠性和安全性、增加使用面积、提高空间利用的灵活性，而且还可降低造价约 3%。

该承包商将技术标和商务标分别封装，在封口处加盖本单位公章和项目经理签字后，在投标截止日期前 1 天上午将投标文件报送业主。次日(即投标截止日当天)下午，在规定的开标时间前 1 小时，该承包商又递交了一份补充材料，其中声明将原报价降低 4%。但是，招标单位的有关工作人员认为，根据国际上“一标一投”的惯例，一个承包商不得递交两份投标文件，因而拒收了承包商的补充材料。

开标会由市招标投标办公室的工作人员主持，市公证处有关人员到会，各投标单位代表均到场。开标前，市公证处人员对各投标单位的资质进行审查，并对所有投标文件进行审查，确认所有投标文件均有效后，正式开标。主持人宣读投标单位名称、投标价格、投标工期和有关投标文件的重要说明。

问题：

1. 该承包商运用了哪几种报价技巧？其运用是否得当？请逐一加以说明。
2. 招标人对投标人进行资格预审应包括哪些内容？
3. 从所介绍的背景资料来看，在该项目招标程序中存在哪些问题？请分别做简单说明。

参考答案：

问题 1:

【答】该承包商运用了三种报价技巧，即多方案报价法、增加建议方案法和突然降价法。其中，多方案报价法运用不当，因为运用该报价技巧时，必须对原方案(本案例指业主的工期要求)报价，而该承包商在投标时仅说明了该工期要求难以实现，却并未报出相应的投标价。增加建议方案法运用得当，通过对两个结构体系方案的技术经济分析和比较(这意味着对两个方案均报了价)，论证了建议方案(框架体系)的技术可行性和经济合理性，对业主有很强的说服力。突然降价法也运用得当，原投标文件的递交时间比规定的投标截止时间仅提前 1 天多，这既是符合常理的，又为竞争对手调整、确定最终报价留有一定的时间，起到了迷惑竞争对手的作用。若提前时间太多，会引起竞争对手的怀疑，而在开标前 1 小时突然递交一份补充文件，这时竞争对手已不可能再调整报价了。

问题 2:

【答】招标人对投标人进行资格预审应包括以下内容：投标人组织与机构和企业概况、

企业资质等级、企业质量安全环保认证、近三年完成工程的情况、目前正在履行的合同情况、资源方面(如财务、管理、技术、劳力、设备等方面)的情况；其他资料(如各种奖励或处罚等)。

问题3:

【答】该项目招标程序中存在以下问题。

(1) 招标单位的有关工作人员不应拒收承包商的补充文件，因为承包商在投标截止时间之前所递交的任何正式书面文件都是有效文件，都是投标文件的有效组成部分，也就是说，补充文件与原投标文件共同构成一份投标文件，而不是两份相互独立的投标文件。

(2) 根据《中华人民共和国招标投标法》，应由招标人(招标单位)主持开标会，并宣读投标单位名称、投标价格等内容，而不应由市招标投标办公室的工作人员主持和宣读。

(3) 资格审查应在投标之前进行(背景资料说明了承包商已通过资格预审)，公证处人员无权对承包商资格进行审查，其到场的作用在于确认开标的公正性和合法性(包括投标文件的合法性)。

(4) 公证处人员确认所有投标文件均为有效标书是错误的，因为该承包商的投标文件仅有投标单位的公章和项目经理的签字，而无法定代表人或其代理人的签字或盖章，应做废标处理。

【案例2】背景资料:

某承包商参与某高层商用办公楼土建工程的投标(安装工程由业主另行招标)。为了既不影响中标，又能在中标后取得较好的收益，该承包商决定采用不平衡报价法对原估价做了适当调整，具体数字见表6-17。

表6-17　报价调整前后对比表　　单位：万元

工程内容	桩基围护工程	主体结构工程	装饰工程	总价
调整前(投标估价)	1480	6600	7200	15280
调整后(正式报价)	1600	7200	6480	15280

现假设桩基围护工程、主体结构工程、装饰工程的工期分别为4个月、12个月、8个月，贷款月利率为1%，并假设各分部工程每月完成的工作量相同且能按月度及时收到工程款(不考虑工程款结算所需要的时间)。

问题:

1. 该承包商所运用的不平衡报价法是否恰当？为什么？

2. 采用不平衡报价法后，该承包商所得工程款的现值比原估价增加多少(以开工日期为折现点)？

参考答案:

问题1:

【答】恰当。因为该承包商是将属于前期工程的桩基围护工程和主体结构工程的单价调高，而将属于后期工程的装饰工程的单价调低，这样可以在施工的早期阶段收到较多的工程款，从而可以提高承包商所得工程款的现值；而且，这三类工程单价的调整幅度均在±10%以内，一般不会受到质疑。

问题 2:

【解】方法一：计算单价调整前后的工程款现值。

(1) 单价调整前的工程款现值。

桩基围护工程每月工程款 A_1=1480/4=370(万元)

主体结构工程每月工程款 A_2=6600/12=550(万元)

装饰工程每月工程款 A_3=7200/8=900(万元)

则，单价调整前的工程现值：

$PV_0=A_1(P/A, 1\%, 4)+A_2(P/A, 1\%, 12)(P/F, 1\%, 4)+A_3(P/A, 1\%, 8)(P/F, 1\%, 16)$

$=370\times3.9020+550\times11.2551\times0.9610+900\times7.6517\times0.8528$

$=1443.74+5948.88+5872.83$

$=13265.45$(万元)

(2) 单价调整后的工程款现值。

桩基围护工程每月工程款 A_1'=1600/4=400(万元)

主体结构工程每月工程款 A_2'=7200/12=600(万元)

装饰工程每月工程款 A_3'=6480/8=810(万元)

则，单价调整后的工程现值：

$PV_0'=A_1'(P/A, 1\%, 4)+A_2'(P/A, 1\%, 12)(P/F, 1\%, 4)+A_3'(P/A, 1\%, 8)(P/F, 1\%, 16)$

$=400\times3.9020+600\times11.2551\times0.9610+810\times7.6517\times0.8528$

$=1560.80+6489.69+5285.55$

$=13336.04$(万元)

(3) 两者的差额。

$$PV_0'-PV_0=13336.04-13265.45=70.59\text{(万元)}$$

因此，采用不平衡报价法后，该承包商所得工程款的现值比原估价增加了 70.59 万元。

方法二：先按方法一计算 A_1、A_2、A_3 和 A_1'、A_2'、A_3'，则两者的差额为：

$PV_0'-PV_0=(A_1'-A_1)(P/A, 1\%, 4)+(A_2'-A_2)(P/A, 1\%, 12)(P/F, 1\%, 4)+(A_3'-A_3)(P/A, 1\%, 8)(P/F, 1\%, 16)$

$=(400-370)\times3.902+(600-550)\times11.2551\times0.9610+(810-900)\times7.6517\times0.8528$

$=70.59$(万元)

思考与练习

一、单项选择题

1. 下面有关招标工程招标控制价的说法中，正确的是(　　)。

   A.《中华人民共和国招标投标法》明确规定了招标工程必须设置招标控制价价格

   B. 招标控制价价格对工程招标阶段的工作有决定性的作用

   C. 招标控制价价格是招标人控制建设工程投资、确定投标人投标价格的参考依据

D. 招标控制价价格是衡量、评审投标人投标报价是否合理的尺度和依据

2. 目前我国建设工程施工招标控制价的编制主要采用(　　)。

A. 定额计价与工程量清单计价　　B. 单位估价法和实物量法

C. 预算定额法和投标价平均法　　D. 单位估价法和综合单价法

3. 定额计价法编制招标控制价采用的是(　　)。

A. 工料单价　　B. 全费用单价

C. 综合单价　　D. 投标报价的平均价

4. 采用预算定额编制招标控制价通常适用于(　　)完成后进行招标的工程。

A. 决策阶段　　B. 初步设计阶段

C. 技术设计阶段　　D. 施工图设计阶段

5. 对于一个没有先例的工程或工程内容及其技术经济指标尚未全面确定的新项目，一般采用(　　)。

A. 固定总价合同　　B. 可调总价合同

C. 估算工程量单价合同　　D. 成本加酬金合同

6. 作为施工单位，采用(　　)合同形式，可最大限度地减少风险。

A. 不可调值总价　　B. 可调值总价

C. 单价　　D. 成本加酬金

7. 采用固定单价合同的工程，每个结算周期末时应根据(　　)办理工程结算。

A. 投标文件中估计的工程量

B. 经过业主或监理工程师核实的实际工程量

C. 合同中规定的工程量

D. 承包商报送的工程量

8. 编制招标控制价应遵循的原则中，不正确的是(　　)。

A. 一个工程只能编制一个招标控制价

B. 招标控制价作为建设单位的合同价，应力求与市场的实际吻合

C. 招标控制价应由成本、利润、税金组成，应控制在批准的总概算及投资包干的限额内

D. 招标控制价应考虑风险及采用固定价格工程的风险

9. 在扩大初步设计阶段即进行招标的工程，适宜采用(　　)的方法编制招标控制价。

A. 以工程概算为基础编制　　B. 以平方米造价包干为基础编制

C. 以综合预算为基础编制　　D. 以施工图预算为基础编制

10. 工程量清单计价法的单价采用的主要是(　　)。

A. 概算指标　　B. 直接费单价

C. 完全费用单价　　D. 综合单价和工料单价

11. 采用综合单价的工程量清单，将综合单价与各分部分项工程的工程量相乘可以得到各分部分项工程的(　　)。

A. 直接费　　B. 部分费用

C. 全部费用　　D. 全部造价

12. 编制投标报价时如果工程量清单中有某项目未填写单价和合价，则(　　)。

A. 该标书将被视为废标

B. 该标书将被退回投标单位重新填写

C. 此部分价款将不予支付，并认为此项费用已包括在其他单价和合价中

D. 此部分单价和合价将按照其他投标单位的平均投标价计算

13. 采用不平衡报价法，不正确的做法是(　　)。

A. 施工条件好，工作简单，工作量大的工程报价可以高一些

B. 能早日结账收款的项目可适当提高报价

C. 预计今后工作量会增加的项目单价可以适当提高

D. 工程内容解释不清楚的项目单价可以适当降低

14. 结构较复杂，或大型工程的施工招标，工期(　　)以上的，合同价格应当采用调整价格。

A. 6 个月　　B. 12 个月　　C. 2 年　　D. 3 年

15. 招标文件中应明确投标时间，最短不得少于(　　)d。

A. 20　　B. 28　　C. 56　　D. 15

16. 中标单位应按规定向招标人提交履约担保，如果采用银行保函，则履约担保比率为(　　)。

A. 投标价格的 15%　　B. 投标价格的 10%

C. 合同价格的 5%　　D. 合同价格的 20%

17. 工程量清单是投标人根据施工图纸计算的工程量，提供给投标人作为投标报价的基础，结算拨付工程款时应以(　　)为依据。

A. 施工图纸　　B. 工程量清单

C. 实际工程量　　D. 规范

二、多项选择题

1. 固定总价合同一般适用于(　　)工程。

A. 设计图纸完整齐备　　B. 工程规模小

C. 工期较短　　D. 技术复杂

E. 施工图设计阶段后开始组织招标

2. 依照国际惯例，建设工程合同价的主要形式为(　　)。

A. 总价合同　　B. 单价合同　　C. 预算价合同

D. 概算价合同　　E. 成本加酬金合同

3. 成本加酬金合同的形式包括(　　)。

A. 成本加固定百分比酬金合同　　B. 成本加递增百分比酬金合同

C. 成本加递减百分比酬金合同　　D. 成本加固定酬金合同

E. 最高限额成本加固定最大酬金合同

4. 采用固定总价合同时，承包人须承担(　　)的风险。

A. 物价波动　　B. 气候条件恶劣

C. 洪水与地震　　　　D. 地质地基条件

5. 设备、材料采购公开招标的主要优点有(　　)。

A. 可以使符合资格的供应商能够在公平竞争的条件下以合适的价格获得供货机会

B. 可以使设备、材料采购者以合理的价格获得所需的设备和材料

C. 可以促进供应商进行技术改造，以降低成本、提高质量

D. 可以完全防止徇私舞弊的产生

6. 适用于设备采购国内竞争性招标的工程的特点包括(　　)。

A. 合同金额小

B. 工程地点分散且施工时间拖得很长

C. 技术密集型生产

D. 国内获得货物的价格低于国际市场价格

7. 适用于设备、材料采购的邀请招标的情况有(　　)。

A. 合同金额不大　　　　B. 所需特定货物的供应商数目有限

C. 有充裕的交货时间　　　　D. 潜在投标人不多

8. 以工程量清单计价法编制招标控制价时，工程量清单计价的单价按所综合内容不同，可以分为(　　)。

A. 概算指标　　　　B. 工料单价

C. 完全费用单价　　　　D. 综合单价

9. 编制一个合理可靠的招标控制价价格需要考虑的因素包括(　　)。

A. 目标工程的要求

B. 招标方的质量要求

C. 建筑材料采购渠道和市场价格的变化

D. 招标方的资金到位情况

10. 在不平衡报价中，下列项目应当降低报价的是(　　)。

A. 混凝土浇筑项目　　　　B. 预计工程量可能减少的项目

C. 装饰工程　　　　D. 将来可能分标的暂定项目

11. 在投标报价中，当承包商无竞争优势时，可以采用无利润报价的情况有(　　)。

A. 得标后，将大部分工程分包给索价较低的一些分包商

B. 希望二期工程中标，赚得利润

C. 希望修改设计方案

D. 希望改动某些条款

E. 较长时期内承包商没有在建工程，如再不中标，就难以生存

三、计算题

某工程采用最高限额成本加最大酬金合同。合同规定的最低成本为2000万元，报价成本为2300万元，最高限额成本为2500万元，酬金数额为450万元，同时规定成本节约额合同双方各50%，若最后乙方完成工程的实际成本为2450万元，则乙方能够获得的支付款为多少万元？

第7章 建设项目施工阶段造价的计价与控制

教学目标

本章主要介绍了建设项目施工阶段造价的控制。通过对本章的学习，要求学生掌握工程变更后合同价款的确定方法，工程索赔处理及索赔费用的计算，工程结算的编制和审查；熟悉工程变更处理，索赔的概念、处理原则和依据；了解工程预付款、工程进度款的支付方法。

教学要求

知识要点	能力要求	相关知识
工程变更	能够合理确定工程变更后的合同价款	(1) 工程变更的分类 (2) 工程变更合同价款的确定
工程索赔	能够根据工程已知条件正确进行索赔费用计算和工期索赔计算	(1) 工程索赔的基本概念 (2) 索赔产生的原因 (3) 工程索赔的分类 (4) 索赔费用的计算方法 (5) 工期索赔的计算方法
工程价款结算	能够根据工程已知条件正确进行工程预付款和工程进度款的计算	(1)工程预付款 (2) 工程预付款的扣回 (3) 工程进度款的支付 (4) 工程款价差的调整方法

引言

工程建设作为一类商品在建筑市场上进行交易，以其使用价值和前景价值的不同预算，形成不同的价格和投资方案。它的特点决定了，在建设前期除了投资额巨大，需要提前做好风险准备之外，更应当通过借助各种策划和建设将投资额控制在科学合理的范围之内，以保证建设结果实现利润最大化。另外，工程造价管理除了对施工阶段有着重大意义之外，它还贯穿整个建设过程，是一项复杂的、不断变化的、概括性的管理活动。

7.1 施工阶段投资目标控制

7.1.1 施工阶段的投资目标

施工阶段进行投资目标控制是把计划投资额作为投资控制的目标值，在工程施工过程中定期地进行投资实际值与目标值的比较，通过比较发现并找出实际支出额与投资控制目标值之间的偏差，分析产生偏差的原因，并采取有效措施加以控制，以保证投资控制目标的实现。

7.1.2 施工阶段投资目标控制的意义

施工阶段的工程造价控制，是实施建设工程全过程造价管理的重要组成部分。施工阶段是建筑物实体形成，实现建设工程价值和使用价值的主要阶段，是人力、物力、财力消耗量最大的阶段。此阶段工程量大，涉及面广，影响因素多，施工周期长，涉及的经济关系和法律关系复杂，受自然条件和客观因素的影响，材料设备价格、市场供求波动大等，也是投资支出最多的阶段，所以在此阶段应科学、有效、合理地确定资金筹措的方式、渠道、数额、时间等问题，在满足工程资金需要的前提下，尽可能减少资金占用的数量和时间，降低成本。因此，进行造价控制就显得尤为重要，也是工程造价管理的关键环节。施工阶段的资源投入一般占项目总投资的70%～90%，理所当然就应成为投资控制的重点。况且在我国对这一阶段的投资控制的管理技术也相对成熟，也符合我国国情。

7.2 工程变更与合同价款的确定

7.2.1 工程变更

1. 工程变更的分类

工程变更包括工程量变更、工程项目变更(如发包人提出增加或者删减原项目内容)、进度计划变更、施工条件变更等。考虑到设计变更在工程变更中的重要性，往往将工程变更分为设计变更和其他变更两大类。

1) 设计变更

在施工过程中如果发生设计变更，将对施工进度产生很大的影响。因此，应尽量减少设计变更，如果必须对设计进行变更，必须严格按照国家的规定和合同约定的程序进行。

由于发包人对原设计进行变更，以及经工程师同意的、承包人原因进行的设计变更，导致合同价款的增减及造成的承包人损失，由发包人承担，延误的工期相应顺延。

2) 其他变更

合同履行中发包人要求变更工程质量标准及发生其他实质性变更，由双方协商解决。

2．建设工程施工合同的变更程序

1) 设计变更的程序

从合同的角度来看，不论是因为什么原因导致的设计变更，必须首先有一方提出，因此可以分为发包人对原设计进行变更和承包人原因对原设计进行变更两种情况。

(1) 发包人对原设计进行变更。施工中发包人如果需要对原工程设计进行变更，应不迟于变更前 14d 以书面形式向承包人发出变更通知。承包人对于发包人的变更通知没有拒绝的权利，这是合同赋予发包人的一项权利。变更超过原设计标准或者批准的建设规模时，须经原规划管理部门和其他有关部门审查批准，并由原设计单位提供变更的相应图纸和说明。

(2) 承包人原因对原设计进行变更。承包人应当严格按照图纸施工，不得随意变更设计。施工中承包人提出的合理化建议涉及对设计图纸或者施工组织设计的更改及对原材料、设备的更换，须经工程师同意。工程师同意变更后，也须经原规划管理部门和其他有关部门审查批准，并由原设计单位提供变更的相应图纸和说明。承包人未经工程师同意擅自更改或换用时，由承包人承担由此发生的费用，赔偿发包人的有关损失，延误的工期不予顺延。

(3) 设计变更事项。能够构成设计变更的事项包括以下变更。

① 更改有关部分的标高、基线、位置和尺寸。

② 增减合同中约定的工程量。

③ 改变有关工程的施工时间和顺序。

④ 其他有关工程变更需要的附加工作。

2) 其他变更的程序

从合同角度看，除设计变更外，其他能够导致合同内容变更的都属于其他变更。如双方对工程质量要求的变化(当然是涉及强制性标准变化)、双方对工期要求的变化、施工条件和环境的变化导致施工机械和材料的变化等。这些变更的程序，首先应当由一方提出，与对方协商一致签署补充协议后，方可进行变更。

7.2.2 工程变更后合同价款的确定

1．工程变更后合同价款的确定程序

设计变更发生后，承包人在工程设计变更确定后 14d 内，应提出变更工程价款的报告，经工程师确认后调整合同价款，承包人在确定变更后 14d 内如不向工程师提出变更工程价款报告时，视为该项设计变更不涉及合同价款的变更。工程师收到变更工程价款报告之日起 14d 内，予以确认。工程师无正当理由不确认时，自变更价款报告送达之日起 14d 后变更工程价款报告自行生效。

2. 工程变更后合同价款的确定方法

《建设工程施工合同(示范文本)》(GF—2013—0201)条件下的工程变更项目单价或价格的确定方法如下。

(1) 合同中已有适用于变更工程的价格，按合同已有的价格计算变更合同价款。

(2) 合同中只有类似于变更工程的价格，可以参照类似价格确定变更合同价款。

(3) 合同中没有适用或类似于变更工程的价格，由承包人提出适当的变更价格，经工程师确认后执行。如双方不能达成一致的，双方可提请工程所在地工程造价管理机构进行咨询或按合同约定的争议或纠纷处理程序及方法进行解决。

因此，在变更后合同价款的确定上，首先应当考虑使用合同中已有的、能够适用或者能够参照适用的，其原因在于合同中已经订立的价格(一般是通过招标投标)是较为公平合理的。

确认增加(减少)的工程变更价款作为追加(减)合同价款与工程进度款同期支付。

7.3 索赔控制

7.3.1 工程索赔概述

1. 工程索赔的概念

工程索赔是在工程承包合同履行中，当事人一方由于另一方未履行合同所规定的义务或者出现了应当由对方承担的风险而遭受损失时，向另一方提出赔偿要求的行为。由于施工现场条件、气候条件的变化、设计变更、合同条款、规范、标准文件和施工图纸的差异、延误等因素的影响，使得工程承包中不可避免地出现索赔。

索赔属于经济补偿行为，索赔工作是承发包双方之间经常发生的管理业务。在实际工作中，“索赔”是双向的，既包括承包人向发包人的索赔，也包括发包人向承包人的索赔。在国际工程的索赔实践中，工程界将承包商向业主的施工索赔简称为“索赔”，而将业主向承包商的索赔称为“反索赔”。

索赔可以概括为如下 3 个方面。

(1) 一方违约使另一方蒙受损失，受损方向对方提出赔偿损失的要求。

(2) 发生应由业主承担责任的特殊风险或遇到不利自然条件等情况，使承包商蒙受较大损失而向业主提出补偿损失要求。

(3) 承包商本人应当获得的正当利益，由于没能及时得到工程师的确认和业主应给予的支付，而以正式函件向业主索赔。

2．索赔的意义

在履行合同义务过程中，当一方的权利遭受损失时，向对方提出索赔是弥补损失的唯一选择。无论是对承包商，还是对业主，做好索赔管理都具有重要意义。

1) 索赔是为了维护应得权利

双方签订的合同，应体现公平合理的原则。在履行合同过程中，双方均可利用合同赋予自己的权利，要求得到自己应得的利益。因此，在整个工程承包经营中，承包商可以大胆地运用施工承包合同赋予自己的进行索赔的权利，对在履行合同义务中产生的额外支出提出索赔。实践证明，如果善于利用合同进行施工索赔，可能会获得相当大的索赔款额，有时索赔款额可能超过报价书中的利润。因此，施工索赔已成为承包商维护自己合法权益的关键性方法。

2) 有助于提高承包商的经营管理水平

索赔要想获得成功，关键是承包商必须有较高的合同管理水平，尤其是索赔管理水平，能够制定出切实可行的索赔方案。因此，承包商必须要有合同管理方面的人才和现代化的管理方法，科学地进行施工管理，系统地对资料进行归类存档，正确、恰当地编写索赔报告，策略地进行索赔谈判。

3．工程索赔产生的原因

1) 当事人违约

当事人违约常常表现为没有按照合同约定履行自己的义务。发包人违约常常表现为没有为承包人提供合同约定的施工条件、未按照合同约定的期限和数额付款等。工程师未能按照合同约定完成工作，如未能及时发出图纸、指令等也视为发包人违约。承包人违约的情况则主要是没有按照合同约定的质量、期限完成施工，或者由于不当行为给发包人造成其他损害。

2) 不可抗力事件

不可抗力又可以分为自然事件和社会事件。自然事件主要是不利的自然条件和客观障碍。社会事件则包括国家政策、法律、法令的变更，战争、罢工等。

3) 合同缺陷

合同缺陷表现为合同文件规定的不严谨甚至矛盾、合同中有遗漏或错误。在这种情况下，工程师应当给予解释，如果这种解释将导致成本增加或工期延长，发包人应当给予补偿。

4) 合同变更

合同变更表现为设计变更、施工方法变更、追加或者取消某些工作、合同其他规定的变更等。

5) 工程师指令

工程师指令有时也会产生索赔。

6) 其他第三方原因

其他第三方原因常常表现为与工程有关的第三方的问题而引起的对本工程的不利影响。

4. 工程索赔的分类

关于工程索赔，国内外存在众多的分类方法，其分类标准可以概括为以下几种。

1) 按索赔的原因进行分类

在每一项承包商提出的索赔中，必须明确指出索赔产生的原因。根据国际工程承包的实践具体划分索赔类型如下。

(1) 工程变更索赔。

(2) 不利自然条件和人为障碍索赔。

(3) 加速施工索赔。

(4) 施工图纸延期交付索赔。

(5) 提供的原始数据错误索赔。

(6) 工程师指示进行额外工作索赔。

(7) 业主的风险索赔。

(8) 工程师指示暂停施工索赔。

(9) 业主未能提供施工所需现场索赔。

(10) 缺陷修补索赔。

(11) 合同额增减超过 15%索赔。

(12) 特殊风险索赔。

(13) 业主违约索赔。

(14) 法律、法规变化索赔。

(15) 货币及汇率变化索赔。

(16) 劳务、生产资料价格变化索赔。

(17) 拖延支付工程款索赔。

(18) 终止合同索赔。

(19) 合同文件错误索赔。

2) 按索赔涉及的当事人进行分类

(1) 承包商同业主之间的索赔。

(2) 总承包商同分包商之间的索赔。

(3) 承包商与供货商之间的索赔。

(4) 承包商向保险公司索赔。

3) 按索赔的目的进行分类

(1) 工期索赔。由于非承包人责任的原因而导致施工进程延误，要求批准顺延合同工期的索赔，称之为工期索赔。工期索赔形式上是对权利的要求，以避免在原定合同竣工日不能完工时，被发包人追究拖期违约责任。一旦获得批准合同工期顺延后，承包人不仅免除了承担拖期违约赔偿费的严重风险，而且可能缩短工期得到奖励，最终仍反映在经济收益上。

(2) 费用索赔。当施工的客观条件改变导致承包人增加开支，要求对超出计划成本的附加开支给予补偿，以挽回不应由承包人自己承担的经济损失。

4) 按索赔的处理方式分类

(1) 单一事件索赔。在某一索赔事件发生后，承包商即编制索赔文件，向工程师提出索赔要求。单一事件索赔的优点是涉及的范围不大，索赔的金额小，工程师证明索赔事件比较容易。同时，承包商也可以及时得到索赔事件产生的额外费用补偿。这是常用的一种索赔方式。

(2) 综合索赔。综合索赔，俗称一揽子索赔，是对工程项目实施过程中发生的多起索赔事件，综合在一起，提出一个总索赔额。造成综合索赔的原因如下。

① 承包商的施工过程受到严重干扰，如工程变更过多，无法执行原定施工计划等，且承包商难以保持准确的记录和及时收集足够的证据资料。

② 施工过程中的某些变更或索赔事件，由于各方未能达成一致意见，承包商保留了进一步索赔的权力。

在上述条件下，无法采取单一事件索赔方式，只好采取综合索赔。

5. 索赔的依据

承包商或业主提出索赔，必须出示具有一定说服力的索赔依据，这也是决定索赔是否成功的关键因素。索赔的一般有以下依据。

1) 构成合同的原始文件

构成合同的文件一般包括：合同协议书、中标函、投标书、合同条件(专用部分)、合同条件(通用部分)、规范、图纸以及标价的工程量表等。

合同的原始文件是承包商投标报价的基础，承包商在投标书中对合同中涉及费用的内容均进行了详细的计算分析，是施工索赔的主要依据。

承包商提出施工索赔时，必须明确说明所依据的具体合同条款。

2) 工程师的指示

工程师在施工过程中会根据具体情况随时发布一些书面或口头指示，承包商必须执行工程师的指示，同时也有权获得执行该指示而发生的额外费用。但应切记：在合同规定的时间内，承包商必须要求工程师以书面形式确认其口头指示。否则，将视为承包商自动放弃索赔权利。工程师的书面指示是索赔的有力证据。

3) 来往函件

合同实施期间，参与项目各方会有大量往来函件，涉及的内容多、范围广。但最多的还是工程技术问题，这些函件是承包商与业主进行费用结算和向业主提出索赔所依据的基础资料。

4) 会议记录

从商签施工承包合同开始，各方会定期或不定期地召开会议，商讨解决合同实施中的有关问题，工程师在每次会议后，应向各方送发会议纪要。会议纪要的内容涉及很多敏感性问题，各方均需核签。

5) 施工现场记录

施工现场记录包括施工日志、施工质量检查验收记录、施工设备记录、现场人员记录、进料记录、施工进度记录等。施工质量检查验收记录要有工程师或工程师授权的相应人员签字。

6) 工程财务记录

在施工索赔中，承包商的财务记录非常重要，尤其是索赔按实际发生的费用计算时，更是如此。因此，承包商应记录工程进度款的支付情况、各种进料单据、各种工程开支收据等。

7) 现场气象记录

在施工过程中，如果遇到恶劣的气候条件，除提供施工现场的气象记录外，承包商还应向业主提供政府气象部门对恶劣气候的证明文件。

8) 市场信息资料

主要收集国际工程市场劳务、施工材料的价格变化资料，外汇汇率变化资料等。

9) 政策法令文件

工程项目所在国或承包商国家的政策法令变化，可能给承包商带来益处，也可能带来损失。承包商应收集这方面的资料，作为索赔的依据。

7.3.2 工程索赔的处理原则、程序和索赔费用计算

1. 工程索赔的处理原则

1) 索赔必须以合同为依据

不论是当事人不完成合同规定的工作，还是风险事件的发生，能否索赔要看是否能在合同中找到相应的依据。工程师必须以完全独立的身份，站在客观公正的立场上，依据合同和事实公平地对索赔进行处理。根据我国的有关规定，合同文件应能够互相解释、互为说明，除合同另有约定外，其组成和解释的顺序如下：本合同协议书、中标通知书、投标书及其附件、本合同专用条款、本合同通用条款、标准、规范及有关技术文件、图纸、工程量清单及工程报价或预算书。

2) 必须注意资料的积累

积累一切可能涉及索赔论证的资料，同施工企业、建设单位研究的技术问题、进度问题和其他重大问题的会议资料(会议应当做好文字记录，并争取会议参加者签字，作为正式文档资料)。同时应建立严密的工程日志，包括承包方对工程师指令的执行情况、抽查试验记录、工序验收记录、计量记录、日进度记录以及每天发生的可能影响到合同协议的事件的具体情况等，同时还应建立业务往来的文件编号存档等记录制度，做到处理索赔时以事实和数据为依据。

3) 及时、合理地处理索赔

索赔事件发生后，索赔的提出应当及时，索赔的处理也应当及时。若索赔处理得不及时，对双方都会产生不利的影响，如承包人的索赔长期得不到合理解决，索赔积累的结果导致其资金困难，同时还会影响工程进度，给双方都带来不利的影响。处理索赔还必须坚持合理性原则，既要考虑到国家的有关政策规定，也应当考虑到工程的实际情况。例如，承包人提出对人工窝工费按照人工单价计算损失、机械停工按照机械台班单价计算损失显然是不合理的。

4) 加强主动控制，减少工程索赔

在工程实践过程中，工程师应当加强主动控制，加强索赔的前瞻性，尽量减少工程索

赔。在工程的实施过程中，工程师要将预料到的可能发生的问题及时告诉承包商，及时采取补救措施，避免由于工程返工所造成的工程成本上升及工期延误，这样既维护了业主的利益，又保障了工程的工期目标，避免过多索赔事件的发生，使工程能顺利地进行，节约工程投资。

2．工程索赔的程序

当合同当事人一方向另一方提出索赔时，要有正当的索赔理由，且有索赔事件发生时的有效证据。发包人未能按合同约定履行自己的各项义务或发生错误以及第三方原因，给承包人造成延期支付合同价款、延误工期或其他经济损失，包括不可抗力延误的工期，均可索赔。我国《建设工程施工合同(示范文本)》有关规定中对索赔的程序有以下明确而严格的规定。

(1) 承包人提出索赔申请。索赔事件发生 28d 内，向工程师发出索赔意向通知。合同实施过程中，凡不属于承包人责任导致项目拖期和成本增加事件发生后的 28d 内，必须以正式函件通知工程师，声明对此事项要求索赔，同时仍须遵照工程师的指令继续施工。逾期申报时，工程师有权拒绝承包人的索赔要求。

(2) 发出索赔意向通知后 28d 内，向工程师提出补偿经济损失和(或)延长工期的索赔报告及有关资料；正式提出索赔申请后，承包人应抓紧准备索赔的证据资料，包括事件的原因、对其权益影响的证据资料、索赔的依据，以及其他计算出的该事件影响所要求的索赔额和申请展延的工期天数，并在索赔申请发出的 28d 内报出。

(3) 工程师审核承包人的索赔申请。工程师在收到承包人送交的索赔报告和有关资料后，于 28d 内给予答复，或要求承包人进一步补充索赔理由和证据。接到承包人的索赔信件后，工程师应该立即研究承包人的索赔资料，在不确认责任属谁的情况下，依据自己的同期记录资料客观分析事故发生的原因，依据有关合同条款，研究承包人提出的索赔证据。必要时还可以要求承包人进一步提交补充资料，包括索赔的更详细的说明材料或索赔计算的依据。工程师在 28d 内未予答复或未对承包人做进一步要求，视为该项索赔已经认可。

(4) 当该索赔事件持续进行时，承包人应当阶段性向工程师发出索赔意向，在索赔事件终了后 28d 内，向工程师提供索赔的有关资料和最终索赔报告。

(5) 工程师与承包人谈判。双方各自依据对这一事件的处理方案进行友好协商，若能通过谈判达成一致意见，则该事件较容易解决。如果双方对该事件的责任、索赔款额或工期展延天数分歧较大，通过谈判达不成共识的话；按照条款规定工程师有权确定一个他认为合理的单价或价格作为最终的处理意见报送业主并相应通知承包人。

(6) 发包人审批工程师的索赔处理证明。发包人首先根据事件发生的原因、责任范围、合同条款审核承包人的索赔申请和工程师的处理报告，再根据项目的目的、投资控制要求、竣工验收要求，以及针对承包人在实施合同过程中的缺陷或不符合合同要求的地方提出反索赔方面的考虑，决定是否批准工程师的索赔报告。

(7) 承包人是否接受最终的索赔决定。承包人同意了最终的索赔决定，这一索赔事件即告结束。若承包人不接受工程师的单方面决定或业主删减的索赔或工期展延天数，就会导致合同纠纷。通过谈判和协调双方达成互让的解决方案是处理纠纷的理想方式。如果双方不能达成谅解就只能诉诸仲裁或者诉讼。

对上述这些具体规定，可将其归纳如图7.1所示。

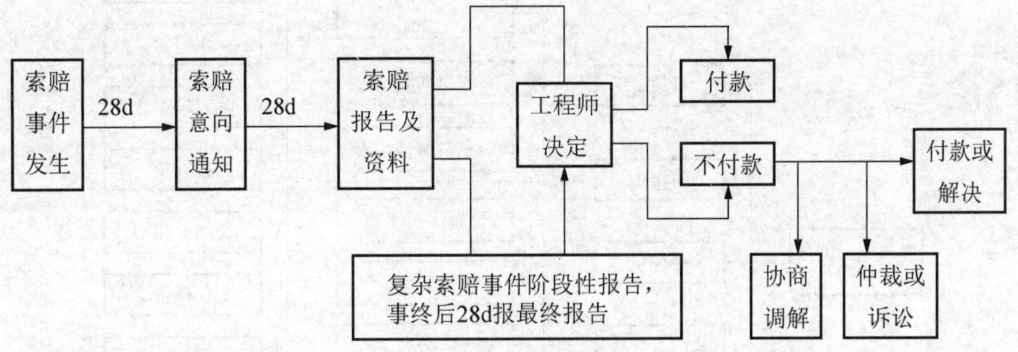

图7.1 工程索赔程序

3．索赔费用的组成及计算

1) 索赔费用的组成

索赔费用的主要组成部分，同工程款的计价内容相似(图7.2)。按我国现行规定(参见建标[2013]44号《建筑安装工程费用项目组成》)。我国的这种规定，同国际上通行的做法还不完全一致(图7.3)。

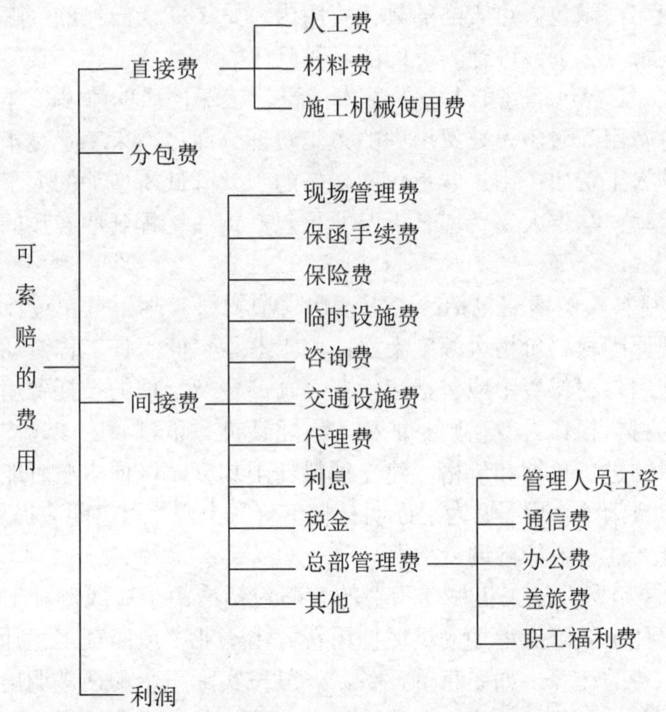

图7.2 可索赔费用的组成部分

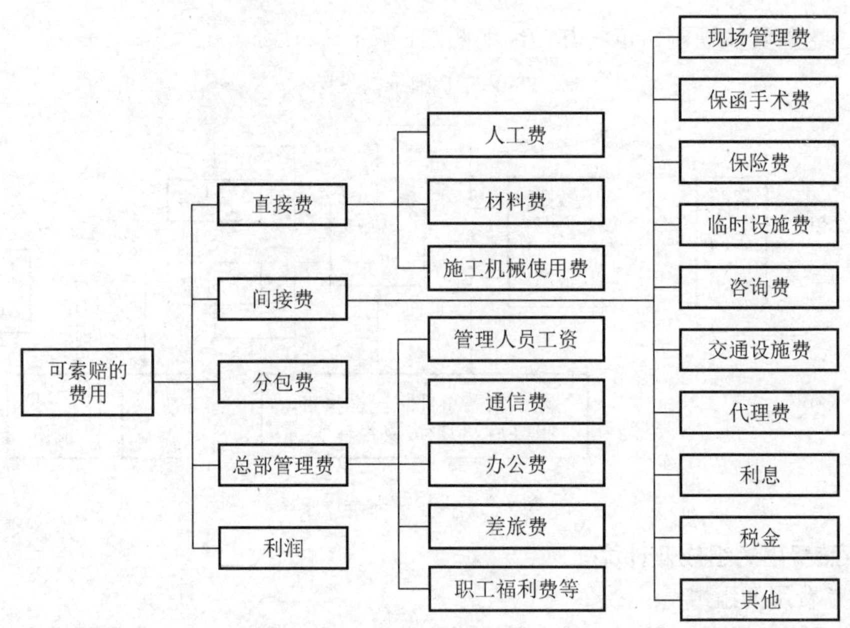

图 7.3 国际上通行的可索赔费用的组成

从原则上说，承包人有索赔权利的工程成本增加，都是可以索赔的费用。但是，对于不同原因引起的索赔，承包人可索赔的具体费用内容是不完全一样的。哪些内容可索赔，要按照各项费用的特点、条件进行分析论证，现概述如下。

(1) 人工费。人工费包括施工人员的基本工资、工资性质的津贴、加班费、奖金以及法定的安全福利等费用。对于索赔费用中的人工费部分而言，人工费是指完成合同之外的额外工作所花费的人工费用；由于非承包商责任的工效降低所增加的人工费用；超过法定工作时间的加班劳动；法定人工费增长以及非承包商责任工程延期导致的人员窝工费和工资上涨费等。

(2) 材料费。材料费的索赔包括：由于索赔事项材料实际用量超过计划用量而增加的材料费；由于客观原因材料价格大幅度上涨；由于非承包商责任工程延期导致的材料价格上涨和超期储存费用。材料费中应包括运输费、仓储费及合理的损耗费用。如果由于承包商管理不善，造成材料损坏失效，则不能列入索赔计价。承包商应该建立健全物资管理制度，记录建筑材料的进货日期和价格，建立领料耗用制度，以便索赔时能准确地分离出索赔事项所引起的材料额外耗用量。为了证明材料单价的上涨，承包商应提供可靠的订货单、采购单，或官方公布的材料价格调整指数。

(3) 施工机械使用费。施工机械使用费的索赔包括：由于完成额外工作增加的机械使用费；非承包商责任工效降低增加的机械使用费；由于业主或监理工程师原因导致机械停工的窝工费。窝工费的计算，如系租赁设备，一般按实际租金和调进调出费的分摊计算；如系承包商自有设备，一般按台班折旧费计算，而不能按台班费计算，因为台班费中包括了设备使用费。

(4) 分包费用。分包费用索赔指的是分包商的索赔费，一般也包括人工、材料、机械使用费的索赔。分包商的索赔应如数列入总承包商的索赔款总额以内。

(5) 现场管理费。索赔款中的现场管理费是指承包商完成额外工程、索赔事项工作以及工期延长期间的现场管理费，包括管理人员工资、办公、通信、交通费等。但如果对部分工人窝工损失索赔时，因其他工程仍然进行，可能不予计算现场管理费索赔。

(6) 利息。在索赔款额的计算中，经常包括利息。利息的索赔通常发生于下列情况：拖期付款的利息；由于工程变更和工程延期增加投资的利息；索赔款的利息；错误扣款的利息。至于具体利率应是多少，在实践中可采用不同的标准，主要有这样几种规定。

① 按当时的银行贷款利率。

② 按当时的银行透支利率。

③ 按合同双方协议的利率。

④ 按中央银行贴现率加三个百分点。

(7) 总部(企业)管理费。索赔款中的总部管理费主要指的是工程延期期间所增加的管理费，包括总部职工工资、办公大楼、办公用品、财务管理、通信设施以及总部领导人员赴工地检查指导工作等开支。这项索赔款的计算，目前没有统一的方法。在国际工程施工索赔中总部管理费的计算有以下几种。

① 按照投标书中总部管理费的比例(3%～8%)计算：

$$\text{总部管理费}=\text{合同中总部管理费比率}(\%)\times(\text{直接费索赔款额}+\text{现场管理费索赔款额等}) \tag{7-1}$$

② 按照公司总部统一规定的管理费比率计算：

$$\text{总部管理费}=\text{公司管理费比率}(\%)\times(\text{直接费索赔款额}+\text{现场管理费索赔款额等}) \tag{7-2}$$

③ 以工程延期的总天数为基础，计算总部管理费的索赔额，计算步骤如下：

$$\text{对某一工程提取的管理费}=\text{同期内公司的管理费}\times\frac{\text{该工程的合同额}}{\text{同期内公司的总合同额}} \tag{7-3}$$

$$\text{该工程的每日管理费}=\text{同期内公司的管理费}\times\frac{\text{该工程向总部上缴的管理费}}{\text{合同实施天数}} \tag{7-4}$$

$$\text{索赔的总部管理费}=\text{该工程的每日管理费}\times\text{工程延期的天数} \tag{7-5}$$

(8) 利润。一般来说，由于工程范围的变更、文件有缺陷或技术性错误、业主未能提供现场等引起的索赔，承包商可以列入利润。但对于工程暂停的索赔，由于利润通常是包括在每项实施工程内容的价格之内的，而延长工期并未影响削减某些项目的实施，也未导致利润减少。所以，一般监理工程师很难同意在工程暂停的费用索赔中加进利润损失。

索赔利润的款额计算通常是与原报价单中的利润百分率保持一致的。

2) 索赔费用的计算方法

常用的索赔费用的计算方法有实际费用法、总费用法和修正的总费用法等。

(1) 实际费用法。

实际费用法是计算工程索赔时最常用的一种方法。这种方法的计算原则是以承包商为某项索赔工作所支付的实际开支为根据，向业主要求费用补偿。

用实际费用法计算时，在直接费的额外费用部分的基础上，再加上应得的间接费和利润，即是承包商应得的索赔金额。由于实际费用法所依据的是实际发生的成本记录或单据，所以，在施工过程中，系统而准确地积累记录资料是非常重要的。

(2) 总费用法。

又称总成本法，是当发生多次索赔事件以后，重新计算该工程的实际总费用，实际总费用减去投标报价时的估算总费用，即为索赔金额，即

索赔金额=实际总费用-投标报价估算总费用 (7-6)

不少人对采用该方法计算索赔费用持批评态度，因为实际发生的总费用中可能包括了承包商的原因，如施工组织不善而增加的费用；同时投标报价的总费用也可能为了中标而估算得过低。所以这种方法只有在施工中受到严重干扰，使多个索赔事件混杂在一起，导致难以准确地进行分项记录和收集资料，也不容易分项计算出具体的损失费用的索赔，难以采用实际费用法时才应用。需要注意的是承包人投标报价必须是合理的，能反映实际情况，同时还必须出具翔实的证据，证明其索赔金额的合理性。

(3) 修正的总费用法。

修正的总费用法是对总费用法的改进，即在总费用计算的原则上，去掉一些不确定和不合理的因素，使其更合理。修正的内容如下：将计算索赔款的时段局限于受到外界影响的时间，而不是整个施工期；只计算受影响时段内的某项工作所受影响的损失，而不是计算该时段内所有施工工作所受的损失；与该项工作无关的费用不列入总费用中；对投标报价费用重新进行核算：按受影响时段内该项工作的实际单价进行核算，乘以实际完成的该项工作的工程量，得出调整后的报价费用。

按修正的总费用法计算索赔金额的公式如下：

索赔金额=某项工作调整后的实际总费用-该项工作的报价费用 (7-7)

修正的总费用法与总费用法相比，有了实质性的改进，它的准确程度已接近于实际费用法。

【例 7-1】 某高速公路由于业主修改高架桥设计，监理工程师下令承包商工程暂停一个月。试分析在这种情况下，承包商可索赔哪些费用？

【解】 可索赔如下费用。

(1) 人工费：对于不可辞退的工人，索赔人工窝工费，应按人工工日成本计算；对于可以辞退的工人，可索赔人工上涨费。

(2) 材料费：可索赔超期储存费用或材料价格上涨费。

(3) 施工机械使用费：可索赔机械窝工费或机械台班上涨费。自有机械窝工费一般按台班折旧费索赔；租赁机械一般按实际租金和调进调出的分摊费计算。

(4) 分包费用：指由于工程暂停分包商向总包索赔的费用。总包向业主索赔应包括分包商向总包索赔的费用。

(5) 现场管理费：由于全面停工，可索赔增加的工地管理费。可按日计算，也可按直接成本的百分比计算。

(6) 保险费：可索赔延期一个月的保险费。按保险公司保险费率计算。

(7) 保函手续费：可索赔延期一个月的保函手续费。按银行规定的保函手续费率计算。

(8) 利息：可索赔延期一个月增加的利息支出。按合同约定的利率计算。

(9) 总部管理费：由于全面停工，可索赔延期增加的总部管理费。可按总部规定的百分比计算。如果工程只是部分停工，监理工程师可能不同意总部管理费的索赔。

3) 工期索赔的计算

在工程施工中，常常会发生一些未能预见的干扰事件使施工不能顺利进行，使预定的施工计划受到干扰，造成工期延长，这样，对合同双方都会造成损失。施工单位提出工期索赔的目的通常有两个：一是免去或推卸自己对已产生的工期延长的合同责任，使自己不支付或尽可能不支付工期延长的罚款；二是进行因工期延长而造成的费用损失的索赔。对已经产生的工期延长，建设单位一般采用两种解决办法：一是不采取加速措施，工程仍按原方案和计划实施，但将合同期顺延；二是指施工单位采取加速措施，以全部或部分弥补已经损失的工期。如果工期延缓责任不是由施工单位造成，而建设单位已认可施工单位工期索赔，则施工单位还可以提出因采取加速措施而增加的费用索赔。

工期索赔的计算方法主要有网络图分析法和比例分析法。

(1) 网络图分析法。利用施工进度计划的网络图，分析索赔事件对其关键线路的影响。如果延误的工作为关键工作，则总延误的时间为批准顺延的工期；如果延误的工作为非关键工作，当该工作由于延误超过时差限制而成为关键工作时，可以批准延误时间与时差的差值，若该工作延误后仍为非关键工作，则不存在工期索赔问题。

(2) 比例分析法。在实际工程中，干扰事件常常仅影响某些单项工程、单位工程，或分部分项工程的工期，要分析它们对总工期的影响，可以采用较简单的比例分析法。常用的计算公式为：

对于已知部分工程的延期的时间：

$$\text{总工期索赔}=\frac{\text{受干扰部分的工程合同价}}{\text{整个工程的合同总价}}\times\text{该部分工程受干扰工期拖延量} \tag{7-8}$$

对于已知额外增加工程量的价格：

$$\text{总工期索赔}=\frac{\text{额外增加的工程量价格}}{\text{整个工程的合同总价}}\times\text{原合同总工期} \tag{7-9}$$

7.3.3 工程索赔报告的内容

索赔报告是向对方提出索赔要求的书面文件，是承包人对索赔事件的处理结果，也是业主审议承包人索赔请求的主要依据。它的具体内容，将随着索赔事件的性质和特点而有所不同。索赔报告应充满说服力、合情合理、有理有据、逻辑性强，能说服工程师、业主、调解人、仲裁人，同时又应该是具有法律效力的正规书面文件。

编写的索赔报告必须有合同依据，有详细准确的损失金额及时间的计算，要证明客观事物与损失之间的因果关系，能说明业主违约或合同变更与引起索赔的必然联系。

编写的索赔报告必须准确，须有一个专门的小组和各方的大力协助才能完成，索赔小组的人员应具有合同、法律、工程技术、施工组织计划、成本核算、财务管理、写作等各方面的知识，进行深入的调查研究，对较大的、复杂的索赔需咨询有关专家，对索赔报告进行反复讨论和修改，写出的报告要有理有据，责任清楚、准确，索赔值的计算依据正确，计算结果准确，用词要婉转和恰当。

索赔报告要简明扼要、条理清楚，便于对方由表及里、由浅入深地阅读了解，一般可以用金字塔的形式安排编写，如图 7.4 所示。

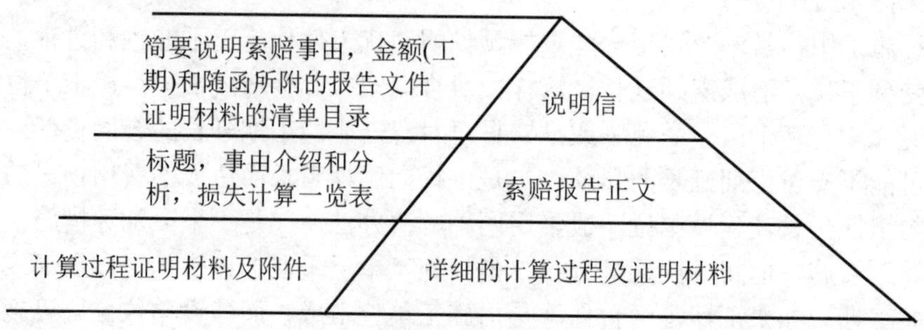

图 7.4　索赔报告形式的内容

索赔报告编写完毕后，应及时提交给监理工程师(业主)，正式提出索赔。索赔报告提交后，承包商不能被动等待，应隔一定的时间，主动向对方了解索赔处理的情况，根据所提出问题进一步做资料方面的准备，尽可能为监理工程师处理索赔提供帮助、支持和合作。

一个完整的索赔报告应包括以下四个方面的内容。

1) 总论部分

总论部分一般包括：序言、索赔事项概述、具体索赔要求、索赔报告编写及审核人员名单。

总论部分应该是叙述客观事实，合理引用合同规定，说明要求赔偿金额及工期。所以文中首先应概要地论述索赔事件的发生日期与过程；施工单位为该索赔事件所付出的努力和附加开支；施工单位的具体索赔要求。在总论部分最后，应附上索赔报告编写组主要人员及审核人员的名单，注明有关人员的职称、职务及施工经验，以表示该索赔报告的严肃性和权威性。需要注意的是对索赔事件的叙述必须清楚、明确，责任分析应准确，不可用含混的字眼。

2) 根据部分

本部分主要是说明自己具有的索赔权利，这是索赔能否成立的关键。根据部分的内容主要来自该工程项目的合同文件，并参照有关法律规定。该部分中施工单位可以直接引用合同中的具体条款，说明自己理应获得经济补偿或工期延长。

索赔理由因各个索赔事件的特点而有所不同，通常是按照索赔事件发生、发展、处理和最终解决的过程编写，并明确全文引用有关的合同条款或合同变更和补充协议条文，使业主和工程师能历史地、全面地、逻辑地了解索赔事件的发生始末，并充分认识该项索赔的合理性和合法性。一般地说，该部分包括以下内容：索赔事件的发生情况；已递交索赔意向书的情况；索赔事件的处理过程；索赔要求的合同根据；所附的证据资料等。

3) 计算部分

承包人的索赔要求都会表现为一定的具体索赔款额，计算时，施工单位必须阐明索赔款的要求总额；各项索赔款的计算过程，如额外开支的人工费、材料费、管理费和利润损失；阐明各项开支的计算依据及证据资料，同时施工单位还应注意采用合适的计价方法。至于计算时采用哪一种计价方法，应根据索赔事件的特点及自己所掌握的证据资料等因素来选择。其次，还应注意每项开支款的合理性和相应的证据资料的名称及编号。

索赔计算的目的，是以具体的计算方法和计算过程，说明自己应得经济补偿的款额或延长时间。如果说索赔理由的任务是解决索赔能否成立，则索赔计算就是要决定应得到多少索赔款额和工期补偿。前者是定性的，后者是定量的，所以计算要合理、准确，切忌采用笼统的计价方法和不实的开支款额。

4) 证据部分

证据部分包括该索赔事件所涉及的一切证据资料，以及对这些证据的说明。证据是索赔报告的重要组成部分，没有翔实可靠的证据，索赔是不能成功的。应注意引用确凿的证据和有效力的证据。对重要的证据资料最好附以文字证明或确认件。例如，有关的记录、协议、纪要必须是双方签署的；工程中的重大事件、特殊情况的记录、统计必须由工程师签证认可。

7.4 工程价款结算

7.4.1 工程价款结算方式

按我国现行规定，工程价款结算可以根据不同情况采取多种方式。

(1) 按月结算。即先预付工程备料款，在施工过程中按月结算工程进度款，竣工后进行竣工结算。

(2) 竣工后一次结算。建设项目或单项工程全部建筑安装工程建设期在 12 个月以内，或者工程承包合同价值在 100 万元以下的，可以实行工程价款每月月中预支，竣工后一次结算。

(3) 分段结算。即当年开工，当年不能竣工的单项工程或单位工程按照工程形象进度(形象进度的一般划分：基础、±0.0 以上的主体结构、装修、室外工程及收尾等)，划分不同阶段进行结算。分段结算可以按月预支工程款，结算比例如：工程开工后，拨付 10%合同价款；工程基础完成后，拨付 20%合同价款；工程主体完成后，拨付 40%合同价款；工程竣工验收后，拨付 15%合同价款；竣工结算审核后，结清余款。

(4) 结算双方约定的其他结算方式。

7.4.2 工程预付款

工程预付款又称预付备料款。施工企业承包工程，一般实行包工包料，需要有一定数量的备料周转金，由建设单位在开工前拨给施工企业一定数额的预付备料款，构成施工企业为该承包工程储备和准备主要材料、结构件所需的流动资金。预付款还可以带有“动员

费”的内容，以供组织人员、完成临时设施工程等准备工作之用，预付款相当于建设单位给施工企业的无息贷款。

住建部颁布的《施工招标文件示范文本》中规定，工程预付款仅用于承包方支付施工开始时与本工程有关的动员费用。如承包方滥用此款，发包方有权立即收回。在承包方向发包方提交金额等于预付款数额(发包方认可的银行开出)的银行保函后，发包方按规定的金额和规定的时间向承包方支付预付款，在发包方全部扣回预付款之前，该银行保函将一直有效。当预付款被发包方扣回时，银行保函金额相应递减。

1．工程预付款的数额

工程预付款额度按各地区、各部门的规定不完全相同，主要是保证施工所需材料和构件的正常储备。一般是根据施工工期、建筑安装工作量、主要材料和构件费用占建筑安装工作量的比例以及材料储备周期等因素经测算来确定。

(1) 在合同条件中约定。发包人根据工程的特点、工期长短、市场行情、供求规律等因素，招标时在合同条件中约定工程预付款的百分比。

(2) 公式计算法。公式计算法是根据主要材料(含结构件等)占年度承包工程总价的比重，材料储备定额天数和年度施工天数等因素，通过公式计算预付备料款额度的一种方法。

其计算公式为：

$$\text{工程预付款数额}=\frac{\text{工程总价}\times\text{主要材料比重}(\%)}{\text{年度施工天数}}\times\text{材料储备定额天数} \tag{7-10}$$

$$\text{工程预付款比率}=\frac{\text{工程预付款数额}}{\text{工程总价}}\times 100\% \tag{7-11}$$

式中，年度施工天数按 365d 计算；材料储备定额天数由当地材料供应的在途天数、加工天数、整理天数、供应间隔天数、保险天数等因素决定。

包工包料工程的预付款按合同约定拨付，原则上预付比例不低于合同金额的 10%，不高于合同金额的 30%，对重大工程项目，按年度工程计划逐年预付。计价执行《建设工程工程量清单计价规范》(GB 50500—2013)的工程，实体性消耗和非实体性消耗部分应在合同中分别约定预付款比例。

对一般建筑工程，预付款数额不应超过工作量(包括水、电、暖)的 30%；安装工程不应超过工作量的 10%；材料占比重较多的安装工程按年计划产值的 15%左右拨付。

对于不包材料，一切材料由建设单位供给的工程项目，则可以不预付备料款。

2．工程预付款的时限

按照《建设工程价款结算暂行办法》的关规定：“在具备施工条件的前提下，发包人应在双方签订合同后的一个月内或不迟于约定的开工日期前的 7d 内预付工程款，发包人不按约定预付，承包人应在预付时间到期后 10d 内向发包人发出要求预付的通知，发包人收到通知后仍不按要求预付，承包人可在发出通知 14d 后停止施工，发包人应从约定应付之日起向承包人支付应付款的利息(利率按同期银行贷款利率计)，并承担违约责任。”

3．工程预付款的扣回

发包单位拨付给承包单位的备料款属于预支性质。当工程进展到一定阶段，需要储备的材料越来越少，建设单位应将工程预付款逐渐从工程进度款中扣回，并在工程竣工结算前全部扣完。

扣款的方法有以下两种。

(1) 可以从未施工工程尚需的主要材料及构件的价值相当于备料款数额时起扣，从每次结算工程价款中，按材料比重抵扣工程价款，竣工前全部扣清。因此确定起扣点(即工程价款累计支付额为多少时以后再支付工程价款中应考虑要扣除工程预付款)是工程预付款起扣的关键。

确定工程预付款起扣点的原则是：未完工程所需主要材料和构件的费用等于工程预付款的数额。工程预付款的起扣点可按下式计算：

$$T = P - M / N \tag{7-12}$$

式中：T ——起扣点，即工程预付款开始扣回时的累计完成工作量金额；

P ——承包工程价款总额；

M ——工程预付款限额；

N ——主要材料、构件所占比重。

(2) 住建部《施工招标文件示范文本》中规定，在承包人完成金额累计达到合同总价的 10%后，由承包人开始向发包人还款；发包人从每次应付给承包人的金额中扣回工程预付款，发包人至少在合同规定的完工期前 3 个月将工程预付款的总计金额按逐次分摊的办法扣回。当发包人一次付给承包人的余额少于规定扣回的金额时，其差额应转入下一次支付中作为债务结转。

在实际经济活动中，情况比较复杂，有些工程工期较短，就无须分期扣回。有些工程工期较长，如跨年度施工，工程预付款可以不扣或少扣，并于次年按应付工程预付款调整，多退少补。具体地说，跨年度工程，预计次年承包工程价值大于或相当于当年承包工程价值时，可以不扣回当年的工程预付款，如小于当年承包工程的价值时，应按实际承包工程价值进行调整，在当年扣回部分工程预付款，并将未扣回部分，转入次年，直到竣工年度，再按上述办法扣回。

【例 7-2】 工程合同价款为 300 万元，主要材料和结构件费用为合同价款的 62.5%。合同规定工程预付款为合同价款的 25%。试求该工程预付款的起扣点。

【解】 工程预付款=300×25%=75(万元)

起扣点=300−75÷62.5%=180(万元)

即当累计结算工程价款为 180 万元时，应开始抵扣备料款。此时，未完工程价值为 120 万元，所需主要材料费为 120×62.5%=75(万元)，与工程预付款相等。

7.4.3 工程进度款

施工企业在施工过程中，按逐月(或形象进度、控制界面等)完成的工程数量计算各项费用，向建设单位(业主)办理工程进度款的支付(即中间结算)。

以按月结算为例，现行的中间结算办法是，施工企业在旬末或月中旬向单位提出预支工程款账单，预支一旬或半月的工程款，月终再提出工程款结算账单和已完工程月报表，收取当月工程价款，并通过银行进行结算。按月进行结算，要对现场已施工完毕的工程逐一进行清点，资料提出后要交监理工程师和建设单位审查签证。为简化手续，应以施工企

业提出的统计进度月报表为支取工程款的凭证，即通常所称的工程进度款。工程进度款的支付步骤如图 7.5 所示。

图 7.5　工程进度款支付步骤

工程进度款支付过程中，应遵循如下规定。

1．工程量的确认

根据《建设工程价款结算暂行办法》的规定，工程量计算的主要规定如下。

(1) 承包人应当按照合同约定的方法和时间，向发包人提交已完工程量的报告。发包人接到报告后 14d 内核实已完工程量，并在核实前 1d 通知承包人，承包人应提供条件并派人参加核实；承包人收到通知后不参加核实，以发包人核实的工程量作为工程价款支付的依据。发包人不按约定时间通知承包人，致使承包人未能参加核实，核实结果无效。

(2) 发包人收到承包人报告后 14d 内未核实完工程量，从第 15d 起，承包人报告的工程量即视为被确认，该工程量作为工程价款支付的依据，双方合同另有约定的，按合同执行。

(3) 对承包人超出设计图纸(含设计变更)范围和因承包人原因造成返工的工程量，发包人不予计量。

2．合同收入的组成

财政部制定的《企业会计准则——建造合同》中对合同收入的组成内容进行了解释。合同收入包括两部分内容。

(1) 合同中规定的初始收入，即建造承包商与客户在双方签订的合同中最初商定的合同总金额，它构成了合同收入的基本内容。

(2) 因合同变更、索赔、奖励等构成的收入，这部分收入并不构成合同双方在签订合同时已在合同中商定的合同总金额，而是在执行合同过程中由于合同变更、索赔、奖励等原因而形成的追加收入。

3．工程进度款支付

(1) 根据确定的工程计量结果，承包人向发包人提出支付工程进度款的申请，发包人应按不低于工程价款的 60%，不高于工程价款的 90%向承包人支付工程进度款。按约定时间发包人应扣回的预付款，与工程进度款同期结算抵扣。

(2) 发包人超过约定的支付时间不支付工程进度款，承包人应及时向发包人发出要求付款的通知，发包人收到承包人通知后仍不能按要求付款，可与承包人协商签订延期付款协议，经承包人同意后可延期支付，协议应明确延期支付的时间和从工程计量结果确认后第 15d 起计算应付款的利息(利息按同期银行贷款利率计)。

(3) 发包人不按合同约定支付工程进度款，双方又未达成延期付款协议，导致施工无法进行，承包人可停止施工，由发包人承担违约责任。

7.4.4 质量保证金

按照《建设工程质量保证金管理暂行办法》(建质[2005]7 号)的规定，建设工程质量保证金(保修金)(以下简称保证金)是指发包人与承包人在建设工程承包合同中约定，从应付的工程款中预留，用以保证承包人在缺陷责任期内对建设工程出现的缺陷进行维修的资金。

1．缺陷及缺陷责任期

(1) 缺陷是指建设工程质量不符合工程建设强制性标准、设计文件，以及承包合同的约定。

(2) 缺陷责任期一般为 6 个月、12 个月或 24 四个月，具体可由发、承包双方在合同中约定。缺陷责任期从工程通过竣(交)工验收之日起计。由于承包人原因导致工程无法按规定期限进行竣(交)工验收的，缺陷责任期从实际通过竣(交)工验收之日起计。由于发包人原因导致工程无法按规定期限进行竣(交)工验收的，在承包人提交竣(交)工验收报告 90d 后，工程自动进入缺陷责任期。

2．保证金的预留和返还

1) 承发包双方的约定

发包人应当在招标文件中明确保证金预留、返还等内容，并与承包人在合同条款中对涉及保证金的下列事项进行约定。

(1) 保证金预留、返还方式。

(2) 保证金预留比例、期限。

(3) 保证金是否计付利息，如计付利息，利息的计算方式。

(4) 缺陷责任期的期限及计算方式。

(5) 保证金预留、返还及工程维修质量、费用等争议的处理程序。

(6) 缺陷责任期内出现缺陷的索赔方式。

2) 保证金的预留

建设工程竣工结算后，发包人应按照合同约定及时向承包人支付工程结算价款并预留保证金。全部或者部分使用政府投资的建设项目，按工程价款结算总额 5%左右的比例预留保证金。社会投资项目采用预留保证金方式的，预留保证金的比例可参照执行。

3) 保证金的返还

缺陷责任期内，承包人认真履行合同约定的责任，到期后，承包人向发包人申请返还保证金。发包人在接到承包人返还保证金申请后，应于 14d 内会同承包人按照合同约定的内容进行核实。如无异议，发包人应当在核实后 14d 内将保证金返还给承包人，逾期支付的，从逾期之日起，按照同期银行贷款利率计付利息，并承担违约责任。发包人在接到承包人返还保证金申请后 14d 内不予答复，经催告后 14d 内仍不予答复，视同认可承包人的返还保证金申请。

3．保证金的管理及缺陷修复

1) 保证金的管理

缺陷责任期内，实行国库集中支付的政府投资项目，保证金的管理应按国库集中支付的有关规定执行。其他政府投资项目，保证金可以预留在财政部门或发包方。缺陷责任期

内，如发包方被撤销，保证金随交付使用资产一并移交使用单位管理，由使用单位代行发包人职责。社会投资项目采用预留保证金方式的，发承包双方可以约定将保证金交由金融机构托管；采用工程质量保证担保、工程质量保险等其他保证方式的，发包人不得再预留保证金，并按照有关规定执行。

2) 缺陷修复及责任

缺陷责任期内，由承包人原因造成的缺陷，承包人应负责维修，并承担鉴定及维修费用。如承包人不维修也不承担费用，发包人可按合同约定扣除保证金，并由承包人承担违约责任。承包人维修并承担相应费用后，不免除对工程的一般损失赔偿责任。由他人原因造成的缺陷，发包人负责组织维修，承包人不承担费用，且发包人不得从保证金中扣除费用。

7.4.5 工程竣工结算

1. 工程竣工结算的概念

工程竣工结算是指施工企业按照合同规定的内容全部完成所承包的工程，经验收质量合格，并符合合同要求之后，向发包单位进行的最终工程价款结算。工程竣工结算分为单位工程竣工结算、单项工程竣工结算和建设项目竣工总结算。

2. 工程竣工结算的主要作用

(1) 工程竣工结算是确定工程最终造价，施工单位与建设单位结清工程价款，并完成合同关系和经济责任的依据。

(2) 工程竣工结算为施工单位确定工程的最终收入，是进行经济核算和考核工程成本的依据。

(3) 工程竣工结算反映了建筑安装工作量和工程实物量的实际完成情况，是统计竣工率的依据。

(4) 工程竣工结算是建设单位落实投资完成额的依据，是结算工程价款和施工单位与建设单位从财务方面处理账务往来的依据。

(5) 工程竣工结算是建设单位编制竣工决算的基础资料。

3. 工程竣工结算的内容

工程竣工结算的内容是由竣工结算书的组成内容决定的，一般包括下列内容。

(1) 首页。首页内容主要包括工程名称、建设单位、结算造价、编制日期等，并设有建设单位、承包单位、审批单位以及编制人、复核人、审核人签字盖章的位置。

(2) 编制说明。编制说明的内容包括编制原则、编制依据、结算范围、变更内容、双方协商处理的事项以及其他必须说明的问题。如果是包干性质的工程结算，还应着重说明包干范围以外增加项目的有关问题。

(3) 工程结算表。工程结算表的内容包括定额编号、分部分项工程名称、单位、工程量、基价、合价、人工费、机械费等。另外，要按照不同的工程特点和结算方式，将组成结算造价的有关费用综合列入本表。

(4) 附表。附表内容主要包括工程量增减计算表、材料价差计算表、建设单位供料计算表等。

4．工程竣工结算编审

(1) 单位工程竣工结算由承包人编制，发包人审查；实行总承包的工程，由具体承包人编制，在总包人审查的基础上，发包人审查。

(2) 单项工程竣工结算或建设项目竣工总结算由总(承)包人编制，发包人可直接进行审查，也可以委托具有相应资质的工程造价咨询机构进行审查。政府投资项目，由同级财政部门审查。单项工程竣工结算或建设项目竣工总结算经发承包人签字盖章后有效。

承包人应在合同约定期限内完成项目竣工结算编制工作，未在规定期限内完成的并且提不出正当理由延期的，责任自负。

5．工程竣工结算审查期限

单项工程竣工后，承包人应在提交竣工验收报告的同时，向发包人递交竣工结算报告及完整的结算资料，发包人应按表7-1规定时限进行核对(审查)并提出审查意见。

建设项目竣工总结算在最后一个单项工程竣工结算审查确认后15d内汇总，送发包人后30d内审查完成。

表7-1　工程竣工结算审查时限

序号	工程竣工结算报告金额	审 查 时 间
1	500万元以下	从接到竣工结算报告和完整的竣工结算资料之日起20d
2	500万～2000万元	从接到竣工结算报告和完整的竣工结算资料之日起30d
3	2000万～5000万元	从接到竣工结算报告和完整的竣工结算资料之日起45d
4	5000万元以上	从接到竣工结算报告和完整的竣工结算资料之日起60d

6．工程竣工结算的有关规定

(1) 发包人收到承包人递交的竣工结算报告及完整的结算资料后，应按本办法规定的期限(合同约定有期限的，从其约定)进行核实，给予确认或者提出修改意见。发包人根据确认的竣工结算报告向承包人支付工程竣工结算价款，保留5%左右的质量保证(保修)金，待工程交付使用一年质保期到期后清算(合同另有约定的，从其约定)，质保期内如有返修，发生费用应在质量保证(保修)金内扣除。

(2) 发包人收到竣工结算报告及完整的结算资料后，在本办法规定或合同约定期限内，对结算报告及资料没有提出意见，则视同认可。

(3) 承包人如未在规定时间内提供完整的工程竣工结算资料，经发包人催促后14d内仍未提供或没有明确答复，发包人有权根据已有资料进行审查，责任由承包人自负。

(4) 根据确认的竣工结算报告，承包人向发包人申请支付工程竣工结算款。发包人应在收到申请后15d内支付结算款，到期没有支付的应承担违约责任。承包人可以催告发包人支付结算价款，如达成延期支付协议，承包人应按同期银行贷款利率支付拖欠工程价款的利息。如未达成延期支付协议，承包人可以与发包人协商将该工程折价，或申请人民法院将该工程依法拍卖，承包人就该工程折价或者拍卖的价款优先受偿。

(5) 发包人和承包人要加强施工现场的造价控制，及时对工程合同外的事项如实纪录

并履行书面手续。凡由发承包双方授权的现场代表签字的现场签证以及发承包双方协商确定的索赔等费用，应在工程竣工结算中如实办理，不得因发承包双方现场代表的中途变更改变其有效性。

(6) 合同以外零星项目工程价款的结算。发包人要求承包人完成合同以外的零星项目，承包人应在接受发包人要求的 7d 内就用工数量和单价、机械台班数量和单价、使用材料和金额等向发包人提出施工签证，发包人签证后再进行施工，如发包人未签证，承包人施工后发生争议的，责任由承包人自负。

(7) 索赔价款结算。发、承包人未能按合同约定履行自己的各项义务或发生错误，给另一方造成经济损失的，由受损方按合同约定提出索赔，索赔金额按合同约定支付。

在实际工作中，当年开工、当年竣工的工程，只需办理一次性结算。跨年度的工程，在年终办理一次年终结算，将未完工程转到下一年度，此时竣工结算等于各年度结算的总和。办理工程价款竣工结算的一般公式为：

$$\begin{matrix}\text{竣工结算}\\\text{工程价款}\end{matrix}=\begin{matrix}\text{预算(或概算)}\\\text{或合同价款}\end{matrix}+\begin{matrix}\text{施工过程中预算或}\\\text{合同价款调整数额}\end{matrix}-\begin{matrix}\text{预付及已结算}\\\text{工程价款}\end{matrix}-\text{保修金} \tag{7-13}$$

7.4.6 工程款价差调整

工程价款价差调整方法有工程造价指数调整法、实际价格调整法、调价文件计算法、调值公式法等，下面分别加以介绍。

1．工程造价指数调整法

这种方法是甲乙采取当时的预算(或概算)定额单价计算出承包合同价，待竣工时，根据合理的工期及当地工程造价管理部门所公布的该月度(或季度)的工程造价指数，对原承包合同价予以调整，重点调整那些由于实际人工费、材料费、施工机械费等费用上涨及工程变更因素造成的价差，并对承包商给以调价补偿。

2．实际价格调整法

实际价格调整法是对钢材、木材、水泥等主材的价格采取按实际价格结算的方法，工程承包人可凭发票按实报销。这种方法方便而正确，但由于是实报实销，因而承包商对降低成本不感兴趣，为了避免副作用，造价管理部门要定期发布最高限价，同时合同文件中还应规定发包人或工程师有权要求承包人选择更廉价的供应来源。

3．调价文件计算法

这种方法是甲乙方采取按当时的预算价格承包，在合同工期内，按照造价管理部门调价文件的规定，进行抽料补差(在同一价格期内按完成的材料用量乘以价差)。也有的地方定期发布主要材料供应价格和管理价格，对这一时期的工程进行抽料补差。

4．调值公式法

根据国际惯例，对建设项目工程价款的动态结算一般采用此法。事实上，在绝大多数国际工程项目中，甲乙双方在签订合同时就明确列出这一调值公式，并以此作为价差调整的计算依据。该调价公式的一般形式为：

$$P=P_0\left(a_0+a_1\frac{A}{A_0}+a_2\frac{B}{B_0}+a_3\frac{C}{C_0}+a_4\frac{D}{D_0}+\cdots\right) \tag{7-14}$$

式中：P——调值后合同价款或工程实际结算款；

P_0——合同价款中工程预算进度款；

a_0——固定要素，代表合同支付中不能调整的部分占合同总价中的比重；

a_1、a_2、a_3、a_4…——代表有关各项费用(如人工费用、钢材费用、水泥费用、运输费用等)在合同总价中所占比重 $a_0+a_1+a_2+a_3+a_4+\cdots=1$；

A_0、B_0、C_0、D_0…——投标截止日期前 28d 与 a_1、a_2、a_3、a_4…对应的各项费用的基期价格指数或价格；

A、B、C、D…——在工程结算月份与 a_1、a_2、a_3、a_4…对应的各项费用的现行价格指数或价格。

【例 7-3】 某综合楼工程项目合同价为 1750 万元，该工程签订的合同为可调合同。合同报价日期为 2016 年 3 月，合同工期为 12 个月，每季度结算一次。工程开工日期为 2016 年 4 月 1 日。施工单位 2016 年第四季度完成的产值是 710 万元。工程人工费、材料费构成比例以及相关季度造价指数见表 7-2。试计算造价工程师 2016 年第四季度应确定的工程结算款项。

表 7-2 工程人工费、材料费构成比例以及相关季度造价指数 单位：万元

项　目	人工费	材　料　费						不可调值费用
		钢材	水泥	粗集料	砖	砂	木材	
比例(%)	28	18	13	7	9	4	6	15
2016 年第一季度造价指数	100	100.8	102.0	93.6	100.2	95.4	93.4	
2016 年第四季度造价指数	116.8	100.6	110.5	95.6	98.9	93.7	95.5	

【解】 2016 年第四季度造价工程师应批准的结算款额为：

$$P=710\times(0.15+0.28+116.8/100.0+0.18\times100.6/100.8+0.13\times110.5/102.0+0.07\times95.6/93.6+0.09\times98.9/100.2+0.04\times93.7/95.4+0.06\times95.5/93.4)=710\times1.0588\approx751.75(\text{万元})$$

7.5 投资偏差分析

在确定投资控制目标之后，为了有效地进行投资控制，造价管理者就必须定期地进行投资计划值与实际值的比较，当实际值偏离计划值时，分析产生偏差的原因，采取适当的纠偏措施，以使投资超支尽可能小。

7.5.1 投资偏差

投资偏差指投资计划值与投资实际值之间存在的差异，即

投资偏差=已完工程实际投资−已完工程计划投资 (7-15)

=实际工程量×(实际单价−计划单价)

投资偏差结果为正，表示投资超支；结果为负，表示投资节约。

7.5.2 进度偏差

与投资偏差密切相关的是进度偏差，由于不考虑进度偏差就不能正确反映投资偏差的实际情况，所以，有必要引入进度偏差的概念。

进度偏差=已完工程实际时间−已完工程计划时间 (7-16)

为了与投资偏差联系起来，进度偏差也可表示为：

进度偏差=拟完工程计划投资−已完工程计划投资 (7-17)

=(拟完工程量−实际工程量)×计划单价

所谓拟完工程计划投资，是指根据进度计划安排在某一确定时间内所应完成的工程内容的计划投资。进度偏差结果为正值时，表示工期拖延；结果为负值时，表示工期提前。

7.5.3 常用的偏差分析方法

常用的偏差分析方法有横道图法、时标网络图法和曲线法。

1．横道图法

用横道图进行投资偏差分析，是用不同的横道标识已完工程计划投资和实际投资以及拟完工程计划投资，横道的长度与其数额成正比，如图 7.6 所示。

横道图法具有形象、直观、一目了然等优点，它能够准确表达出投资的绝对偏差，而且能一眼感受到偏差的严重性。但是，这种方法反映的信息量少，一般在项目的较高管理层应用。

项目编码	项目名称	投资参数数额(万元)	投资偏差(万元)	进度偏差(万元)	原　　因
011	土方工程	70 50 60	10	−10	
012	打桩工程	80 66 100	−20	−34	
013	基础工程	80 80 60	20	20	

续表

项目编码	项目名称	投资参数数额(万元)	投资偏差(万元)	进度偏差(万元)	原　因
	合计	230 196 220	10	-24	

图例：已完成工程实际投资　拟完工程计划投资　已完工程计划投资

图 7.6　横道图法的投资偏差分析表

2. 时标网络图法

时标网络图法是在确定施工计划网络图的基础上，将施工的实施进度与日历工期相结合而形成的网络图，根据时标网络图可以得到每一时间段的拟完工程计划投资，已完工程实际投资，可以根据实际工作完成情况测得，在时标网络图上考虑实际进度前锋线就可以得到每一时间段的已完工程计划投资。实际进度前锋线表示整个项目目前实际完成的工作情况，将某一确定时点下时标网络图中各个工序的实际进度点相连就可以得到实际进度前锋线，如图 7.7 所示。

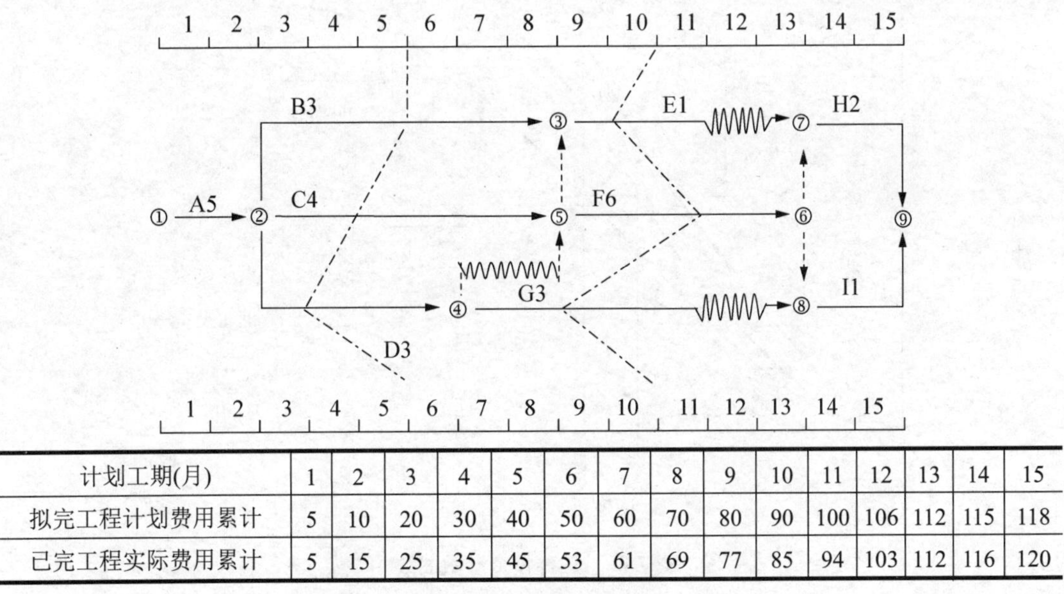

计划工期(月)	1	2	3	4	5	6	7	8	9	10	11	12	13	14	15
拟完工程计划费用累计	5	10	20	30	40	50	60	70	80	90	100	106	112	115	118
已完工程实际费用累计	5	15	25	35	45	53	61	69	77	85	94	103	112	116	120

图 7.7　某工程时标网络计划(单位：万元)

5 月末的已完工程计划投资累计值=40-4-6=30(万元)

10 月末的已完工程计划投资累计值=90-1+6×2-3=98(万元)

5 月末的投资偏差=已完工程实际投资-已完工程计划投资=45-30=15(万元)

即投资增加 15 万元。

10 月末的投资偏差=已完工程实际投资−已完工程计划投资=85−98=−13(万元)

即投资节约 13 万元。

5 月末的进度偏差=拟完工程计划投资−已完工程计划投资=40−30=10(万元)

即进度拖延 10 万元。

10 月末的进度偏差=拟完工程计划投资−已完工程计划投资=90−98=−8(万元)

即进度提前 8 万元。

3. 曲线法

曲线法也称赢值法、净值法，是一种投资偏差分析方法。它是通过实际完成工程与原计划相比较，确定工程进度是否符合计划要求，从而确定工程费用是否与原计划存在偏差的方法。在用曲线法进行偏差分析时，通常有三条投资曲线，即已完成工程实际投资曲线 a，已完工程计划投资曲线 b 和拟完工程计划投资曲线 P，如图 7.8 所示，图中曲线 a 与曲线 b 的竖向距离表示投资偏差，曲线 P 和曲线 b 的水平距离表示进度偏差。图中所反映的偏差为累计偏差，而且主要是绝对偏差。用曲线法进行偏差分析同样具有形象、直观的特点，但这种方法很难直接用于定量分析，只能对定量分析起一定的指导作用。

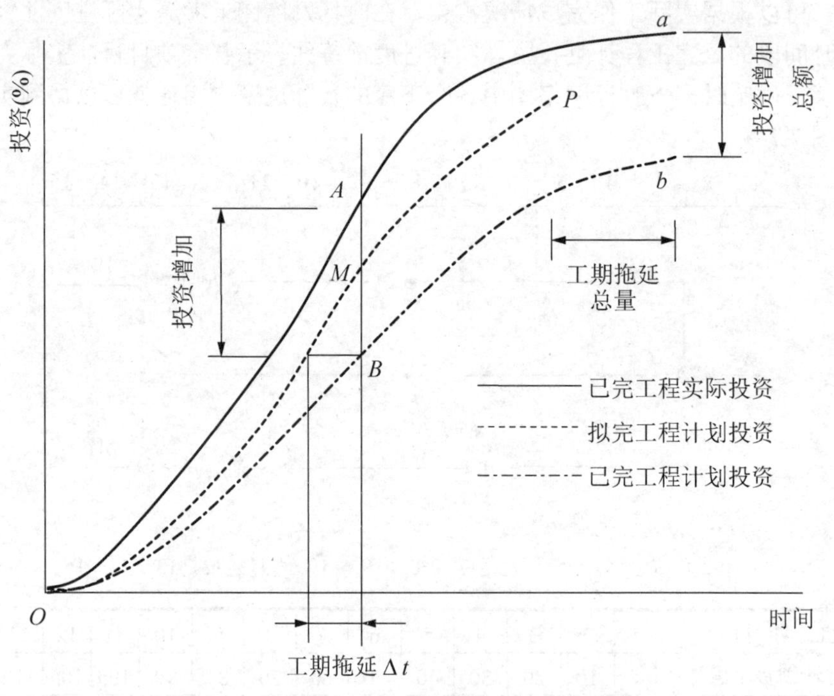

图 7.8　三种投资参数曲线

7.5.4 偏差形成原因及纠正方法

1. 投资偏差原因分析

一般来说，产生投资偏差的原因有以下几种，如图 7.9 所示。

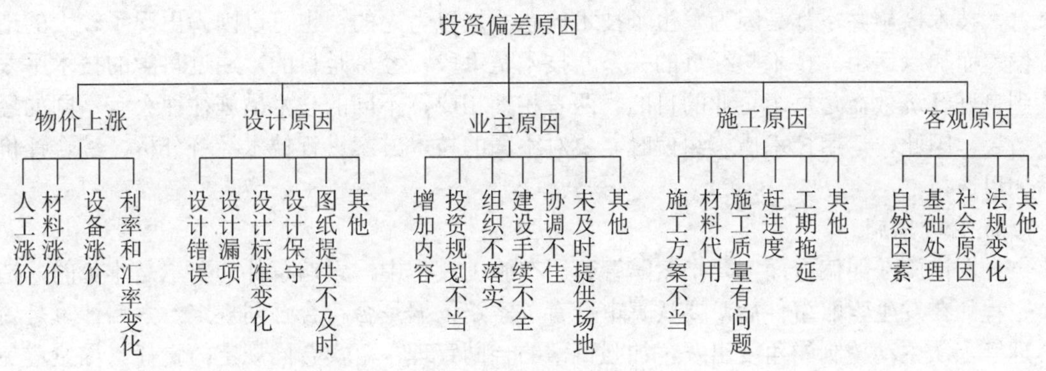

图 7.9 投资偏差原因

2. 偏差的纠正与控制

施工阶段工程造价偏差的纠正与控制，要注意采用动态控制、系统控制、信息反馈控制、弹性控制、循环控制和网络技术控制的原理，注意目标手段分析方法的应用。目标手段分析方法要结合施工现场实际情况，依靠有丰富实践经验的技术人员和工作人员通过各方面的共同努力实现纠偏。由于在施工过程中，偏差是不断出现的，从管理学角度上，是一个计划制订、实施工作、检查进度与效果、纠正与处理偏差的滚动循环的过程。因此，纠偏就是对系统实际运行状态偏离标准状态的纠正，以便使运行状态恢复或保持标准状态。

从施工管理的角度来说，合同管理、施工成本管理、施工进度管理、施工质量管理是几个重要环节；在纠正施工阶段资金使用偏差的过程中，要按照经济性原则、全面性与全过程原则、责权利相结合的原则、政策性原则、开源节约相结合原则；在项目经理的负责下，在费用控制的基础上，各类人员共同配合，通过科学、合理、可行的措施，实现由分项工程、分部工程、单位工程、整体项目整体纠正资金使用偏差，实现工程造价有效控制的目标。通常把纠偏措施分为组织措施、经济措施、技术措施、合同措施四个方面。

1) 组织措施

组织措施是指从投资控制的组织管理方面采取措施。例如，落实投资控制的组织机构和人员，即明确项目责任人，就造价管理而言，可细化到技术责任人和商务责任人，明确各人的任务、职能分工、权利和责任，提高投资控制人员的责任心，改善投资控制工作流程等。

2) 经济措施

经济措施最易为人们所接受，但运用中，应特别注意不可把经济措施简单理解为审核工程量及相应的支付款项，而应从全局出发来考虑问题，如检查投资目标分解的合理性，资金使用计划的保障性，施工进度计划的协调性等。在具体实施过程中，还需要工程项目所涉及的各个部门的全力配合，便于专职的成本控制员对及时得到的项目相关的信息进行汇总，并在最短的周期内，通过对成本偏差进行分析，对未完工程进行预测，及时发现潜在的问题，采取预防措施，从而取得造价控制的主动权。

3) 技术措施

技术方案与经济管理的结合是加强工程造价管理的一项重要工作。从造价控制的要求来看，技术措施并不都是因为发生了技术问题才加以考虑的，也可以因为出现了较大的造价偏差而加以运用。技术与经济的关系，技术是手段，经济是目的，通过科学的技术手段达到良好经济效益是每个企业的目的。两者相辅相成，不同的技术措施往往会有不同的经济效果，因此，运用技术措施纠偏时，要对不同的技术方案进行技术经济分析，综合评价后加以选择。

4) 合同措施

合同措施在纠偏方面主要指索赔管理。在施工过程中，索赔事件的发生是难免的，造价工程师在发生索赔事件后，要认真审查有关索赔依据是否符合合同规定，索赔计算是否合理等，从主动控制的角度出发，加强日常的合同管理，落实合同规定的责任。尽量避免由于合同的疏漏而造成项目不必要的损失。

本章小结

本章节涉及施工阶段的造价管理，工程变更问题是在施工中经常碰到的问题。只要准确地理解、掌握工程变更的含义和范围，分析清楚工程变更产生的原因，采取正确计价方法，合理地确定其结算价值，就能解决工程变更的结算纠纷问题。

在施工过程中，由于非承包人的原因，承包人可以获得工程索赔的权利，在处理工程索赔问题时，要注意索赔的依据、处理原则、索赔程序，依据索赔证据提出索赔文件，重视索赔费用的计算。

工程价款的结算，首先确定工程预付款、预付备料款起扣点等，按完成的分部分项工程数量，通过工程量的确认后，进行中间结算，直至竣工结算。

案例分析

背景资料：

某施工单位承包某工程项目，甲乙双方签订的关于工程价款的合同内容如下。

(1) 建筑安装工程造价 660 万元，建筑材料及设备费占施工产值的比重为 60%。

(2) 工程预付款为建筑安装工程造价的 20%。工程实施后，工程预付款从未施工工程尚需的建筑材料及设备费相当于工程预付款数额时起扣，从每次结算工程价款中按材料和设备占施工产值的比重扣抵工程预付款，竣工前全部扣清。

(3) 工程进度款逐月计算。

(4) 工程质量保证金为建筑安装工程造价的 3%，竣工结算月一次扣留。

(5) 建筑材料和设备费价差调整按当地工程造价管理部门有关规定执行(按当地工程造价管理部门有关规定上半年材料和设备价差上调 10%，在 6 月份一次调增)。工程各月实际完成产值见表 7-3。

表 7-3 各月实际完成产值

月 份	2	3	4	5	6
完成产值(万元)	55	110	165	220	110

问题：

1. 该工程的工程预付款、起扣点为多少？

2. 该工程2—5月每月拨付工程款为多少？累计工程款为多少？

3. 6月份办理工程竣工结算，该工程的结算造价为多少？甲方应付工程结算款为多少？

4. 该工程在保修期间发生屋面漏水，甲方多次催促乙方修理，乙方一再拖延，最后甲方另请施工单位修理，修理费为1.5万元，该项费用如何处理？

参考答案：

问题1:

【解】工程预付款：

$$660\times20\%=132(\text{万元})$$

起扣点：

$$660-132/60\%=440(\text{万元})$$

问题2:

【解】各月拨付工程款为：

2月：工程款55万元，累计工程款55万元

3月：工程款110万元，累计工程款=55+110=165(万元)

4月：工程款165万元，累计工程款=165+165=330(万元)

5月：工程款220−(220+330−440)×60%=154(万元)

累计工程款= 330+154=484(万元)

问题3:

【解】工程结算总造价为：

$$660+660\times0.6\times10\%=699.6(\text{万元})$$

甲方应付工程结算款：

$$699.6-484-(699.6\times3\%)-132=62.612(\text{万元})$$

问题4:

【解】1.5万元维修费应从乙方(承包方)的质量保证金中扣除。

思考与练习

一、单项选择题

1. 关于工程变更的说法，错误的是(　　)。

   A. 工程师同意采用承包方合理化建议，所发生的费用全部由业主承担

   B. 施工中承包方不得擅自对原工程设计进行变更

C. 任何工程变更均须由工程师确认并签发工程变更指令

D. 工程变更包括改变有关工程的施工时间和顺序

2. 投资实际值减去投资计划值，如果结果为正，则表示( )。

A. 投资超支　　B. 投资节约

C. 投资有可能节约或超支　　D. A、B、C 均不正确

3. 某工程在施工中遭遇一周(7d)连下大雨，造成承包方 10 人窝工 7d，又由于承包方原因造成 5 人窝工 10d，由此承包方能得到的人工费赔偿是( )元(人工单价为 30 元/工日)。

A. 0　　B. 2100　　C. 3600　　D. 1500

4. 关于施工索赔，下列说法中( )是不正确的。

A. 合同双方均可提出索赔　　B. 索赔必须有充分的证据

C. 索赔指的仅是费用索赔　　D. 索赔必须遵循严格的程序

5. 承包方在施工中提出的合理化建议涉及设计图纸或施工组织设计的更改及对原材料、设备的换用，因工期紧迫，未经工程师同意，( )承担由此发生的费用，延误的工期( )顺延。

A. 承包商，不予　　B. 发包方，不予

C. 工程师，相应　　D. 发包方，相应

6. 工程工期索赔的计算方法主要有( )。

A. 网络图分析和比例计算法　　B. 偏差比较法和比例计算法

C. 横道图法和网络图分析　　D. 表格法和比例计算法

7. 某工程工期为 4 个月，2004 年 5 月 1 日开工，5—7 月份的计划完成工程量分别为 500t、2000t、1500t，计划单价为 5000 元/t；实际完成工程量分别为 400t、1600t、2000t，5—7 月份的实际价格均为 4000 元/t，则 6 月月末的投资偏差为( )万元，实际投资比计划投资( )。

A. 450，浪费　　B. −450，节约　　C. −200，节约　　D. 200，浪费

8. 保修费用一般按照建筑安装工程造价和承包工程合同价的一定比例提取，该提取比例是( )。

A. 10%　　B. 5%　　C. 15%　　D. 20%

二、多项选择题

1. 根据现行规定，合同中没有适用或类似于变更工程的价格，其工程变更价款的处理原则是( )。

A. 由工程师提出适当的变更价格，报业主批准执行

B. 由承包方提出适当的变更价格，经发包人确认后执行

C. 当工程师与承包方对变更价格意见不一致时，由工程师确认其认为合适的价格

D. 当工程师与承包方对变更价格意见不一致时，可以由造价管理部门调解

E. 当发包人与承包方对变更价格意见不一致时，由造价管理部门裁定

2. 由于业主原因，工程师下令停工 1 个月，承包人可以索赔的款项包括( )。

A. 人工窝工费

B. 施工机械窝工费

C. 材料超期储存费用

D. 工程延期一个月增加的履约保函手续费

E. 合理的利润

3. 工期索赔的计算方法有( )。

A. 网络分析法

B. 修正的总费用法

C. 比例计算法

D. 实际费用法

E. 分项计算法

4. 承包方发生工期拖延，同时得到费用和工期索赔，其原因可来自于( )。

A. 特殊、反常的天气

B. 业主

C. 工人罢工

D. 工程师

E. 政府间经济制裁

5. 费用索赔可能包括下列内容( )。

A. 总部管理费

B. 工地管理费

C. 业主拖延支付所赔款的利息

D. 直接费

E. 承包商进行索赔程序所花费的费用

6. 工程进度款的支付表述正确的是( )。

A. 在确认计量结果后14d内，业主应向承包商支付工程款

B. 业主超过约定的支付时间不支付工程款，承包商可向业主发出要求付款的通知

C. 承包商和业主延期支付协议应明确延期支付的时间和从计量结果确认后第15d计算应付款的贷款利息

D. 业主不支付进度款，双方又没有达成协议，导致施工无法进行，承包商可停止施工，由业主承担违约责任

E. 承包商向业主发出要求付款的通知，直接由业主签发支付证书

7. 以下保修情况，费用应由建设单位承担的是( )。

A. 不可抗力原因造成的损坏

B. 使用单位使用不当，造成的损坏

C. 建设单位采购设备质量不合格引起的质量缺陷

D. 设计方面原因造成的质量缺陷

E. 承包单位未按国家有关规定、标准和设计要求进行施工，造成的质量缺陷

三、计算题

1. 某建筑工程承包合同总额为 600 万元，主要材料及构件金额占合同总额的 62.5%，预付备料款额度为 25%，预付款扣款的方法是以未施工工程尚需的主要材料及构件的价值相当于预付款数额时起扣，从每次中间结算工程价款中，按材料及构件的比重抵扣工程价款。保留金为合同总额的 5%。2015 年上半年各月实际完成合同价值见表 7-4，试求各月结算的工程款。

表 7-4　各月完成合同价值

月　　份	2	3	4	5
完成合同值(万元)	100	140	180	180

2. 某工程合同价为 100 万元，合同约定：采用调值公式进行动态结算，其中固定要素比重为 0.3，调价要素 A、B、C 分别占合同价的比重为 0.15、0.25、0.3，结算时价格指数分别增长了 20%、15%、25%，求该工程实际结算款额为多少万元？

第8章 建设项目竣工决算

教学目标

本章主要介绍了竣工决算和新增资产价值的确定。通过对本章的学习，要求学生掌握工程竣工决算的编制；熟悉竣工验收的内容与程序、确定新增资产的价值；了解竣工验收和竣工决算的概念。

教学要求

知 识 要 点	能 力 要 求	相 关 知 识
竣工决算	(1) 能够区分竣工结算和竣工决算的概念 (2) 能够正确编制竣工决算	(1) 竣工验收的概念 (2) 竣工验收的内容 (3) 竣工决算的概念 (4) 竣工决算的内容
新增资产价值的确定	能够确定新增固定资产的价值	(1) 新增资产价值的分类 (2) 新增固定资产价值的确定 (3) 新增流动资产价值的确定 (4)新增无形资产价值的确定

引言

建设项目竣工决算审计是建设项目审计的一个重要环节，它是指建设项目正式竣工验收前，由审计人员依法对建设项目竣工决算的正确性、真实性、合法性和实现的经济效益、社会效益及环境效益进行的检查、评价和鉴证。其主要的目的是保障建设资金合理、合法使用，正确评价投资效果，促进总结建设经验，提高建设项目管理水平。

8.1 建设项目竣工验收

8.1.1 建设项目竣工验收的概念、作用及任务

1. 建设项目竣工验收的概念

建设项目竣工验收是指由发包人、承包人和项目验收委员会，以项目批准的设计任务书和设计文件，以及国家或部门颁发的施工验收规范和质量检验标准为依据，按照一定的程序和手续，在项目建成并试生产合格后(工业生产性项目)，对工程项目的总体进行检验和认证、综合评价和鉴定的活动。按照我国建设程序的规定，竣工验收是建设工程的最后阶段，是建设项目施工阶段和保修阶段的中间过程，是全面检验建设项目是否符合设计要求和工程质量检验标准的重要环节。只有经过竣工验收，建设项目才能实现由承包人管理向发包人管理的过渡，它标志着建设投资成果投入生产或使用，对促进建设项目及时投产或交付使用、发挥投资效果、总结建设经验有着重要的作用。

工业生产项目，须经试生产合格，形成生产能力，正常生产出产品后，才能验收，非工业生产项目，应能正常使用，才能进行验收。

建设项目的验收，按被验收的对象来划分，可分为：单位工程竣工验收、单项工程竣工验收及全部工程竣工验收(动用验收)。通常所说的建设工程项目竣工验收，指的是“动用验收”，即建设单位在建设工程项目按批准的设计文件所规定的内容全部建成后，向使用单位(国有资金建设的工程向国家)交工的过程。其验收程序是：整个建设工程项目按设计要求全部建成，经过第一阶段的交工验收符合设计要求，并具备竣工图、竣工结算、竣工决算等必要的文件资料后，由建设工程项目主管部门或建设单位，按照国家现行验收组织规定，接受由银行、物资、环保、劳动、统计、消防及其他有关部门组成的验收委员会或验收组的验收，办理固定资产移交手续。验收委员会或验收组听取有关单位的工作报告，审阅工程技术档案资料，并实地查验建筑工程和设备安装情况，对工程设计、施工和设备质量等方面做出全面的评价。

2. 建设项目竣工验收的作用

(1) 全面考核建设成果，检查设计、工程质量是否符合要求，确保建设项目按设计要求的各项技术经济指标正常使用。

(2) 通过竣工验收办理固定资产使用手续，可以总结工程建设经验，为提高建设项目的经济效益和管理水平提供重要依据。

(3) 建设项目竣工验收是项目施工阶段的最后一个程序，是建设成果转入生产使用的标志，是审查投资使用是否合理的重要环节。

(4) 建设项目建成投产后，能否取得良好的宏观效益，需要经过国家权威管理部门按照相关技术规范、技术标准组织验收确认。通过建设项目验收，国家可以全面考核项目的建设成果，检验建设项目决策、设计、设备制造和管理水平，以及总结建设经验。因此，竣工验收是建设项目转入投产使用的必要环节。

3. 建设项目竣工验收的任务

建设项目通过竣工验收后，由承包人移交发包人使用，并办理各种移交手续，这时标志着建设项目全部结束，即建设资金转化为使用价值。建设项目竣工验收的主要任务如下。

(1) 发包人、勘察和设计单位、承包人分别对建设项目的决策和论证、勘察和设计以及施工的全过程进行最后的评价，对各自在建设项目进展过程中的经验和教训进行客观的评价，以保证建设项目按设计要求和各项技术经济指标正常使用。

(2) 办理建设项目的验收和移交手续，并办理建设项目竣工结算和竣工决算，以及建设项目的档案资料的移交和保修手续费等，总结建设经验，提高建设项目的经济效益和管理水平。

(3) 承包人通过竣工验收应采取措施将该项目的收尾工作和包括市场需求、“三废”治理、交通运输等问题在内的遗留问题尽快处理好，确保建设项目尽快发挥效益。

8.1.2 建设项目竣工验收的范围及内容

1. 建设项目竣工验收的范围

国家颁布的建设法规规定，凡新建、扩建、改建的基本建设项目和技术改造项目(所有列入固定资产投资计划的建设项目或单项工程)，已按国家批准的设计文件所规定的内容建成，符合验收标准，即：工业投资项目经负荷试车考核，试生产期间能够正常生产出合格产品，形成生产能力的；非工业投资项目符合设计要求，能够正常使用的，不论是属于哪种建设性质，都应及时组织验收，办理固定资产移交手续。有的工期较长、建设设备装置较多的大型工程，为了及时发挥其经济效益，对其能够独立生产的单项工程，也可以根据建成时间的先后顺序，分期分批地组织竣工验收；对能生产中间产品的一些单项工程，不能提前投料试车，可按生产要求与生产最终产品的工程同步建成竣工后，再进行全部验收。此外对于某些特殊情况，工程施工虽未全部按设计要求完成，也应进行验收，这些特殊情况主要有以下几种。

(1) 因少数非主要设备或某些特殊材料短期内不能解决，虽然工程内容尚未全部完成，但已可以投产或使用的工程项目。

(2) 按规定的内容已建完，但因外部条件的制约，如流动资金不足，生产所需原材料不能满足等，而使已建成工程不能投入使用的项目。

(3) 有些建设项目或单项工程，已形成部分生产能力或实际上生产单位已经使用，但近期内不能按原设计规模续建，应从实际情况出发经主管部门批准后，可缩小规模对已完成的工程和设备组织竣工验收，移交固定资产。

2. 建设项目竣工验收的内容

不同的建设工程项目，其竣工验收的内容不完全相同，但一般均包括工程资料验收和工程内容验收两部分。

1) 工程资料验收

包括工程技术资料、工程综合资料和工程财务资料验收三个方面的内容。

(1) 工程技术资料验收的内容。

① 工程地质、水文、气象、地形、地貌、建筑物、构筑物及重要设备安装位置、勘察报告与记录。

② 初步设计、技术设计或扩大初步设计、关键的技术试验、总体规划设计。

③ 土质试验报告、基础处理。

④ 建筑工程施工记录、单位工程质量检验记录、管线强度、密封性试验报告、设备及管线安装施工记录及质量检查、仪表安装施工记录。

⑤ 设备试车、验收运转、维修记录。

⑥ 产品的技术参数、性能、图纸、工艺说明、工艺规程、技术总结、产品检验与包装、工艺图。

⑦ 设备的图纸、说明书。

⑧ 涉外合同、谈判协议、意向书。

⑨ 各单项工程及全部管网竣工图等资料。

(2) 工程综合资料验收的内容。

① 项目建议书及批件、可行性研究报告及批件、项目评估报告、环境影响评估报告书。

② 设计任务书、土地征用申报及批准的文件。

③ 招标投标文件、承包合同。

④ 项目竣工验收报告、验收鉴定书。

(3) 工程财务资料验收的内容。

① 历年建设资金供应(拨、贷)情况和应用情况。

② 历年批准的年度财务决算。

③ 历年年度投资计划、财务收支计划。

④ 建设成本资料。

⑤ 支付使用的财务资料。

⑥ 设计概算、预算资料。

⑦ 竣工决算资料。

2) 工程内容验收

工程内容验收包括建筑工程验收、安装工程验收。

(1) 建筑工程验收内容。建筑工程验收，主要是如何运用有关资料进行审查验收，主要包括以下内容。

① 建筑物的位置、标高、轴线是否符合设计要求。

② 对基础工程中的土石方工程、垫层工程、砌筑工程等资料的审查，因为这些工程在“交工验收”时已验收。

③ 对结构工程中的砖木结构、砖混结构、内浇外砌结构、钢筋混凝土结构的审查验收。

④ 对屋面工程的木基、望板油毡、屋面瓦、保温层、防水层等的审查验收。

⑤ 对门窗工程的审查验收。

⑥ 对装修工程的审查验收(抹灰、油漆等工程)。

(2) 安装工程验收内容。安装工程验收分为建筑设备安装工程、工艺设备安装工程、动力设备安装工程验收。

① 建筑设备安装工程(指民用建筑物中的上下水管道、暖气、煤气、通风、电气照明等安装工程)应检查这些设备的规格、型号、数量、质量是否符合设计要求，检查安装时的材料、材质、材种，检查试压、闭水试验、照明。

② 工艺设备安装工程包括：生产、起重、传动、实验等设备的安装，以及附属管线敷设和油漆、保温等。

检查设备的规格、型号、数量、质量、设备安装的位置、标高、机座尺寸、质量、单机试车、无负荷联动试车、有负荷联动试车、管道的焊接质量、洗清、吹扫、试压、试漏、油漆、保温等及各种阀门。

③ 动力设备安装工程指有自备电厂的项目，或变配电室(所)、动力配电线路的验收。

8.1.3 建设项目竣工验收的方式及程序

1. 建设项目竣工验收的方式

建设项目竣工验收的方式可分为单位工程竣工验收、单项工程竣工验收和全部工程竣工验收三种方式。

1) 单位工程竣工验收(又称中间验收)

单位工程竣工验收是承包人以单位工程或某专业工程为对象，独立签订建设工程施工合同，达到竣工条件后，承包人可单独进行交工，发包人根据竣工验收的依据和标准，按施工合同约定的工程内容组织竣工验收，这阶段工作由监理单位组织，发包人和承包人派人参加验收工作，单位工程验收资料是最终验收的依据。

2) 单项工程竣工验收

单项工程竣工验收是在一个总体建设项目中，一个单项工程已完成设计图纸规定的工程内容，能满足生产要求或具备使用条件，承包人向监理单位提交“工程竣工报告”和“工程竣工报验单”，经鉴认后向发包人发出“交付竣工验收通知书”，说明工程完工情况、竣工验收准备情况、设备无负荷单机试车情况，具体约定单项工程竣工验收的有关工作。这阶段工作由发包人组织，会同承包人、监理单位、设计单位和使用单位等有关部门完成。

3) 全部工程竣工验收

全部工程竣工验收是建设项目已按设计规定全部建成、达到竣工验收条件，由发包人组织设计、施工、监理等单位和档案部门进行全部工程的竣工验收。

2. 建设项目竣工验收的程序

建设项目全部建成，经过各单项工程的验收符合设计的要求，并具备竣工图表、竣工决算、工程总结等必要的文件资料，由建设项目主管部门或发包人向负责验收的单位提出竣工验收申请报告，按程序验收。工程验收报告应经项目经理和承包人有关负责人审核签字。竣工验收的一般程序如下。

1) 承包人申请交工验收

承包人在完成了合同工程或按合同约定可分部移交工程的，可申请交工验收，交工验收一般为单项工程，但在某些特殊情况下也可以是单位工程的施工内容，诸如特殊基础处理工程、发电站单机机组完成后的移交等。承包人施工的工程达到竣工条件后，应先进行预检验，对不符合要求的部位和项目，确定修补措施和标准，修补有缺陷的工程部位；对于设备安装工程，要与发包人和监理工程师共同进行无负荷的单机和联动试车。承包人在完成了上述工作和准备好竣工资料后，即可向发包人提交“工程竣工报验单”。

2) 监理工程师现场初步验收

监理工程收到“工程竣工报验单”后，应由监理工程师组成验收组，对竣工的工程项目的竣工资料和各专业工程的质量进行初验，在初验中发现的质量问题，要及时书面通知承包人，令其修理甚至返工。经整改合格后监理工程师签署“工程竣工报验单”，并向发包人提出质量评估报告，至此现场初步验收工作结束。

3) 单项工程验收

单项工程验收又称交工验收，即验收合格后发包人方可投入使用。由发包人组织的交工验收，由监理单位、设计单位、承包人、工程质量监督站等参加，主要依据国家颁布的有关技术规范和施工承包合同，对以下几方面进行检查或检验。

(1) 检查、核实竣工项目准备移交给发包人的所有技术资料的完整性、准确性。

(2) 按照设计文件和合同，检查已完工程是否有漏项。

(3) 检查工程质量、隐蔽工程验收资料，关键部位的施工记录等，考察施工质量是否达到合同要求。

(4) 检查试车记录及试车中所发现的问题是否得到改正。

(5) 在交工验收中发现需要返工、修补的工程，明确规定完成期限。

(6) 其他涉及的有关问题。

验收合格后，发包人和承包人共同签署“交工验收证书”，然后由发包人将有关技术资料、试车记录、试车报告及交工验收报告一并上报主管部门，经批准后该部分工程即可投入使用。验收合格的单项工程，在全部工程验收时，原则上不再办理验收手续。

4) 全部工程的竣工验收

全部施工过程完成后，由国家主管部门组织的竣工验收，又称为动用验收。发包人参与全部工程竣工验收分为验收准备、预验收和正式验收三个阶段。

(1) 验收准备。发包人、承包人和其他有关单位均应进行验收准备，验收准备的主要工作内容有以下几方面。

① 收集、整理各类技术资料，分类装订成册。

② 核实建筑安装工程的完成情况，列出已交工工程和未完工工程一览表，包括单位工程名称、工程量、预算估价以及预计完成时间等内容。

③ 提交财务决算分析。

④ 检查工程质量，查明需返工或补修的工程并提出具体的时间安排，预申报工程质量等级的评定，做好相关材料的准备工作。

⑤ 整理汇总项目档案资料，绘制工程竣工图。

⑥ 登载固定资产，编制固定资产构成分析表。

⑦ 落实生产准备各项工作，提出试车检查的情况报告，总结试车考评情况。

⑧ 编写竣工结算分析报告和竣工验收报告。

(2) 预验收。建设项目竣工验收准备工作结束后，由发包人或上级主管部门会同监理单位、设计单位、承包人及有关单位或部门组成预验收组进行预验收。预验收的主要工作包括以下几个方面。

① 核实竣工验收准备工作内容，确认竣工项目所有档案资料的完整性和准确性。

② 检查项目建设标准、评定质量，对竣工验收准备过程中有争议的问题和有隐患及遗留的问题提出处理意见。

③ 检查财务账表是否齐全，并验证数据的真实性。

④ 检查试车情况和生产准备情况。

⑤ 编写竣工预验收报告和移交生产准备情况报告，在竣工预验收报告中应说明项目的概况、对验收过程进行阐述、对工程质量做出总体评价。

(3) 正式验收。建设项目的正式竣工验收是由国家、地方政府、建设项目投资商或开发商以及有关单位领导和专家参加的最终整体验收。大中型和限额以上的建设项目的正式验收，由国家投资主管部门或其委托的项目主管部门或地方政府组织验收，一般由竣工验收委员会(或验收小组)主任(或组长)主持，具体工作可由总监理工程师组织实施。国家重点工程的大型建设项目，由国家有关部委邀请有关方面参加，组成工程验收委员会，进行验收。小型和限额以下的建设项目由项目主管部门组织。发包人、监理单位、承包人、设计单位和使用单位共同参加验收工作。

① 发包人、勘察设计单位分别汇报工程合同履约情况以及在工程建设各环节执行法律、法规与工程建设强制性标准的情况。

② 听取承包人汇报建设项目的施工情况、自验情况和竣工情况。

③ 听取监理单位汇报建设项目监理内容和监理情况及对项目竣工的意见。

④ 组织竣工验收小组全体人员进行现场检查，了解项目现状、查验项目质量，及时发现存在和遗留的问题。

⑤ 审查竣工项目移交生产使用的各种档案资料。

⑥ 评审项目质量，对主要工程部位的施工质量进行复验、鉴定，对工程设计的先进性、合理性和经济性进行复验和鉴定，按设计要求和建筑安装工程施工的验收规范和质量标准进行质量评定验收。在确认工程符合竣工标准和合同条款规定后，签发竣工验收合格证书。

⑦ 审查试车规程，检查投产试车情况，核定收尾工程项目，对遗留的问题提出处理意见。

⑧ 签署竣工验收鉴定书，对整个项目做出总的验收鉴定。

整个建设项目进行竣工验收后，发包人应及时办理固定资产交付使用手续。在进行竣工验收时，对验收过的单项工程可以不再办理验收手续，但应将单项工程交工验收证书作为最终验收的附件而加以说明。发包人在竣工验收过程中，如发现工程不符合竣工条件，应责令承包人进行返修，并重新组织竣工验收，直到通过验收。

8.1.4 建设项目竣工验收的组织

建设项目竣工验收的组织，按原国家计委、建设部关于《建设项目(工程)竣工验收办法》的规定组成。大中型和限额以上基本建设和技术改造项目(工程)，由国家发展计划部门或国家发展计划部门委托项目主管部门、地方政府部门组织验收。小型和限额以下基本建设和技术改造项目(工程)，由项目(工程)主管部门或地方政府部门组织验收。竣工验收要根据工程规模大小、复杂程度组成验收委员会或验收组。验收委员会或验收组应由银行、物资、环保、劳动、消防及其他有关部门组成。建设主管部门和发包人、接管单位、承包人、勘察设计单位及工程监理单位也应参加验收工作。某些比较重大的项目应报省、国家组成验收组织。

8.2 竣 工 决 算

8.2.1 建设项目竣工决算概述

1．建设项目竣工决算的概念

竣工决算是以实物数量和货币指标为计量单位，综合反映竣工项目从筹建开始到项目竣工交付使用为止的全部建设费用、建设成果和财务情况的总结性文件，是竣工验收报告的重要组成部分，竣工决算是正确核定新增固定资产价值，考核分析投资效果，建立健全经济责任制的依据，是反映建设项目实际造价和投资效果的文件。

2．工程竣工结算与竣工决算的比较

建设项目竣工决算是以工程竣工结算为基础进行编制的。在整个建设项目竣工结算的基础上，加上从筹建开始到工程全部竣工有关的基本建设其他工程和费用支出，便构成了建设项目竣工决算的主体。

(1) 编制单位不同。竣工结算是由施工单位编制，而竣工决算是由建设单位编制。

(2) 编制范围不同。竣工结算主要是针对单位工程编制的，单位工程竣工后便可以进行编制，而竣工决算是针对建设项目编制的，必须在整个建设项目全部竣工后才可以进行编制。

(3) 编制作用不同。竣工结算是建设单位与施工单位结算工程价款的依据，是核对施工企业生产成果和考核工程成本的依据，是建设单位编制建设项目竣工决算的依据。而竣工决算是建设单位考核基本建设投资效果的依据，是正确确定固定资产价值和正确计算固定资产折旧费的依据。

3．建设项目竣工决算的作用

(1) 建设项目竣工决算是综合、全面地反映竣工项目建设成果及财务情况的总结性文件，它采用货币指标、实物数量、建设工期和各种技术经济指标综合、全面地反映建设项目自开始建设到竣工为止的全部建设成果和财物状况。

(2) 建设项目竣工决算是办理交付使用资产的依据，也是竣工验收报告的重要组成部分。建设单位与使用单位在办理交付资产的验收交接手续时，通过竣工决算反映了交付使用资产的全部价值，包括固定资产、流动资产、无形资产和其他资产的价值。同时，它还详细提供了交付使用资产的名称、规格、数量、型号和价值等明细资料，是使用单位确定各项新增资产价值并登记入账的依据。

(3) 建设项目竣工决算是分析和检查设计概算的执行情况，考核投资效果的依据。竣工决算反映了竣工项目计划、实际的建设规模、建设工期以及设计和实际的生产能力，反映了概算总投资和实际的建设成本，同时还反映了所达到的主要技术经济指标。通过对这些指标计划数、概算数与实际数进行对比分析，不仅可以全面掌握建设项目计划和概算执行情况，而且可以考核建设项目投资效果，为今后制订基建计划、降低建设成本、提高投资效果提供必要的资料。

8.2.2 建设项目竣工决算的内容

建设项目竣工决算应包括从筹集到竣工投产全过程的全部实际费用，即包括建筑工程费、安装工程费、设备工器具购置费用及预备费和投资方向调节税等费用。按照财政部、国家发改委和原建设部的有关文件规定，竣工决算是由竣工财务决算说明书、竣工财务决算报表、工程竣工图和工程造价对比分析四个部分组成。其中竣工财务决算说明书和竣工财务决算报表又合称为建设项目竣工财务决算，它是竣工决算的核心内容。

1．竣工报告说明书

竣工报告说明书包括以下内容。

(1) 建设项目概况，对工程总的评价。

(2) 资金来源及运用等财务分析。

(3) 基本建设收入、投资包干结余、竣工结余资金的上交分配情况。

(4) 各项经济技术指标的分析。

(5) 工程建设的经验及项目管理和财务管理工作以及竣工财务决算中有待解决的问题。

(6) 需要说明的其他事项。

2．竣工财务决算报表

建设项目竣工财务决算报表要根据大中型建设项目和小型建设项目分别制定。大中型建设项目竣工决算报表包括建设项目竣工财务决算审批表，大中型建设项目概况表，大中型建设项目竣工财务决算表，大中型建设项目交付使用资产总表；小型建设项目竣工财务决算报表包括建设项目竣工财务决算审批表，竣工财务决算总表，建设项目交付使用资产明细表。

1) 建设项目竣工财务决算审批表

建设项目竣工财务决算审批表见表8-1。

表8-1 建设项目竣工财务决算审批表

<table>
<tr><td>建设项目法人(建设单位)</td><td></td><td>建设性质</td><td></td></tr>
<tr><td>建设项目名称</td><td></td><td>主管部门</td><td></td></tr>
<tr><td colspan="4">开户银行意见：

盖　章
年　月　日</td></tr>
<tr><td colspan="4">专员办(审批)审核意见：

盖　章
年　月　日</td></tr>
<tr><td colspan="4">主管部门或地方财政部门审批意见：

盖　章
年　月　日</td></tr>
</table>

该表作为竣工决算上报有关部门审批时使用，其格式是按照中央级小型项目审批要求设计的，地方级项目可按审批要求做适当修改，大、中、小型项目均要按照下列要求填报此表。

(1) 表中“建设性质”按照新建、改建、扩建、迁建和恢复建设项目等分类填列。

(2) 表中“主管部门”是指建设单位的主管部门。

(3) 所有建设项目均须经过开户银行签署意见后，按照有关要求进行报批：中央级小型项目由主管部门签署审批意见；中央级大中型建设项目报所在地财政监察专员办事机构签署意见后，再由主管部门签署意见报财政部审批；地方级项目由同级财政部门签署审批意见。

(4) 已具备竣工验收条件的项目，3个月内应及时填报审批表，如3个月内不办理竣工验收和固定资产移交手续的视同项目已正式投产，其费用不得从基本建设投资中支付，所实现的收入作为经营收入，不再作为基本建设收入管理。

2) 大中型基本建设项目概况表

大中型基本建设项目概况表见表8-2。

表 8-2 大中型基本建设项目概况表

<table>
<tr><td>建设项目(单项工程)名称</td><td colspan="2"></td><td>建设地址</td><td colspan="2"></td><td rowspan="9">基建支出</td><td>项目</td><td>概算</td><td>实际</td><td>备注</td></tr>
<tr><td rowspan="2">主要设计单位</td><td colspan="2" rowspan="2"></td><td rowspan="2">主要施工企业</td><td colspan="2" rowspan="2"></td><td>建筑安装工程</td><td></td><td></td><td></td></tr>
<tr><td>设备、工具、器具</td><td></td><td></td><td></td></tr>
<tr><td rowspan="2">占地面积</td><td>计划</td><td>实际</td><td>总投资(万元)</td><td>设计</td><td>实际</td><td>待摊投资</td><td></td><td></td><td></td></tr>
<tr><td></td><td></td><td></td><td></td><td></td><td>其中：建设单位管理费</td><td></td><td></td><td></td></tr>
<tr><td rowspan="2">新增生产能力</td><td colspan="3">能力(效益)名称</td><td>设计</td><td>实际</td><td>其他投资</td><td></td><td></td><td></td></tr>
<tr><td colspan="3"></td><td></td><td></td><td>待核销基建支出</td><td></td><td></td><td></td></tr>
<tr><td rowspan="2">建设起止时间</td><td>设计</td><td colspan="4">从　　年　月开工至　　年　月竣工</td><td>非经营项目转出投资</td><td></td><td></td><td></td></tr>
<tr><td>实际</td><td colspan="4">从　　年　月开工至　　年　月竣工</td><td>合　计</td><td></td><td></td><td></td></tr>
<tr><td>设计概算批准文号</td><td colspan="10"></td></tr>
<tr><td rowspan="3">完成主要工程量</td><td colspan="6">建筑面积(平方米)</td><td colspan="4">设备(台、套、吨)</td></tr>
<tr><td colspan="3">设计</td><td colspan="3">实际</td><td colspan="2">设计</td><td colspan="2">实际</td></tr>
<tr><td colspan="3"></td><td colspan="3"></td><td colspan="2"></td><td colspan="2"></td></tr>
<tr><td rowspan="2">收尾工程</td><td colspan="3">工程内容</td><td colspan="3">已完成投资额</td><td colspan="2">尚需投资额</td><td colspan="2">完成时间</td></tr>
<tr><td colspan="3"></td><td colspan="3"></td><td colspan="2"></td><td colspan="2"></td></tr>
</table>

该表综合反映了大中型建设项目的基本概况，内容包括该项目的总投资、建设起止时间、新增生产能力、主要材料消耗、建设成本、完成主要工程量和主要技术经济指标及基本建设支出情况，为全面考核和分析投资效果提供依据，可按下列要求填写。

(1) 建设项目名称、建设地址、主要设计单位和主要施工单位，要按全称填列。

(2) 表中各项目的设计、概算、计划等指标，根据批准的设计文件和概算、计划等确定的数字填列。

(3) 表中所列新增生产能力、完成主要工程量、主要材料消耗的实际数据，根据建设单位统计资料和施工单位提供的有关成本核算资料填列。

(4) 表中基建支出是指建设项目从开工起至竣工为止发生的全部基本建设支出，包括形成资产价值的交付使用资产，如固定资产、流动资产、无形资产、其他资产支出，还包括不形成资产价值按照规定应核销的非经营项目的待核销基建支出和转出投资。上述支出，应根据财政部门历年批准的“基建投资表”中的有关数据填列。

(5) 表中“初步设计和概算批准日期、文号”，按最后经批准的日期和文件号填列。

(6) 表中收尾工程是指全部工程项目验收后尚遗留的少量收尾工程，在表中应明确填

写收尾工程内容、完成时间，这部分工程的实际成本可根据实际情况进行估算并加以说明，完工后不再编制竣工决算。

3) 大中型建设项目竣工财务决算表

大中型建设项目竣工财务决算表见表 8-3。

表 8-3　大中型建设项目竣工财务决算表　　单位：元

资金来源	金　额	资金占用	金　额
一、基建拨款		一、基本建设支出	
1．预算拨款		1．交付使用资产	
2．基建基金拨款		2．在建工程	
其中：国债专项资金拨款		3．待核销基建支出	
3．专项建设基金拨款		4．非经营项目转出投资	
4．进口设备转账拨款		二、应收生产单位投资借款	
5．器材转账拨款		三、拨付所属投资借款	
6．煤代油专用基金拨款		四、器材	
7．自筹资金拨款		其中：待处理器材损失	
8．其他拨款		五、货币资金	
二、项目资本		六、预付及应收款	
1．国家资本		七、有价证券	
2．法人资金		八、固定资产	
3．个人资本		固定资产原价	
4．外商资本		减：累计折旧	
三、项目资本公积		固定资产净值	
四、基建借款		固定资产清理	
其中：国债转贷		待处理固定资产损失	
五、上级拨入投资借款			
六、企业债券资金			
七、待冲基建支出			
八、应付款			
九、未交款			
1．未交税金			
2．其他未交款			
十、上级拨入资金			
十一、留成收入			
合　计		合　计	

补充资料：基建投资借款期末余额：

应收生产单位投资借款期末数：

基建结余资金：

大中型建设项目竣工财务决算表是用来反映竣工的大中型建设项目从开工到竣工为止全部资金来源和资金运用的情况，它是考核和分析投资效果，落实结余资金，并作为报告上级核销基本建设支出和基本建设拨款的依据。此表采用平衡表形式，即资金来源合计等于资金支出合计。具体编制方法如下。

(1) 资金来源包括基建拨款、项目资本、项目资本公积金、基建借款、上级拨入投资借款、企业债券资金、待冲基建支出、应付款和未交款以及上级拨入资金和留成收入等。

① 项目资本是指经营性项目投资者按国家有关项目资本金的规定，筹集并投入项目的非负债资金，在项目竣工后，相应转为生产经营企业的国家资本金、法人资本金、个人资本金和外商资本金。

② 项目资本公积金是指经营性项目对投资者实际缴付的出资额超过其资金的差额(包括发行股票的溢价净收入)，资产评估确认价值或者合同、协议约定价值与原账面净值的差额，接收捐赠的财产、资本汇率折算差额，在项目建设期间作为资本公积金、项目建成交付使用并办理竣工决算后，转为生产经营企业的资本公积金。

③ 基建收入是基建过程中形成的各项工程建设副产品变价净收入、负荷试车的试运行收入以及其他收入。在表中基建收入以实际销售收入扣除销售过程中所发生的费用和税后的实际纯收入填写。

(2) 表中“交付使用资产”“预算拨款”“自筹资金拨款”“其他拨款”“项目资本”“基建借款”“其他借款”等项目，是指自开工建设至竣工至的累计数，上述有关指标应根据历年批复的年度基本建设财务决算和竣工年度的基本建设财务决算中资金平衡表相应项目的数字进行汇总填写。

(3) 表中其余项目费用办理竣工验收时的结余数，根据竣工年度财务决算中资金平衡表的有关项目期末数填写。

(4) 资金支出反映建设项目从开工准备到竣工全过程资金支出的情况，内容包括基建支出、应收生产单位投资借款、库存器材、货币资金、有价证券和预付及应收款，以及拨付所属投资借款和库存固定资产等，资金支出总额应等于资金来源总额。

(5) 补充资料的“基建投资借款期末余额”反映竣工时尚未偿还的基本投资借款额，应根据竣工年度资金平衡表内的“基建借款”项目期末数填写；“应收生产单位投资借款期末数”，根据竣工年度资金平衡表内的“应收生产单位投资借款”项目的期末数填写：“基建结余资金”反映竣工的结余资金，根据竣工决算表中有关项目计算填写。

(6) 基建结余资金可以按下列公式计算：

基建结余资金=基建拨款+项目资本+项目资本公积金+基建借款+企业债券基金+待冲基建支出-基本建设支出-应收生产单位投资借款

4) 大中型建设项目交付使用资产总表

大中型建设项目交付使用资产总表见表 8-4。

表 8-4　大中型建设项目交付使用资产总表

单位：元

序号	单项工程项目名称	总计	固定资产				流动资产	无形资产	其他资产
			建安工程	设备	其他	合计			

交付单位：　　　　负责人：　　　　　　　　　　　接收单位：　　　　负责人：

盖　　章　　年　　月　　日　　　　　　　　　　　　　　　盖　　章　　年　　月　　日

该表反映建设项目建成后新增固定资产、流动资产、无形资产和其他资产价值的情况和价值，作为财产交接、检查投资计划完成情况和分析投资效果的依据。小型项目不编制“交付使用资产总表”，直接编制“交付使用资产明细表”；大中型项目在编制“交付使用资产总表”的同时，还需编制“交付使用资产明细表”。大中型建设项目交付使用资产总表具体编制方法如下。

(1) 表中各栏目数据根据“交付使用明细表”的固定资产、流动资产、无形资产、其他资产的各相应项目的汇总数分别填写，表中总计栏的总计数应与竣工财务决算表中的交付使用资产的金额一致。

(2) 表中第 3、7、8、9、10 栏的合计数，应分别与竣工财务决算表交付使用的固定资产、流动资产、无形资产、其他资产的数据相符。

5) 建设项目交付使用资产明细表

建设项目交付使用资产明细表见表 8-5。

表 8-5　建设项目交付使用资产明细表

单项工程项目名称	建筑工程			设备、工具、器具、家具						流动资产		无形资产		其他资产	
	结构	面积(m²)	价值(元)	名称	规格型号	单位	数量	价值(元)	设备安装费(元)	名称	价值(元)	名称	价值(元)	名称	价值(元)

交付单位：　　　　　　　　　　　　　　　　　　　　　　接收单位：

盖　　章　　年　　月　　日　　　　　　　　　　　　　　　盖　　章　　年　　月　　日

该表反映交付使用的固定资产、流动资产、无形资产和其他资产及其价值的明细情况，是办理资产交接的依据和接收单位登记资产账目的依据，是使用单位建立资产明细账和登记新增资产价值的依据。大、中型和小型建设项目均需编制此表。编制时要做到齐全完整，数字准确，各栏目价值应与会计账目中相应科目的数据保持一致。建设项目交付使用资产明细表具体编制方法如下。

(1) 表中“建筑工程”项目应按单项工程名称填列其结构、面积和价值。其中“结构”是指项目按钢结构、钢筋混凝土结构、混合结构等结构形式填写；面积则按各项目实际完成面积填列；价值按交付使用资产的实际价值填写。

(2) 表中“固定资产”部分要在逐项盘点后，根据盘点实际情况填写，工具、器具和家具等低值易耗品可分类填写。

(3) 表中“流动资产”“无形资产”“其他资产”项目应根据建设单位实际交付的名称和价值分别填列。

6) 小型建设项目竣工财务决算总表

由于小型建设项目内容比较简单，因此可将工程概况与财务情况合并编制一张“竣工财务决算总表”(表8-6)，该表主要反映小型建设项目的全部工程和财务情况。具体编制时可参照大中型建设项目概况表指标和大中型建设项目竣工财务决算表指标口径填写。

表8-6 小型建设项目竣工财务决算总表

<table>
<tr><td>建设项目名称</td><td colspan="2"></td><td colspan="2">建设地址</td><td colspan="3"></td><td colspan="2">资金来源</td><td colspan="2">资金运用</td></tr>
<tr><td>初步设计概算批准文号</td><td colspan="7"></td><td>项目</td><td>金额(元)</td><td>项目</td><td>金额(元)</td></tr>
<tr><td rowspan="3">占地面积</td><td>计划</td><td>实际</td><td rowspan="3">总投资(万元)</td><td colspan="2">计划</td><td colspan="2">实际</td><td rowspan="9">一、基建拨款
其中：预算拨款
二、项目资本
三、项目资本公积
四、基建借款
五、上级拨入借款
六、企业债券资金
七、待冲基建支出
八、应付款
九、未交款
其中：未交基建收入
未交包干节余
十、上级拨入资金
十一、留成收入</td><td rowspan="9"></td><td rowspan="9">一、交付使用资产
二、待核销基建支出
三、非经营项目转出投资
四、应收生产单位投资借款
五、拨付所属投资借款
六、器材
七、货币资金
八、预付及应收款
九、有价证券
十、固定资产</td><td rowspan="9"></td></tr>
<tr><td rowspan="2"></td><td rowspan="2"></td><td>固定资产</td><td>流动资金</td><td>固定资产</td><td>流动资金</td></tr>
<tr><td></td><td></td><td></td><td></td></tr>
<tr><td rowspan="2">新增生产能力</td><td colspan="2">能力(效益)名称</td><td>设计</td><td colspan="4">实际</td></tr>
<tr><td colspan="2"></td><td></td><td colspan="4"></td></tr>
<tr><td rowspan="2">建设起止时间</td><td>计划</td><td colspan="6">从 年 月开工至 年 月竣工</td></tr>
<tr><td>实际</td><td colspan="6">从 年 月开工至 年 月竣工</td></tr>
<tr><td rowspan="3">基建支出</td><td colspan="4">项目</td><td colspan="2">概算(元)</td><td>实际(元)</td></tr>
<tr><td colspan="4">建筑安装工程
设备、工具、器具
待摊投资
其中：建设单位管理费
其他投资
待核销基建支出
非经营性项目转出投资</td><td colspan="2"></td><td></td></tr>
<tr><td colspan="4">合计</td><td colspan="2"></td><td></td><td>合计</td><td></td><td>合计</td><td></td></tr>
</table>

3．建设工程竣工图

建设工程竣工图是真实地记录各种地上、地下建筑物和构筑物等情况的技术文件，是工程进行交工验收、维护改建和扩建的依据，是国家的重要技术档案。其具体要求如下。

(1) 凡按图竣工没有变动的，由施工单位在原施工图上加盖“竣工图”标志后，即作为竣工图。

(2) 凡在施工过程中，虽有一般性设计变更，但能将原施工图加以修改补充作为竣工图的，可不重新绘制，由施工单位负责在原施工图(必须是新蓝图)上注明修改的部分，并附以设计变更通知单和施工说明，加盖“竣工图”标志后，作为竣工图。

(3) 凡结构形式改变、施工工艺改变、平面布置改变、项目改变以及有其他重大改变，不宜再在原施工图上修改、补充时，应重新绘制改变后的竣工图。施工单位负责在新图上加盖“竣工图”标志，并附以有关记录和说明，作为竣工图。

(4) 为了满足竣工验收和竣工决算需要，还应绘制反映竣工工程全部内容的工程设计平面示意图。

4．工程造价比较分析

批准的概算是考核建设工程造价的依据。在分析时，可先对比整个项目的总概算，然后将建筑安装工程费、设备工器具费和其他工程费用逐一与竣工决算表中所提供的实际数据和相关资料及批准的概算、预算指标、实际的工程造价进行对比分析，以确定竣工项目总造价是节约还是超支，并在对比的基础上，总结先进经验，找出节约和超支的内容和原因，提出改进措施。在实际工作中，应主要分析以下内容。

(1) 主要实物工程量。对于实物工程量出入比较大的情况，必须查明原因。

(2) 主要材料消耗量。考核主要材料消耗量，要按照竣工决算表中所列明的三大材料实际超概算的消耗量，查明是在工程的哪个环节超出量最大，再进一步查明超耗的原因。

(3) 考核建设单位管理费、措施费和间接费的取费标准。建设单位管理费、措施费和间接费的取费标准要按照国家和各地的有关规定，根据竣工决算报表中所列的建设单位管理费与概预算所列的建设单位管理费数额进行比较，依据规定查明是否多列或少列的费用项目，确定其节约超支的数额，并查明原因。

8.2.3 竣工决算的编制

1．竣工决算的编制依据

(1) 经批准的可行性研究报告、投资估算书、初步设计或扩大初步设计、修正总概算及其批复文件。

(2) 经批准的施工图设计及其施工图预算书。

(3) 设计交底或图纸会审会议纪要。

(4) 设计变更记录、施工记录或施工签证单及其他施工发生的费用记录。

(5) 经批准的施工图预算或标底造价、承包合同、工程结算等有关资料。

(6) 历年基建计划、历年财务决算及批复文件。

(7) 设备、材料调价文件和调价记录。

(8) 有关财务核算制度、办法和其他有关资料。

2．竣工决算的编制要求

为了严格执行建设项目竣工验收制度，正确核定新增固定资产价值，考核分析投资效果，建立健全经济责任制，所有新建、扩建和改建等建设项目竣工后，都应及时、完整、正确地编制好竣工决算。

(1) 按照有关规定组织竣工验收，保证竣工决算的及时性。及时组织竣工验收，是对建设工程的全面考核，所有的建设项目(或单项工程)按照批准的设计文件所规定的内容建成后，具备了投产和使用条件的，都要及时组织验收。对于竣工验收中发现的问题，应及时查明原因，采取措施加以解决，以保证建设项目按时交付使用和及时编制竣工决算。

(2) 积累、整理竣工项目资料，保证竣工决算的完整性。积累、整理竣工项目资料是编制竣工决算的基础工作，它关系到竣工决算的完整性和质量的好坏。因此，在建设过程中，建设单位必须随时收集项目建设的各种资料，并在竣工验收前，对各种资料进行系统整理，分类立卷，为编制竣工决算提供完整的数据资料，为投产后加强固定资产管理提供依据，在工程竣工时，建设单位应将各种基础资料与竣工决算一起移交给生产单位或使用单位。

(3) 清理、核对各项账目，保证竣工决算的正确性。工程竣工后，建设单位要认真核实各项交付使用资产的建设成本；做好各项账务、物资以及债权的清理结余工作，应偿还的及时偿还，应收回的及时收回，对各种结余的材料、设备、施工机械工具等，要逐项清点核实，妥善保管，按照国家有关规定进行处理，不得任意侵占；对竣工后的结余资金，要按规定上交财政部门或上级主管部门。做完上述工作，在核实各项数字的基础上，正确编制从年初起到竣工月份止的竣工年度财务决算，以便根据历年的财务决算和竣工年度财务决算进行整理汇总，编制建设项目决算。

按照规定竣工决算应在竣工项目办理验收交付手续后一个月内编好，并上报主管部门，有关财务成本部分，还应送经办行审查签证。主管部门和财政部门对报送的竣工决算审批后，建设单位即可办理决算调整和结束有关工作。

3．竣工决算的编制步骤

(1) 收集、整理和分析有关依据资料。在编制竣工决算文件之前，应系统地整理所有的技术资料、工料结算的经济文件、施工图纸和各种变更与签证资料，并分析它们的准确性。完整、齐全的资料，是准确而迅速地编制竣工决算的必要条件。

(2) 清理各项财务、债务和结余物资。在收集、整理和分析有关资料中，要特别注意建设工程从筹建到竣工投产或使用的全部费用的各项账务，债权和债务的清理，做到工程完毕账目清晰，既要核对账目，又要查点库存实物的数量，做到账与物相等，账与账相符，对结余的各种材料、工器具和设备，要逐项清点核实，妥善管理，并按规定及时处理，收回资金。对各种往来款项要及时进行全面清理，为编制竣工决算提供准确的数据和结果。

(3) 对照、核实工程变动情况。将竣工资料与原设计图纸进行查对、核实，必要时可实地测量，确认实际变更情况，根据经审定的施工单位竣工结算等原始资料，按照有关规定对原概(预)算进行增减调整，重新核定工程造价。

(4) 编制建设工程竣工决算说明书。按照建设工程竣工决算说明的内容要求，根据编制依据材料填写在报表中的结果，编写文字说明。

(5) 填写竣工决算报表。按照建设工程决算表格中的内容，根据编制依据中的有关资料进行统计或计算各个项目和数量，并将其结果填到相应表格的栏目内，完成所有报表的填写，这是编制工程竣工决算的主要工作。

(6) 进行工程造价对比分析。

(7) 清理、装订好竣工图。

(8) 上报主管部门审查。按照国家规定上报审批、存档。

将上述编写的文字说明和填写的表格经核对无误，装订成册，即为建设工程竣工决算文件。将其上报主管部门审查，并把其中财务成本部分送交开户银行签证。竣工决算在上报主管部门的同时，抄送有关设计单位。大中型建设项目的竣工决算还应抄送财政部、建设银行总行和省、市、自治区的财政局和建设银行分行各一份。建设工程竣工决算的文件，由建设单位负责组织人员编写，在建设项目竣工办理验收使用的一个月内完成。

8.3 新增资产价值的确定

8.3.1 新增资产价值的分类

按照新的财务制度和企业会计准则，新增资产按资产性质可分为固定资产、流动资产、无形资产、递延资产和其他资产五大类。

1．固定资产

固定资产是指使用期限超过一年，单位价值在规定标准以上，并且在使用过程中保持原有实物形态的资产。它包括房屋、建筑物、机电设备、运输设备、工器具等。

2．流动资产

流动资产是指可以在一年或者超过一年的营业周期内变现或者耗用的资产。它是企业资产的重要组织部分。流动资产按资产的占用形态可分为现金、存货(指企业库存材料、在产品、产成品、商品等)、银行存款、短期投资、应收账款及预付账款。

3．无形资产

无形资产是指特定主体所控制的，不具有实物形态，对生产经营长期发挥作用且能带来经济利益的资源。它主要包括专利权、非专利技术、著作权、商标权、商誉、土地使用权等。

4．递延资产

递延资产是指不能全部计入当年损益，应当在以后年度分期摊销的各种费用，包括开办费、租入固定资产改良支出、固定资产大修理支出等。

5．其他资产

其他资产是指现场临建设施及具有专门用途，但不参加生产经营的经国家批准的特种物资，包括银行冻结存款和冻结物资、涉及诉讼的财产等。

8.3.2 新增固定资产价值的确定

新增固定资产也称交付使用的固定资产，是投资项目竣工投产后所增加的固定资产，它是以价值形态表示的固定资产投资最终成果的综合性指标。其内容主要包括：已经投入生产或交付使用的建筑安装工程造价；达到固定资产标准的设备工器具的购置费用；增加固定资产价值的其他费用，有土地征用及迁移补偿费、联合试运转费、勘察设计费、项目可行性研究费、施工机构迁移费、报废工程损失、建设单位管理费等。

新增固定资产价值是以独立发挥生产能力的单项工程为对象的。单项工程建成经有关部门验收鉴定合格，正式移交生产或使用，即应计算新增固定资产价值。一次交付生产或使用的工程一次计算新增固定资产价值，分期分批交付生产或使用的工程，应分期分批计算新增固定资产价值。在计算时应注意以下几种情况。

(1) 对于为了提高产品质量、改善劳动条件、节约材料消耗、保护环境而建设的附属辅助工程，只要全部建成，正式验收交付使用后就要计入新增固定资产价值。

(2) 对于单项工程中不构成生产系统，但能独立发挥效益的非生产性项目，如住宅、食堂、医务所、托儿所、生活服务网点等，在建成并交付使用后，也要计算新增固定资产价值。

(3) 凡购置达到固定资产标准不需安装的设备、工具、器具，应在交付使用后计入新增固定资产价值。

(4) 属于新增固定资产价值的其他投资，应随同受益工程交付使用的同时一并计入。

(5) 交付使用财产的成本，应按下列内容计算。

① 房屋、建筑物、管道、线路等固定资产的成本包括建筑工程成本和应分摊的待摊投资。

② 动力设备和生产设备等固定资产的成本包括需要安装设备的采购成本、安装工程成本、设备基础支柱等建筑工程成本或砌筑锅炉及各种特殊炉的建筑工程成本、应分摊的待摊投资。

③ 运输设备及其他不需要安装的设备、工具、器具、家具等固定资产一般仅计算采购成本，不计分摊的“待摊投资”。

(6) 共同费用的分摊方法。新增固定资产的其他费用，如果是属于整个建设项目或两个以上单项工程的，在计算新增固定资产价值时，应在各单项工程中按比例分摊。分摊时，什么费用应由什么工程负担应按具体规定进行。一般情况下，建设单位管理费按建筑工程、安装工程、需安装设备价值总额按比例分摊，而土地征用费、勘察设计费等费用则按建筑工程造价分摊。

【例 8-1】 某工业建设项目及其总装车间的建筑工程费、安装工程费、需安装设备费以及应摊入费用见表 8-7，试计算总装车间新增固定资产价值。

表 8-7　分摊费用计算表　　单位：万元

项 目 名 称	建筑工程	安装工程	需安装设备	建设单位管理费	土地征用费	勘察设计费
建设单位竣工决算	2000	400	800	60	70	50
总装车间竣工决算	500	180	320			

【解】计算如下：

$$应分摊的建设单位管理费=\frac{500+180+320}{2000+400+800}\times 60=18.75(万元)$$

$$应分摊的土地征用费=\frac{500}{2000}\times 70=17.5(万元)$$

$$应分摊的勘察设计费=\frac{500}{2000}\times 50=12.5(万元)$$

$$总装车间新增固定资产价值=(500+180+320)+(18.75+17.5+12.5)$$
$$=1000+48.75=1048.75(万元)$$

8.3.3 新增流动资产价值的确定

流动资产是指可以在一年内或者超过一年的一个营业周期内变现或者运用的资产。

1．货币性资金

货币性资金是指现金、各种银行存款及其他货币资金。

2．应收及预付款项

应收账款是指企业因销售商品、提供劳务等应向购货单位或受益单位收取的款项；预付款项是指企业按照购货合同预付给供货单位的购货定金或部分货款。应收及预付款项包括应收票据、应收款项、其他应收款、预付货款和待摊费用。一般情况下，应收及预付款项按企业销售商品、产品或提供劳务时的成交金额入账核算。

3．短期投资(包括股票、债券、基金)

股票和债券根据是否可以上市流通分别采用市场法和收益法确定其价值。

4．存货

存货是指企业的库存材料、在产品、产成品等。各种存货应当按照取得时的实际成本计价。存货的形成，主要有外购和自制两个途径。外购的存货，按照买价加运输费、装卸费、保险费、途中合理损耗、入库前加工、整理及挑选费用以及缴纳的税金等计价；自制的存货，按照制造过程中的各项实际支出计价。

8.3.4 新增无形资产价值的确定

无形资产是指特定主体所控制的，不具有实物形态，对生产经营长期发挥作用且能够带来经济利益的资源。目前，我国作为评估对象的无形资产通常包括专利权、非专利技术、生产许可证、特许经营权、租赁权、土地使用权、矿产资源勘探权和采矿权、商标权、版权、计算机软件及商誉等。

1．无形资产的计价原则

(1) 投资者按无形资产作为资本金或者合作条件投入时，按评估确认或合同协议约定的金额计价。

(2) 购入的无形资产，按照实际支付的价款计价。

(3) 企业自创并依法申请取得的，按开发过程中的实际支出计价。

(4) 企业接受捐赠的无形资产，按照发票账单所持金额或者同类无形资产市价作价。

(5) 无形资产计价入账后，应在其有效使用期内分期摊销。

2．无形资产的计价方法

(1) 专利权的计价。专利权分为自创和外购两类。自创专利权的价值为开发过程中的实际支出，主要包括专利的研制成本和交易成本。研制成本包括直接成本和间接成本：直接成本是指研制过程中直接投入发生的费用(主要包括材料费用、工资费用、专用设备费、资料费、咨询鉴定费、协作费、培训费和差旅费等)；间接成本是指与研制开发有关的费用(主要包括管理费、非专用设备折旧费、应分摊的公共费用及能源费用)。交易成本是指在交易过程中的费用支出(主要包括技术服务费、交易过程中的差旅费及管理费、手续费、税金)。由于专利权是具有独占性并能带来超额利润的生产要素，因此，专利权转让价格不按成本估价，而是按照其所能带来的超额收益计价。

(2) 非专利技术的计价。非专利技术具有使用价值和价值，使用价值是非专利技术本身应具有的，非专利技术的价值在于非专利技术的使用所能产生的超额获利能力，应在研究分析其直接和间接的获利能力的基础上，准确计算出其价值。如果非专利技术是自创的，一般不作为无形资产入账，自创过程中发生的费用，按当期费用处理。对于外购非专利技术，应由法定评估机构确认后再进行估价，其方法往往通过能产生的收益采用收益法进行估价。

(3) 商标权的计价。如果商标权是自创的，一般不作为无形资产入账，而将商标设计、制作、注册、广告宣传等发生的费用直接作为销售费用计入当期损益。只有当企业购入或转让商标时，才需要对商标权计价。商标权的计价一般根据被许可方新增的收益确定。

(4) 土地使用权的计价。根据取得土地使用权的方式不同，土地使用权可有以下几种计价方式：当建设单位向土地管理部门申请土地使用权并为之支付一笔出让金时，土地使用权作为无形资产核算；当建设单位获得土地使用权是通过行政划拨的，这时土地使用权就不能作为无形资产核算；只有在将土地使用权有偿转让、出租、抵押、作价入股和投资，按规定补交土地出让价款时，才作为无形资产核算。

8.3.5 递延资产和其他资产价值的确定

1．递延资产价值的确定

(1) 开办费是指在筹集期间发生的费用，不能计入固定资产或无形资产价值的费用，主要包括筹建期间人员工资、办公费、员工培训费、差旅费、印刷费、注册登记费，以及不计入固定资产和无形资产购建成本的汇兑损益、利息支出等。根据现行财务制度规定，企业筹建期间发生的费用，应于开始生产经营起一次计入开始生产经营当期的损益。企业筹建期间开办费的价值可按其账面价值确定。

(2) 以经营租赁方式租入的固定资产改良工程支出的计价，应在租赁有限期限内摊入制造费用或管理费用。

2．其他资产价值的确定

其他资产包括特准储备物资等，按实际入账价值核算。

本章小结

本章涉及三部分内容：建筑项目竣工验收、建筑项目竣工决算和新增资产价值确定。

建筑项目竣工验收主要介绍了竣工验收的概念、作用、任务、范围、内容、方式、程序、组织等。

建筑项目竣工决算主要介绍了竣工决算的概念、内容、编制等。

新增资产价值主要介绍了按资产性质分为固定资产、流动资产、无形资产、递延资产和其他资产五大类的内容。

本章应掌握工程竣工决算的编制、熟悉竣工验收的内容与程序、确定新增资产的价值，了解竣工验收和竣工决算的概念。

案例分析

背景资料：

某一大中型建设项目2010年开工建设，2012年年底有关财务核算资料如下。

(1) 已经完成部分单项工程，经验收合格后，已经交付使用的资产包括：

① 固定资产价值75540万元。

② 为生产准备的使用期限在一年以内的备品备件、工具器具等流动资产价值30000万元，期限在一年以上，单位价值在1500元以下的工具60 万元。

③ 建造期间购置的专利权、非专利技术等无形资产2000万元，摊销期5年。

④ 筹建期间发生的开办费80万元。

(2) 基本建设支出中的未完成项目包括：

① 建筑安装工程支出16000万元。

② 设备工器具投资44000万元。

③ 建设单位管理费、勘察设计费等待摊投资2400万元。

④ 通过出让方式购置的土地使用权形成的其他投资110万元。

(3) 非经营项目发生的待核销基建支出50万元。

(4) 应收生产单位投资借款1400万元。

(5) 购置需要安装的器材50万元，其中待处理器材16万元。

(6) 货币资金470万元。

(7) 预付工程款及应收有偿调出器材款18万元。

(8) 建设单位自用的固定资产原值60550万元，累计折旧10022万元。

反映在“资金平衡表”上的各类资金来源的期末余额是：

(9) 预算拨款52000万元。

(10) 自筹资金拨款58000万元。

(11) 其他拨款520万元。

(12) 建设单位向商业银行借入的借款110000万元。

(13) 建设单位当年完成交付生产单位使用的资产价值中，200 万元属于利用投资借款形成的待冲基建支出。

(14) 应付器材销售商40万元贷款和尚未支付的应付工程款1916万元。

(15) 未交税金30万元。

根据上述有关资料编制该项目竣工财务决算表(表8-8)。

表8-8 大中型建设项目竣工财务决算表 单位：万元

资金来源	金额	资金占用	金额
一、基建拨款	110520	一、基本建设支出	170240
1．预算拨款	52000	1．交付使用资产	107680
2．基建基金拨款		2．在建工程	62510
其中：国债专项资金拨款		3．待核销基建支出	50
3．专项建设基金拨款		4．非经营项目转出投资	
4．进口设备转账拨款		二、应收生产单位投资借款	1400
5．器材转账拨款		三、拨付所属投资借款	
6．煤代油专用基金拨款		四、器材	50
7．自筹资金拨款	58000	其中：待处理器材损失	16
8．其他拨款	520	五、货币资金	470
二、项目资本		六、预付及应收款	18
1．国家资本		七、有价证券	
2．法人资金		八、固定资产	50528
3．个人资本		固定资产原价	60550
4．外商资本		减：累计折旧	10022
三、项目资本公积		固定资产净值	50528
四、基建借款	110000	固定资产清理	
其中：国债转贷		待处理固定资产损失	
五、上级拨入投资借款			
六、企业债券资金			
七、待冲基建支出	200		
八、应付款	1956		
九、未交款	30		
1．未交税金	30		
2．其他未交款			

续表

资 金 来 源	金 额	资 金 占 用	金 额
十、上级拨入资金			
十一、留成收入			
合 计	222706	合 计	222706

思考与练习

一、单项选择题

1. 通常所说的建设项目竣工验收，指的是(　　)。

A. 单位工程验收　　B. 单项工程验收

C. 动用验收　　D. 交工验收

2. 竣工决算的主要内容有(　　)。

A. 竣工财务决算说明书、竣工财务决算报表、工程竣工图、工程造价比较分析

B. 竣工决算计算书、竣工决算报表、财务决算表

C. 竣工决算计算书、财务决算表、竣工工程平面图、竣工决算报表

D. 竣工决算报表、竣工决算计算书、财务决算表、工程造价比较分析

3. 下列属于无形资产的是(　　)。

A. 建设单位开办费　　B. 长期待摊投资

C. 土地使用权　　D. 短期待摊投资

4. 在编制竣工决算时，新增固定资产价格的计算是以(　　)为对象。

A. 独立组织施工的单位工程　　B. 经济上独立核算的建设项目

C. 独立发挥生产能力的单项工程　　D. 定额划分的分部工程

5. 某医院建设项目由甲、乙、丙三个单项工程组成，其中：勘察设计费60万元，建设项目建筑工程费2000万元、设备费3000万元、安装工程费1000万元，丙工程建筑工程费600万元、设备费1000万元、安装工程费200万元，则丙单项工程应分摊的勘察设计费为(　　)万元。

A. 18.00　　B. 19.20　　C. 16.00　　D. 18.40

二、多项选择题

1. 以下属于竣工验收的依据有(　　)。

A. 批准的可行性研究报告

B. 批准的初步设计或扩大初步设计

C. 批准的施工图设计

D. 招标标底、承包合同等

E. 财务报表分析

2. 建设项目竣工决算的内容包括(　　)。

A. 竣工财务决算报表

B. 竣工决算报告情况说明书
C. 投标报价书
D. 新增资产价值的确定
E. 工程造价比较分析

3. 建设项目竣工决算中，计入新增固定资产价值的有(　　)。
A. 已经投入生产或交付使用的建筑安装工程造价
B. 达到固定资产标准的设备工器具的购置费用
C. 可行性研究费用
D. 其他相关建筑安装工程造价
E. 联合试运转费用

4. 工程造价比较分析的主要分析内容有(　　)。
A. 主要实物工程量
B. 主要材料消耗量
C. 建设单位管理费的取费标准
D. 承包商的利润
E. 工程进度对工程造价的影响

5. 大中型建设项目竣工决算报表包括(　　)。
A. 建设项目概况表
B. 建设项目竣工财务决算表
C. 竣工财务决算总表
D. 建设项目交付使用资产总表
E. 建设项目交付使用资产明细表

参 考 答 案

第1章

一、单项选择题

1．B　2．B　3．B　4．B

二、多项选择题

1．AC　2．ABCD

第2章

一、单项选择题

1．D　2．B　3．D　4．C　5．C

二、多项选择题

1．ABCDE　2．ABC

第3章

一、单项选择题

1．B　2．B　3．D　4．D　5．C　6．D　7．A　8．D　9．C
10．D　11．B　12．C　13．B　14．C

二、多项选择题

1．ABCD　2．ACD　3．ABE　4．BCDE　5．ACD
6．ABD　7．ACD　8．AE　9．ABD

三、计算题

1．78.6 万元

2．235.22 万元

第4章

一、单项选择题

1．C　2．C　3．A　4．C　5．D　6．A　7．A　8．A　9．B
10．D　11．D　12．B　13．B　14．C　15．B

二、多项选择题

1．BC　2．ABCE　3．CDE　4．BCD　5．BCE

6．ABDE　7．BCDE　8．ABDE　9．CDE　10．ABDE

三、计算题

36m^2砂浆/台班

第5章

一、单项选择题

1．C　2．B　3．B　4．B　5．A　6．C　7．C　8．B　9．D
10．D

二、多项选择题

1．ABDE　2．ABC　3．BDE　4．BCE　5．BDE
6．ABC　7．ABC

三、计算题

【案例1】

1．78372.67万元　2．3906.79万元　3．2250万元　4．84529.46万元

【案例2】

1．进口设备购置费4044.54万元，设备投资费6044.54万元

2．类似工程直接工程费482.67万元，类似工程建筑工程费602.08万元

3．建筑工程综合调整系数1.23，静态投资9556.49万元

4．类似工程成本造价643.88万元，类似工程平方米成本造价643.88元/m^2，拟建工程与类似工程费用综合差异系数1.208，拟建工程建筑工程总造价1290.95万元

第6章

一、单项选择题

1．C　2．D　3．A　4．A　5．C　6．D　7．B　8．B　9．A　10．D
11．B　12．C　13．A　14．B　15．A　16．C　17．C

二、多项选择题

1．ABCE　2．ABE　3．ACDE　4．ABD　5．ABC　6．ABD
7．ABD　8．BCD　9．ABC　10．BCDE　11．ABE

三、计算题

2500万元

第7章

一、单项选择题

1．D　2．A　3．A　4．C　5．A　6．A　7．C　8．B

二、多项选择题

1．BD　2．ABD　3．AC　4．BD　5．ABCD

6．ABCD　　7．AC

三、计算题

1．(1) 预付备料款=600×25%=150(万元)

(2) 预付备料款的起扣点=600−(150/62.5%)=360(万元)

(3) 2月份完成产值100万元，结算100万元

(4) 3月份完成产值140万元，结算140万元，累计240万元

(5) 4月份开始回扣(420−360)×62.5%=37.5(万元)

4月份结算工程款180−37.5=142.5(万元)，累计382.5万元

(6) 5月份完成产值180万元，应回扣180×62.5%=112.5(万元)，应扣5%的预留款600×5%=30(万元)

5月份结算工程款180−112.5−30=37.5(万元)，预留合同总额的5%作为保留金

2．115.7万元

第8章

一、单项选择题

1．C　2．A　3．C　4．C　5．A

二、多项选择题

1．ABCD　2．AE　3．ABCE　4．ABC　5．ABD

参 考 文 献

[1] 中华人民共和国国家标准. 建筑工程工程量清单计价规范(GB 50500—2013)[S]. 北京：中国计划出版社，2013.

[2] 李茂英. 建筑工程造价管理[M]. 北京：北京大学出版社，2009.

[3] 刘伊生. 建设工程造价管理[M]. 北京：中国计划出版社，2013.

[4] 柯洪. 建设工程计价[M]. 北京：中国计划出版社，2013.

[5] 贾宏俊. 建设工程技术与计量(安装)[M]. 2 版. 北京：中国计划出版社，2012.

[6] 齐宝库. 工程项目管理[M]. 4 版. 大连：大连理工出版社，2013.

[7] 广东省建设工程造价管理总站. 建设工程计价基础知识 2011[M]. 北京：中国建筑工业出版社，2011.

北京大学出版社高职高专土建系列教材书目

序号	书名	书号	编著者	定价	出版时间	配套情况
"互联网+"创新规划教材						
1	建筑构造(第二版)	978-7-301-26480-5	肖　芳	42.00	2016.1	ppt/APP/二维码
2	建筑装饰构造(第二版)	978-7-301-26572-7	赵志文等	39.50	2016.1	ppt/二维码
3	建筑工程概论	978-7-301-25934-4	申淑荣等	40.00	2015.8	ppt/二维码
4	市政管道工程施工	978-7-301-26629-8	雷彩虹	46.00	2016.5	ppt/二维码
5	市政道路工程施工	978-7-301-26632-8	张雪丽	49.00	2016.5	ppt/二维码
6	建筑三维平法结构图集	978-7-301-27168-1	傅华夏	65.00	2016.8	APP
7	建筑三维平法结构识图教程	978-7-301-27177-3	傅华夏	65.00	2016.8	APP
8	建筑工程制图与识图(第2版)	978-7-301-24408-1	白丽红	34.00	2016.8	APP/二维码
9	建筑设备基础知识与识图(第2版)	978-7-301-24586-6	靳慧征等	47.00	2016.8	二维码
10	建筑结构基础与识图	978-7-301-27215-2	周　晖	58.00	2016.9	APP/二维码
11	建筑构造与识图	978-7-301-27838-3	孙　伟	40.00	2017.1	APP/二维码
12	建筑工程施工技术(第三版)	978-7-301-27675-4	钟汉华等	66.00	2016.11	APP/二维码
13	工程建设监理案例分析教程(第二版)	978-7-301-27864-2	刘志麟等	50.00	2017.1	ppt
14	建筑工程质量与安全管理(第二版)	978-7-301-27219-0	郑　伟	55.00	2016.8	ppt/二维码
15	建筑工程计量与计价——透过案例学造价(第2版)	978-7-301-23852-3	张　强	59.00	2014.4	ppt
16	城乡规划原理与设计(原城市规划原理与设计)	978-7-301-27771-3	谭婧婧等	43.00	2017.1	ppt/素材
17	建筑工程计量与计价	978-7-301-27866-6	吴育萍等	49.00	2017.1	ppt/二维码
18	建筑工程计量与计价(第3版)	978-7-301-25344-1	肖明和等	65.00	2017.1	APP/二维码
19	市政工程计量与计价(第三版)	978-7-301-27983-0	郭良娟等	59.00	2017.2	ppt/二维码
20	高层建筑施工	978-7-301-28232-8	吴俊臣	65.00	2017.4	ppt/答案
21	建筑施工机械(第二版)	978-7-301-28247-2	吴志强等	35.00	2017.5	ppt/答案
22	市政工程概论	978-7-301-28260-1	郭　福等	46.00	2017.5	ppt/二维码
"十二五"职业教育国家规划教材						
1	★建筑工程应用文写作(第2版)	978-7-301-24480-7	赵立等	50.00	2014.8	ppt
2	★土木工程实用力学(第2版)	978-7-301-24681-8	马景善	47.00	2015.7	ppt
3	★建设工程监理(第2版)	978-7-301-24490-6	斯　庆	35.00	2015.1	ppt/答案
4	★建筑节能工程与施工	978-7-301-24274-2	吴明军等	35.00	2015.5	ppt
5	★建筑工程经济(第2版)	978-7-301-24492-0	胡六星等	41.00	2014.9	ppt/答案
6	★建设工程招投标与合同管理(第3版)	978-7-301-24483-8	宋春岩	40.00	2014.9	ppt/答案/试题/教案
7	★工程造价概论	978-7-301-24696-2	周艳冬	31.00	2015.1	ppt/答案
8	★建筑工程计量与计价(第3版)	978-7-301-25344-1	肖明和等	65.00	2017.1	APP/二维码
9	★建筑工程计量与计价实训(第3版)	978-7-301-25345-8	肖明和等	29.00	2015.7	ppt
10	★建筑装饰施工技术(第2版)	978-7-301-24482-1	王　军	37.00	2014.7	ppt
11	★工程地质与土力学(第2版)	978-7-301-24479-1	杨仲元	41.00	2014.7	ppt
基础课程						
1	建设法规及相关知识	978-7-301-22748-0	唐茂华等	34.00	2013.9	ppt
2	建设工程法规(第2版)	978-7-301-24493-7	皇甫婧琪	40.00	2014.8	ppt/答案/素材
3	建筑工程法规实务	978-7-301-19321-1	杨陈慧等	43.00	2011.8	ppt
4	建筑法规	978-7-301-19371-6	董伟等	39.00	2011.9	ppt
5	建设工程法规	978-7-301-20912-7	王先恕	32.00	2012.7	ppt
6	AutoCAD 建筑制图教程(第2版)	978-7-301-21095-6	郭　慧	38.00	2013.3	ppt/素材
7	AutoCAD 建筑绘图教程(第2版)	978-7-301-24540-8	唐英敏等	44.00	2014.7	ppt
8	建筑 CAD 项目教程(2010版)	978-7-301-20979-0	郭　慧	38.00	2012.9	素材
9	建筑工程专业英语(第二版)	978-7-301-26597-0	吴承霞	24.00	2016.2	ppt
10	建筑工程专业英语	978-7-301-20003-2	韩薇等	24.00	2012.2	ppt
11	建筑识图与构造(第2版)	978-7-301-23774-8	郑贵超	40.00	2014.2	ppt/答案
12	房屋建筑构造	978-7-301-19883-4	李少红	26.00	2012.1	ppt
13	建筑识图	978-7-301-21893-8	邓志勇等	35.00	2013.1	ppt
14	建筑识图与房屋构造	978-7-301-22860-9	贠禄等	54.00	2013.9	ppt/答案
15	建筑构造与设计	978-7-301-23506-5	陈玉萍	38.00	2014.1	ppt/答案
16	房屋建筑构造	978-7-301-23588-1	李元玲等	45.00	2014.1	ppt
17	房屋建筑构造习题集	978-7-301-26005-0	李元玲	26.00	2015.8	ppt/答案
18	建筑构造与施工图识读	978-7-301-24470-8	南学平	52.00	2014.8	ppt
19	建筑工程识图实训教程	978-7-301-26057-9	孙伟	32.00	2015.12	ppt

序号	书名	书号	编著者	定价	出版时间	配套情况
20	建筑工程制图与识图(第 2 版)	978-7-301-24408-1	白丽红	34.00	2016.8	APP/二维码
21	建筑制图习题集(第 2 版)	978-7-301-24571-2	白丽红	25.00	2014.8	
22	建筑制图(第 2 版)	978-7-301-21146-5	高丽荣	32.00	2013.3	ppt
23	建筑制图习题集(第 2 版)	978-7-301-21288-2	高丽荣	28.00	2013.2	
24	◎建筑工程制图(第 2 版)(附习题册)	978-7-301-21120-5	肖明和	48.00	2012.8	ppt
25	建筑制图与识图(第 2 版)	978-7-301-24386-2	曹雪梅	38.00	2015.8	ppt
26	建筑制图与识图习题册	978-7-301-18652-7	曹雪梅等	30.00	2011.4	
27	建筑制图与识图(第二版)	978-7-301-25834-7	李元玲	32.00	2016.9	ppt
28	建筑制图与识图习题集	978-7-301-20425-2	李元玲	24.00	2012.3	ppt
29	新编建筑工程制图	978-7-301-21140-3	方筱松	30.00	2012.8	ppt
30	新编建筑工程制图习题集	978-7-301-16834-9	方筱松	22.00	2012.8	
		建筑施工类				
1	建筑工程测量	978-7-301-16727-4	赵景利	30.00	2010.2	ppt/答案
2	建筑工程测量(第 2 版)	978-7-301-22002-3	张敬伟	37.00	2013.2	ppt/答案
3	建筑工程测量实验与实训指导(第 2 版)	978-7-301-23166-1	张敬伟	27.00	2013.9	答案
4	建筑工程测量	978-7-301-19992-3	潘益民	38.00	2012.2	ppt
5	建筑工程测量	978-7-301-13578-5	王金玲等	26.00	2008.5	
6	建筑工程测量实训(第 2 版)	978-7-301-24833-1	杨凤华	34.00	2015.3	答案
7	建筑工程测量(附实验指导手册)	978-7-301-19364-8	石　东等	43.00	2011.10	ppt/答案
8	建筑工程测量	978-7-301-22485-4	景　铎等	34.00	2013.6	ppt
9	建筑施工技术(第 2 版)	978-7-301-25788-7	陈雄辉	48.00	2015.7	ppt
10	建筑施工技术	978-7-301-12336-2	朱永祥等	38.00	2008.8	ppt
11	建筑施工技术	978-7-301-16726-7	叶　雯等	44.00	2010.8	ppt/素材
12	建筑施工技术	978-7-301-19499-7	董　伟等	42.00	2011.9	ppt
13	建筑施工技术	978-7-301-19997-8	苏小梅	38.00	2012.1	ppt
14	建筑施工机械	978-7-301-19365-5	吴志强	30.00	2011.10	ppt
15	基础工程施工	978-7-301-20917-2	董　伟等	35.00	2012.7	ppt
16	建筑施工技术实训(第 2 版)	978-7-301-24368-8	周晓龙	30.00	2014.7	
17	◎建筑力学(第 2 版)	978-7-301-21695-8	石立安	46.00	2013.1	ppt
18	土木工程力学	978-7-301-16864-6	吴明军	38.00	2010.4	ppt
19	PKPM 软件的应用(第 2 版)	978-7-301-22625-4	王　娜等	34.00	2013.6	
20	◎建筑结构(第 2 版)(上册)	978-7-301-21106-9	徐锡权	41.00	2013.4	ppt/答案
21	◎建筑结构(第 2 版)(下册)	978-7-301-22584-4	徐锡权	42.00	2013.6	ppt/答案
22	建筑结构学习指导与技能训练(上册)	978-7-301-25929-0	徐锡权	28.00	2015.8	ppt
23	建筑结构学习指导与技能训练(下册)	978-7-301-25933-7	徐锡权	28.00	2015.8	ppt
24	建筑结构	978-7-301-19171-2	唐春平等	41.00	2011.8	ppt
25	建筑结构基础	978-7-301-21125-0	王中发	36.00	2012.8	ppt
26	建筑结构原理及应用	978-7-301-18732-6	史美东	45.00	2012.8	ppt
27	建筑结构与识图	978-7-301-26935-0	相秉志	37.00	2016.2	
28	建筑力学与结构(第 2 版)	978-7-301-22148-8	吴承霞等	49.00	2013.4	ppt/答案
29	建筑力学与结构(少学时版)	978-7-301-21730-6	吴承霞	34.00	2013.2	ppt/答案
30	建筑力学与结构	978-7-301-20988-2	陈水广	32.00	2012.8	ppt
31	建筑力学与结构	978-7-301-23348-1	杨丽君等	44.00	2014.1	ppt
32	建筑结构与施工图	978-7-301-22188-4	朱希文等	35.00	2013.3	ppt
33	生态建筑材料	978-7-301-19588-2	陈剑峰等	38.00	2011.10	ppt
34	建筑材料(第 2 版)	978-7-301-24633-7	林祖宏	35.00	2014.8	ppt
35	建筑材料与检测(第 2 版)	978-7-301-25347-2	梅　杨等	33.00	2015.2	ppt/答案
36	建筑材料检测试验指导	978-7-301-16729-8	王美芬等	18.00	2010.10	
37	建筑材料与检测(第二版)	978-7-301-26550-5	王　辉	40.00	2016.1	ppt
38	建筑材料与检测试验指导	978-7-301-20045-2	王　辉	20.00	2012.2	
39	建筑材料选择与应用	978-7-301-21948-5	申淑荣等	39.00	2013.3	ppt
40	建筑材料检测实训	978-7-301-22317-8	申淑荣等	24.00	2013.4	
41	建筑材料	978-7-301-24208-7	任晓菲	40.00	2014.7	ppt/答案
42	建筑材料检测试验指导	978-7-301-24782-2	陈东佐等	20.00	2014.9	ppt
43	◎建设工程监理概论(第 2 版)	978-7-301-20854-0	徐锡权等	43.00	2012.8	ppt/答案
44	建设工程监理概论	978-7-301-15518-9	曾庆军等	24.00	2009.9	ppt
45	◎地基与基础(第 2 版)	978-7-301-23304-7	肖明和等	42.00	2013.11	ppt/答案
46	地基与基础	978-7-301-16130-2	孙平平等	26.00	2010.10	ppt
47	地基与基础实训	978-7-301-23174-6	肖明和等	25.00	2013.10	ppt
48	土力学与地基基础	978-7-301-23675-8	叶火炎等	35.00	2014.1	ppt
49	土力学与基础工程	978-7-301-23590-4	宁培淋等	32.00	2014.1	ppt
50	土力学与地基基础	978-7-301-25525-4	陈东佐	45.00	2015.2	ppt/答案

序号	书名	书号	编著者	定价	出版时间	配套情况
51	建筑工程质量事故分析(第 2 版)	978-7-301-22467-0	郑文新	32.00	2013.9	ppt
52	建筑工程施工组织设计	978-7-301-18512-4	李源清	26.00	2011.2	ppt
53	建筑工程施工组织实训	978-7-301-18961-0	李源清	40.00	2011.6	ppt
54	建筑施工组织与进度控制	978-7-301-21223-3	张廷瑞	36.00	2012.9	ppt
55	建筑施工组织项目式教程	978-7-301-19901-5	杨红玉	44.00	2012.1	ppt/答案
56	钢筋混凝土工程施工与组织	978-7-301-19587-1	高　雁	32.00	2012.5	ppt
57	钢筋混凝土工程施工与组织实训指导(学生工作页)	978-7-301-21208-0	高　雁	20.00	2012.9	ppt
58	建筑施工工艺	978-7-301-24687-0	李源清等	49.50	2015.1	ppt/答案
	工程管理类					
1	建筑工程经济(第 2 版)	978-7-301-22736-7	张宁宁等	30.00	2013.7	ppt/答案
2	建筑工程经济	978-7-301-24346-6	刘晓丽等	38.00	2014.7	ppt/答案
3	施工企业会计(第 2 版)	978-7-301-24434-0	辛艳红等	36.00	2014.7	ppt/答案
4	建筑工程项目管理(第 2 版)	978-7-301-26944-2	范红岩等	42.00	2016. 3	ppt
5	建设工程项目管理(第 2 版)	978-7-301-24683-2	王　辉	36.00	2014.9	ppt/答案
6	建设工程项目管理	978-7-301-19335-8	冯松山等	38.00	2011.9	ppt
7	建筑施工组织与管理(第 2 版)	978-7-301-22149-5	翟丽旻等	43.00	2013.4	ppt/答案
8	建设工程合同管理	978-7-301-22612-4	刘庭江	46.00	2013.6	ppt/答案
9	建筑工程资料管理	978-7-301-17456-2	孙　刚等	36.00	2012.9	ppt
10	建筑工程招投标与合同管理	978-7-301-16802-8	程超胜	30.00	2012.9	ppt
11	工程招投标与合同管理实务	978-7-301-19035-7	杨甲奇等	48.00	2011.8	ppt
12	工程招投标与合同管理实务	978-7-301-19290-0	郑文新等	43.00	2011.8	ppt
13	建设工程招投标与合同管理实务	978-7-301-20404-7	杨云会等	42.00	2012.4	ppt/答案/习题
14	工程招投标与合同管理	978-7-301-17455-5	文新平	37.00	2012.9	ppt
15	工程项目招投标与合同管理(第 2 版)	978-7-301-24554-5	李洪军等	42.00	2014.8	ppt/答案
16	工程项目招投标与合同管理(第 2 版)	978-7-301-22462-5	周艳冬	35.00	2013.7	ppt
17	建筑工程商务标编制实训	978-7-301-20804-5	钟振宇	35.00	2012.7	ppt
18	建筑工程安全管理(第 2 版)	978-7-301-25480-6	宋　健等	42.00	2015.8	ppt/答案
19	施工项目质量与安全管理	978-7-301-21275-2	钟汉华	45.00	2012.10	ppt/答案
20	工程造价控制(第 2 版)	978-7-301-24594-1	斯　庆	32.00	2014.8	ppt/答案
21	工程造价管理(第二版)	978-7-301-27050-9	徐锡权等	44.00	2016.5	ppt
22	工程造价控制与管理	978-7-301-19366-2	胡新萍等	30.00	2011.11	ppt
23	建筑工程造价管理	978-7-301-20360-6	柴　琦等	27.00	2012.3	ppt
24	建筑工程造价管理(第 2 版)	978-7-301-28269-4	曾　浩等	38.00	2017.5	ppt/答案
25	工程造价案例分析	978-7-301-22985-9	甄　凤	30.00	2013.8	ppt
26	建设工程造价控制与管理	978-7-301-24273-5	胡芳珍等	38.00	2014.6	ppt/答案
27	◎建筑工程造价	978-7-301-21892-1	孙咏梅	40.00	2013.2	ppt
28	建筑工程计量与计价	978-7-301-26570-3	杨建林	46.00	2016.1	ppt
29	建筑工程计量与计价综合实训	978-7-301-23568-3	龚小兰	28.00	2014.1	
30	建筑工程估价	978-7-301-22802-9	张　英	43.00	2013.8	ppt
31	安装工程计量与计价(第 3 版)	978-7-301-24539-2	冯　钢等	54.00	2014.8	ppt
32	安装工程计量与计价综合实训	978-7-301-23294-1	成春燕	49.00	2013.10	素材
33	建筑安装工程计量与计价	978-7-301-26004-3	景巧玲等	56.00	2016.1	ppt
34	建筑安装工程计量与计价实训(第 2 版)	978-7-301-25683-1	景巧玲等	36.00	2015.7	
35	建筑水电安装工程计量与计价(第二版)	978-7-301-26329-7	陈连姝	51.00	2016.1	ppt
36	建筑与装饰装修工程工程量清单(第 2 版)	978-7-301-25753-1	翟丽旻等	36.00	2015.5	ppt
37	建筑工程清单编制	978-7-301-19387-7	叶晓容	24.00	2011.8	ppt
38	建设项目评估	978-7-301-20068-1	高志云等	32.00	2012.2	ppt
39	钢筋工程清单编制	978-7-301-20114-5	贾莲英	36.00	2012.2	ppt
40	混凝土工程清单编制	978-7-301-20384-2	顾　娟	28.00	2012.5	ppt
41	建筑装饰工程预算(第 2 版)	978-7-301-25801-9	范菊雨	44.00	2015.7	ppt
42	建筑装饰工程计量与计价	978-7-301-20055-1	李茂英	42.00	2012.2	ppt
43	建设工程安全监理	978-7-301-20802-1	沈万岳	28.00	2012.7	ppt
44	建筑工程安全技术与管理实务	978-7-301-21187-8	沈万岳	48.00	2012.9	ppt
	建筑设计类					
1	中外建筑史(第 2 版)	978-7-301-23779-3	袁新华等	38.00	2014.2	ppt
2	◎建筑室内空间历程	978-7-301-19338-9	张伟孝	53.00	2011.8	
3	建筑装饰 CAD 项目教程	978-7-301-20950-9	郭　慧	35.00	2013.1	ppt/素材
4	建筑设计基础	978-7-301-25961-0	周圆圆	42.00	2015.7	
5	室内设计基础	978-7-301-15613-1	李书青	32.00	2009.8	ppt
6	建筑装饰材料(第 2 版)	978-7-301-22356-7	焦　涛等	34.00	2013.5	ppt
7	设计构成	978-7-301-15504-2	戴碧锋	30.00	2009.8	ppt

序号	书名	书号	编著者	定价	出版时间	配套情况
8	基础色彩	978-7-301-16072-5	张　军	42.00	2010.4	
9	设计色彩	978-7-301-21211-0	龙黎黎	46.00	2012.9	ppt
10	设计素描	978-7-301-22391-8	司马金桃	29.00	2013.4	ppt
11	建筑素描表现与创意	978-7-301-15541-7	于修国	25.00	2009.8	
12	3ds Max 效果图制作	978-7-301-22870-8	刘　晗等	45.00	2013.7	ppt
13	3ds max 室内设计表现方法	978-7-301-17762-4	徐海军	32.00	2010.9	
14	Photoshop 效果图后期制作	978-7-301-16073-2	脱忠伟等	52.00	2011.1	素材
15	3ds Max & V-Ray 建筑设计表现案例教程	978-7-301-25093-8	郑恩峰	40.00	2014.12	ppt
16	建筑表现技法	978-7-301-19216-0	张　峰	32.00	2011.8	ppt
17	建筑速写	978-7-301-20441-2	张　峰	30.00	2012.4	
18	建筑装饰设计	978-7-301-20022-3	杨丽君	36.00	2012.2	ppt/素材
19	装饰施工读图与识图	978-7-301-19991-6	杨丽君	33.00	2012.5	ppt
		规划园林类				
1	居住区景观设计	978-7-301-20587-7	张群成	47.00	2012.5	ppt
2	居住区规划设计	978-7-301-21031-4	张　燕	48.00	2012.8	ppt
3	园林植物识别与应用	978-7-301-17485-2	潘利等	34.00	2012.9	ppt
4	园林工程施工组织管理	978-7-301-22364-2	潘利等	35.00	2013.4	ppt
5	园林景观计算机辅助设计	978-7-301-24500-2	于化强等	48.00	2014.8	ppt
6	建筑・园林・装饰设计初步	978-7-301-24575-0	王金贵	38.00	2014.10	ppt
		房地产类				
1	房地产开发与经营(第 2 版)	978-7-301-23084-8	张建中等	33.00	2013.9	ppt/答案
2	房地产估价(第 2 版)	978-7-301-22945-3	张　勇等	35.00	2013.9	ppt/答案
3	房地产估价理论与实务	978-7-301-19327-3	褚菁晶	35.00	2011.8	ppt/答案
4	物业管理理论与实务	978-7-301-19354-9	裴艳慧	52.00	2011.9	ppt
5	房地产测绘	978-7-301-22747-3	唐春平	29.00	2013.7	ppt
6	房地产营销与策划	978-7-301-18731-9	应佐萍	42.00	2012.8	ppt
7	房地产投资分析与实务	978-7-301-24832-4	高志云	35.00	2014.9	ppt
8	物业管理实务	978-7-301-27163-6	胡大见	44.00	2016.6	
9	房地产投资分析	978-7-301-27529-0	刘永胜	47.00	2016.9	ppt
		市政与路桥				
1	市政工程施工图案例图集	978-7-301-24824-9	陈亿琳	43.00	2015.3	pdf
2	市政工程计价	978-7-301-22117-4	彭以舟等	39.00	2013.3	ppt
3	市政桥梁工程	978-7-301-16688-8	刘　江等	42.00	2010.8	ppt/素材
4	市政工程材料	978-7-301-22452-6	郑晓国	37.00	2013.5	ppt
5	道桥工程材料	978-7-301-21170-0	刘水林等	43.00	2012.9	ppt
6	路基路面工程	978-7-301-19299-3	偶昌宝等	34.00	2011.8	ppt/素材
7	道路工程技术	978-7-301-19363-1	刘　雨等	33.00	2011.12	ppt
8	城市道路设计与施工	978-7-301-21947-8	吴颖峰	39.00	2013.1	ppt
9	建筑给排水工程技术	978-7-301-25224-6	刘　芳等	46.00	2014.12	ppt
10	建筑给水排水工程	978-7-301-20047-6	叶巧云	38.00	2012.2	ppt
11	市政工程测量(含技能训练手册)	978-7-301-20474-0	刘宗波等	41.00	2012.5	ppt
12	公路工程任务承揽与合同管理	978-7-301-21133-5	邱　兰等	30.00	2012.9	ppt/答案
13	数字测图技术应用教程	978-7-301-20334-7	刘宗波	36.00	2012.8	ppt
14	数字测图技术	978-7-301-22656-8	赵　红	36.00	2013.6	ppt
15	数字测图技术实训指导	978-7-301-22679-7	赵　红	27.00	2013.6	ppt
16	水泵与水泵站技术	978-7-301-22510-3	刘振华	40.00	2013.5	ppt
17	道路工程测量(含技能训练手册)	978-7-301-21967-6	田树涛等	45.00	2013.2	ppt
18	道路工程识图与 AutoCAD	978-7-301-26210-8	王容玲等	35.00	2016.1	ppt
		交通运输类				
1	桥梁施工与维护	978-7-301-23834-9	梁　斌	50.00	2014.2	ppt
2	铁路轨道施工与维护	978-7-301-23524-9	梁　斌	36.00	2014.1	ppt
3	铁路轨道构造	978-7-301-23153-1	梁　斌	32.00	2013.10	ppt
4	城市公共交通运营管理	978-7-301-24108-0	张洪满	40.00	2014.5	ppt
5	城市轨道交通车站行车工作	978-7-301-24210-0	操杰	31.00	2014.7	ppt
		建筑设备类				
1	建筑设备识图与施工工艺(第 2 版)(新规范)	978-7-301-25254-3	周业梅	44.00	2015.12	ppt
2	建筑施工机械	978-7-301-19365-5	吴志强	30.00	2011.10	ppt
3	智能建筑环境设备自动化	978-7-301-21090-1	余志强	40.00	2012.8	ppt
4	流体力学及泵与风机	978-7-301-25279-6	王　宁等	35.00	2015.1	ppt/答案

注：★为“十二五”职业教育国家规划教材；◎为国家级、省级精品课程配套教材，省重点教材；为“互联网+”创新规划教材。